Gennady Kriveckov

# Unified theory of the Universe

## *Book 2*

*Structures, matrices and forces of Absolute*

Second edition, revised and expanded

2017

ISBN: 978-1-387-44802-9

***About the author:*** author Gennady Kriveckov has the degree of doctor of sciences (honoris causa) from the International Academy of Natural History. The Academy has awarded with its Gold Medal «For innovative work in the field of higher education».
Author's site: *www.kriveckov.com*

***About the book:*** this book describes the continuation of the author's study of the "Unified Theory of the Universe." Here he managed to come to quantize the worlds of the universe. This made it possible to get a new structure. He called it the elementary structure of Mirra. The author received the complete structure of Mirra. It describes the planetary structure of all the worlds of the Transcendent.

In addition, the author managed to compile the Global Matrix of the Universe and even received the Global Matrix of the Absolute (God). The matrices turned out to be the same for all planetary worlds. They set all the worlds in space and time.

The author studied matrices and structures in their statics and dynamics. This allowed him to discover the unified Power of the Universe and explore it. She shares on set of smaller forces. The world science already studies them some them. This allowed him to understand the structure of planets and systems.

All this has confirmed the fidelity of the Unified Theory of the Universe.

Геннадий Кривецков

# Единая теория мироздания

## Книга 2

*Структуры, матрицы и силы
Абсолюта*

*Издание второе, переработанное и дополненное*

2017

**Об авторе:** автор книги Геннадий Кривецков – Почётный доктор наук Российской Академии Естествознания. Он награждён Золотой Медалью «За новаторскую работу в области высшего образования».

Сайт автора: *www.kriveckov.com*

**О книге:** в ней описано продолжение авторского исследования «Единой Теории Мироздания». Автору удалось прийти к, квантованной по величине скорости света, структуре миров вселенной. Он нашёл новый тип структуры, которая объединяет несколько миров между собой и назвал её «элементарной структурой Мирра». Это дало возможность получить полную структуру трансцендента, которая получила название «Глобальной структурой Абсолюта». Она описывает планетарное строение всех миров Трансцендента.

Кроме этого, автору удалось составить глобальные матрицы Мироздания и даже получил «Глобальную матрицу Абсолюта» (Бога). Матрицы оказались одинаковыми структурам для всех миров. Они все миры расставили в пространстве и времени.

Автор изучил работу матриц и структур в их статике и в динамике. Это позволило ему открыть Единую Силу Мироздания и далее исследовать её. Как оказалась, она во вселенной разъединяется на множество меньших сил. Многие эти силы известны нашей мировой науке. Всё это подтвердило верность исследования.

Можно с уверенностью сказать, что «Единая теория Мироздания» создана!

# Таблица сокращений, применяемых в тексте книги

| | |
|---|---|
| ЭСН | Элементарная структура Нави – это элементарная внутренняя структура Мироздания, формирующая мир, формы и тела внутри планетарного уровня. |
| ЭСМ | Элементарная структура Мирра – это элементарная внешняя структура Мироздания, объединяющая в себе 4-е планетарных уровня (высшие, низшие). |
| ЕСМ | Единая структура Мирра – это межпланетарная структура, объединяющая в себе две ЭСМ, формирующих трансцендента. |
| ПСМ | Полная структура Мирра – это межпланетарная структура, объединяющая в себе четыре ЭСМ или две ЕСМ. Она содержит в себе все состояния плоскостей Пространства и Времени. |
| ПСМПр | Полная структура Мирра Пространства (рисунок 10). |
| ПСМВр | Полная структура Мирра Времени. |
| ПСМСв | Полная структура Мирра Света |
| ПСМТм | Полная структура Мирра Тьмы |
| $C_в$ | Постоянная вселенной, кратная величине скорости света. Задействована в ЭСМ рисунка 4 (5) (величина фазы большого круга). |
| $C_т$ | Постоянная трансцендента, кратная величине скорости света. Задействована в ПСМ рисунка 10 (величина фазы центрального круга): $C_в^4 = C_т$ |
| ТСА | Трансцендентная структура Абсолюта |
| МАТЕРИЯ | Это некая первичная структура, которая содержит в себе в некоем объединённом виде Материю и Антиматерию (эфир). |
| Материя | Это структура МАТЕРИИ, которая образуется в её плоскости Пространства. Она содержит в себе материю и энергию. |
| Антиматерия | Это структура МАТЕРИИ, которая образуется в её плоскости Времени. Она содержит в себе антиматерию и антиэнергию. |
| ПСА | Планетарная структура Абсолюта, которая входит в состав ЭСМ. |
| ЕСА | Единая структура Абсолюта (Мироздания), объединяющая в себе ТСА и ПСА. |

| | |
|---|---|
| ЕСН | Единая структура Нави, состоящая из двух связанных между собой ЭСН пространства и времени. |
| ПСНПр | Полная структура Нави Пространства, состоящая из четырёх ЕСН с разными знаками состояния. |
| ДЕСН+S | Двойная ЕСН положительного пространства +S |
| ДЕСН–S | Двойная ЕСН отрицательного пространства –S |
| ГСМ | Глобальная структура МАТЕРИИ |
| ГСС | Глобальная структура СВЕТА |
| СВЕТ | Нематериальный, потусторонний свет, который является изначальным и который содержит в себе всю структуру Трансцендента и все его законы формирования-расформирования. |
| Свет | Это структура СВЕТА, которая при материализации даёт нам обычный свет. Его полярность говорит о направлении вращения кванта Света. |
| Тьма | Это, противоположная по знаку, структура СВЕТА, которая при материализации даёт нам тьму. Его полярность говорит о направлении вращения кванта Тьмы. |
| ГСА | Глобальная структура Абсолюта |
| ОСН | Объединённая структура Нави (рисунок 40) |
| ГСН | Глобальная структура Нави, объединяющая все структуры Нави внутри планетарного уровня |
| ТММ | Трансцендентная Матрица Мироздания |
| ВММ | Всемирная Матрица МАТЕРИИ |
| ГММ | Глобальная Матрица Материи |
| ГМАм | Глобальная Матрица Антиматерии |
| ВМС | Всемирная Матрица СВЕТА |
| ГСНМ | Глобальная Структура Нави Мироздания |
| ЭДС | Электродвижущая сила |
| ГМС | Глобальная матрица СВЕТА |
| ГМА | Глобальная матрица Абсолюта |

# Оглавление:

6

# Часть 1. Элементарная структура Мирра. Структуры и матрицы Мироздания

> *«Невозможное есть не что иное, как совокупность великих, ещё не реализовавшихся возможностей. Оно – лишь завеса, за которой следующий этап, та часть пути, что ещё не пройдена».*
>
> *Шри Ауробиндо.*

Полученная нами ранее, модель элементарной структуры Нави [1] сначала была построена не на мыслительных предположениях, домыслах или догадках, а на мистическом видении её полного образа. Открытие этой структуры произошло прежде на мистическом уровне и только потом, через имеющиеся научные данные о Мироздании, нам удалось её обосновать и описать при помощи обычного последовательного процесса логических умопостроений обычного разума. Полученные результаты исследования чётко вписались в эту «увиденную» модель элементарной структуры Нави (далее ЭСН), делая её уже не просто каким-то мистическим предположением-видением, а чем-то реально-истинным и даже основополагающим для последующего исследования структур Мироздания.

Нам удалось тогда открыть и описать основной связующий элемент Единства Мироздания, которого наука ещё не имела. Им и оказалась элементарная структура Нави. Здесь мы явно видим, что она действительно является элементарной связующей структурой для единения всего Мироздания. Она позволяет нам вплотную подобраться в своих исследованиях к реальному его моделированию на всех уровнях и во всех мирах.

9

На этом основании, объединяющей всё структуры, элементарная структура Нави позволяет нам, уже без каких-либо предположений, говорить о том, что мы очень сильно приблизились к построению «Единой теории Мироздания». Но даже с элементарной структурой Нави эта теория получается у нас не полной и действующей в пределах только одного из его миров, какого-то одного планетарного уровня [1].

Хотя эта структура соединяет между собой даже ранее несоединяемое (живое и не живое), но она действует только внутри одного из планетарных уровней вселенной [1]; она не объединяет между собой все её миры и не служит для этой цели. Её главная цель – это единение структур внутри одного из миров, как построение «частной» структуры Мироздания внутри одного из планетарных уровней. Она не способна объединить все внешние миры и не позволяет связать между собой все планетарные уровни вселенной.

Структура «Единой теории Мироздания», через элементарную структуру Нави, даже внутри одного планетарного уровня, оказывается, практически, бесконечной как в больших параметрах, так и в меньших. Это лишний раз доказывает нам её истинность. Знания, заложенные в ней, также будут бесконечными: с одной стороны, элементарная структура Нави действительно имеет конечную форму в виде «горизонтальной» модели, которая у нас получилась ранее (рисунок 18 [1]); с другой стороны, она точно так же может делиться на более мелкие структуры, которые тут же образуют новые элементы Нави уже на меньшем уровне; если мы начинаем укрупнять элемент Нави, соединяя его с другими такими же элементами, то снова получаем элемент Нави, который, как «птица Феникс», снова «возрождается из пепла», но уже на бо́льшем уровне.

Чем больше мы погружаемся в истину этой структуры, тем больше возникает у нас новых открытий. Структура Нави получается здесь некой внутренней *элементарной постоянной структурой мира*. Она, практически, является квантом света и входит в состав, образующего его многомерного квантованного Света[1], который образует вселенские миры. Она является ячейкой его структуры, «кирпичиком» для построения любых живых и не живых форм. Свет, структурированный элементарными структурами Нави, символически получается подобием «сети», накинутой на вселенную, посредством которой она обретает его формы. Причём, «сеть» имеет размер «ячеек», соответствующих параметрам своего планетарного уровня-мира.

Вся таблица периодических элементов Д.И. Менделеева набрана из таких элементарных структур Нави. Она имеет приложение не только на нашем земном уровне, но и на любом планетарном уровне вселенной [1], ибо они у нас получаются полностью тождественными. Из созданных ими «атомов» планетарного уровня своего мира создаются сложные физические формы, в том числе планетарные системы, галактики и вселенные. Мы получаем тройственный союз структур в Материи:

1. «элемент Нави», как элементарная структура, из которой при материализации на своём планетарном уровне образуется материальная частица;
2. «атомные элементы», сложенные из «элементов Нави»;
3. «физические формы», сложенные из «атомных элементов».

Такая триединая структура физического мира должна существовать на любом планетарном уровне. Здесь мы только-только начинаем понимать, что «Единая теория Мироздания» открывает перед нами «дверь» в совершенно новые знания, которые могут значительно дополнить нашу академическую науку.

Исследование «Единой теории Мироздания», уже имеющей связующую ЭСН, пока ещё оказывается для нас не полным и даже оно не может нам дать всей её полноты. Нам необходимо будет найти новое связующее структурное звено, которое бы объединило собой все миры в единую вселенную

---

[1] Свет с заглавной буквы мы обозначим как «вселенский» Свет, который нами не изучается и который в духовных источниках знаний обозначен как божественный, а светом с прописной буквы мы обозначим наш обычный материальный свет, который является уже материальной частью этого Света.

и, может быть даже, в мир трансцендента (мир для всех вселенных). Такого элементарного звена, связующего миры, у нас пока нет и нам его ещё предстоит отыскать.

Мы пока пришли только к пониманию того, что материальные и нематериальные структуры вселенной сильно связаны со структурой кванта Света, который их все формирует. Он предположен нами как «Свет сферический по форме и расширяющийся в Космосе параллельно-последовательно» [1]. Мы подошли к тому, что некий, какой-то *бо́льший* Свет, чем наш обычный свет, оказывается многомерным и даже квантованным самим собой и для самого себя по своим же параметрам и по своим же качествам. Он ещё не изучен нами в своём истинном многомерном виде и пока остаётся за пределами наших знаний.

Этот Свет дал нам повод для построения многоуровневой квантованной структуры вселенной, планетарные уровни которой отличаются по своей протяжённости как в пространстве, так и во времени на величину скорости света. Эта величина – С стала для нас *постоянной вселенной* [1], на основе которой строятся почти все взаимоотношения между элементами во внутренней и внешней структурах вселенной.

Исследование многоуровневой квантованной структуры Света поможет нам прийти к целостному построению Мироздания и пока оно не дало нам связующего звена, соединяющее все его миры между собой. Конечно, мы ранее сумели предположить существование этого связующего структурного элемента [1], но вычислить его структуру пока так и не смогли. Как мы понимаем, этот связующий элемент должен вобрать в себя как материальные, так и нематериальные структуры миров, что представляет для нашей материальной науки некоторую сложность.

Ранее мы уже выяснили, что если всё материальное принадлежит миру Пространства, то всё нематериальное – миру Времени: или там, или здесь. Отсюда следует, что всё нами ранее обозначаемое как нематериальное уже, через ЭСН, нашло своё отражение в мире Времени. Оно должно принадлежать только ему. Даже нематериальное понятие жизни и разума живого существа нашло здесь, в структурах энергий мира Времени, своё отражение и место.

То, что описано нами в продолжении исследования теории Мироздания, будет подвержено серьёзному анализу. Уверенность в истинности и реальности нашего исследования нас пока не покидает. Дальнейшее развитие «Единой теории Мироздания» приведёт нас к ещё *большим* открытиям.

Давайте попробуем это доказать!

# Глава I. Взаимодействие планетарных уровней

Итак, элементарная структура Нави (ЭСН) описана нами только в пределах одного из множества планетарных уровней-миров, например, на планетарном уровне солнечной системы. Мы даже назвали её «горизонтальной» структурой, подразумевая, что она работает только в их внутренних пределах. Мы получили возможность собирать из ЭСН атомы, из которых далее складываются физические материальные тела и формы. Совершенно неважно, где это происходит или в Пространстве, или во Времени. ЭСН может работать и на планетарных уровнях Пространства и Времени. Нам ранее даже удалось смоделировать из них нечто подобное солнечной системе с её планетами [1].

Кроме этого, она позволила нам предположить квантование уровней вселенной и принять полное структурное тождество между её мирами, которые отличаются друг от друга только параметрами Пространства и Времени, но не их внутренней структурой. Нам пока трудно принять внутреннее структурное тождество планетарных уровней между собой, но отрицать мы его не будем и пока оставим таким для будущего рассмотрения.

Ранее, структурно, мы сравнили известные нашей науке данные по атомному уровню и планетарному уровню солнечной системы, которые подтвердили нам такое планетарное тождество. Только пока все наши исследования касались непосредственно структуры самих планетарных уровней, но никак не их взаимодействия между собой. Теперь такое единение планетарных уровней становиться главной целью нашего исследования.

Ранее, при исследовании ЭСН, нам удалось наткнуться на нечто, что позволило нам проложить путь к знанию по объединению вселенских планетарных уровней в единое целое. Теперь нам нужно расширить эти «проблески» знания для более глубокого их исследования. Давайте для этого вернёмся в самое начало наших исследований по ЭСН [1], где мы и попытаемся отыскать эти новые знания по единению миров.

## Ошибочность предположения?

Мы уже рассматривали прежде некую структурную схему, на котором попытались объединить миры вселенной между собой и которую повторим на рисунке 1. На нём мы тут же замечаем некоторое несоответствие между тем, что нарисовано, и тем, что мы имеем в своих знаниях.

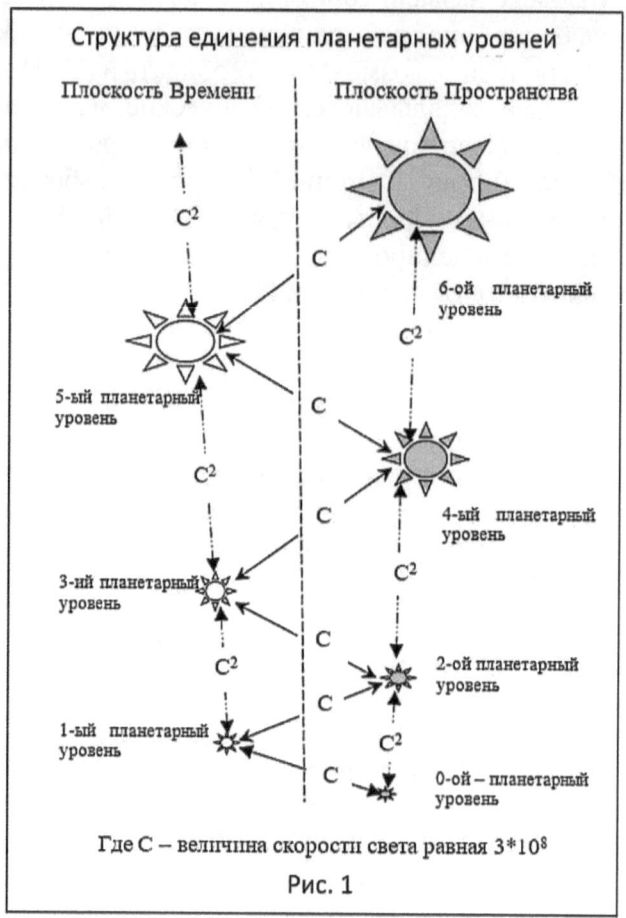

Рис. 1

Давайте более подробно это рассмотрим, для чего поднимемся по планетарным уровням рисунка 1 снизу-вверх:

- 0-ой уровень – это первозданная Материя, эфир (Д.И. Менделеев), с которого всё началось.
- 1-ый уровень – это уже структурированный энергетический уровень предшествующий атомному. Он

принадлежит плоскости Времени. Мы его для себя ещё не открыли.

- 2-ой уровень – это атомный уровень, который уже давно изучается нами. Он принадлежит плоскости Пространства.
- 3-ий уровень принадлежит планетарному уровню Души человека (уровень параметров пространства и времени мира человека) и находится во Времени.
- 4-ый уровень – это уровень планетарных систем, подобных нашей солнечной системе. Он принадлежит Пространству.
- 5-ый уровень должен принадлежать галактикам. Он нам виден обычным зрением, то есть является Пространственным, а на рисунке 1 он принадлежит Времени (?). Здесь существует некоторое несоответствие.
- 6-ой уровень – метагалактический и он по рисунку 1 должен бы быть для нас видимым, ведь он обозначен как Пространственный. На самом деле наша вселенная представляется нам как совокупность всех галактик, но этот планетарный уровень нам всё же более невидимый, чем видимый. Здесь также существует некоторая неточность.

Это исходное состояние нашего предположения о квантовании вселенной по планетарным уровням. Всё было бы хорошо, если бы не возникли в нём эти нестыковки по 5-ому (галактическому) и 6-ому (метагалактическому) уровням. Они у нас получаются лежащими не в тех плоскостях, хотя сама по себе предполагаемая структура единения планетарных уровней получается довольно точной.

Мы не будем отказываться от этой структуры единения планетарных уровней (рисунок 1), а попробуем отыскать ту ошибку, которую мы в ней допустили, и далее исправить её. Для этого разделим эту вселенскую схему структуры единения на две планетарные группы: низшую – с 1 по 4 уровни и высшую – с 5 по 6 уровни.

Почему мы решились на такое деление?

Дело в том, что структура единения низших планетарных уровней с 1 по 4 (рисунок 2) у нас получается

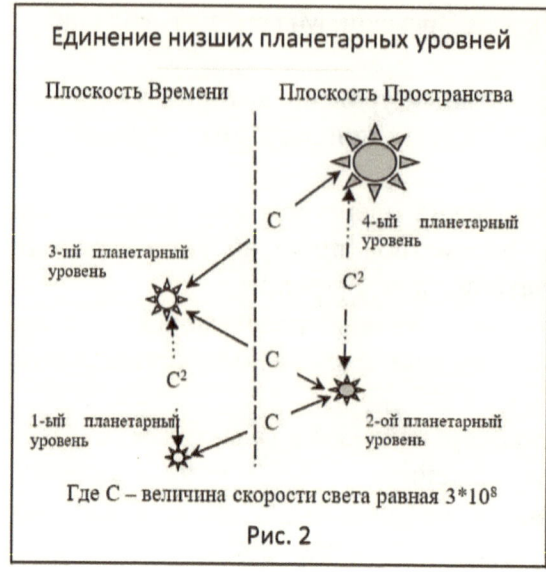

**Единение низших планетарных уровней**

Плоскость Времени  Плоскость Пространства

4-ый планетарный уровень

3-ий планетарный уровень

1-ый планетарный уровень  2-ой планетарный уровень

$C$

$C^2$

$C$

$C^2$

$C$

Где $C$ – величина скорости света равная $3*10^8$

**Рис. 2**

довольно точной и даже не подлежащей сомнению, а вот структура единения высших планетарных уровней с 5 по 6 пока несёт в себе какую-то тайну: она пока для нас является не полной. Мы не можем изобразить её подобной структуре рисунка 2, хотя она должна, по нашему мнению, ей полностью соответствовать. Это различие в структурах говорит нам о том, что тождественности по ним здесь мы пока не получаем.

Итак, на рисунке 2 показана только первая низшая часть вселенской структуры Единения рисунка 1. Причём, мы удалили из неё нулевой уровень, который сам по себе обособлен и нам особо не нужен. Он является некой «изначальной» Материей, которая оказывается только исходным «материалом» для формирования вселенной и которая, как мы предполагаем, в её структуру не входит. Д.И. Менделеев показывал «изначальную» Материю в своей «Таблице периодических элементов» отдельной нулевой ступенью и назвал её «эфиром». Позднее от этой нулевой ступени в его Таблице академическая наука отказалась и, наверное, зря.

Итак, на рисунке 2 мы видим четыре низших по пространственно-временным параметрам планетарных уровня, которые связаны между собой, как связаны плоскости Пространства и Времени. 1-ый и 3-ий уровни являются планетарными уровнями Времени, а 2-ой и 4-ый уровни являются пространственными. С последними материально-пространственными уровнями у нас больших сомнений нет: они изучаются нашей наукой и ей хорошо известны. С

17

планетарными уровнями Времени возникают проблемы, потому что они ещё в полной мере нами не изучаются и принадлежат более духовным знаниям. Мы о них имеем знания только духовного характера, которые описывают этот мир Времени своими символами.

Давайте, всё же, пока кратко охарактеризуем планетарные уровни рисунка 2:

- 1-ый уровень Времени, сублиминальный (субатомный). Он является «строительным материалом» для 3-го планетарного уровня. Только он сам должен быть из чего-то сделан (0-ой уровень Времени – эфир).

- 2-ой уровень Пространства, атомный. Он является «строительным материалом» для 4-го планетарного уровня. Это для него уже будут готовые «кирпичики», но он из чего-то сам должен быть сделан (0-ой уровень Пространства – эфир);

- 3-ий уровень Времени соответствует параметрам времени и пространства человека (метры и секунды). Духовные источники называют его планетарным уровнем системы Души человека со своими солнцем и землёю. Это его разумная планетарная система. Она формируется уже из «элементов» 1-ого уровня.

- 4-ый уровень Пространства соответствует параметрам времени и пространства солнечной планетарной системы. Он сформирован из «элементов» 2-ого уровня.

Такое единение низших планетарных уровней в единую структуру рисунка 2 мы можем допустить и пока оставим их в таком виде.

Давайте теперь перейдём к бóльшим планетарным уровням и определимся с ними:

- 5-ый уровень, галактический;
- 6-ой уровень, метагалактический;
- 7-ой уровень, определим его из духовных источников, как трансцендентный (единый для всех вселенных).

У нас пока, при всём нашем желании, получается всего три уровня, а не четыре, как на низших планетарных уровнях. Снова полного тождества с ними у нас пока не получается.

Здесь мы или чего-то не поняли и наши знания ещё не раскрыты полностью, или наше предположение такой тождественности было ошибочным.

Если всё же исходить из полного тождества планетарных уровней то, тогда у нас во втором случае не хватает для тождественности с низшими уровнями ещё одного планетарного уровня. Выше трансцендента 7-го уровня нам его явно не найти и даже предположить не удасться. Намёков на его существование ни где, ни в каких знаниях, даже самых нелепых, нет. Будем исходить их того, что «крупнее» трансцендента 7-ого планетарного уровня пока ничего нет, хотя мир и бесконечен, тем более, что духовные источники нам точно говорят только о семи мирах. Мы пока для нашего исследования ограничим эту планетарную бесконечность 7-ым планетарным уровнем.

Тогда что, мы пришли в своих знаниях не туда?

…

Давайте не будем спешить с выводами. Если выше 7-ого уровня у нас ничего нет, то тогда, что есть ниже 5-ого уровня? Ниже его уже находится четвёрка низших планетарных уровней рисунка 2. Только мы никак не можем на неё перескочить и покуситься на её целостность. Мы пока не будем её трогать и оставим таковой.

Единение высших планетарных уровней

Плоскость Времени    Плоскость Пространства

6-ой планетарный уровень

7-ой планетарный уровень

? планетарный уровень

5-ый планетарный уровень

Где С – скорость света равная $3*10^8$ м /с

Рис. 3

Давайте пойдём другим путём и нарисуем новую схему структуры высших уровней полностью тождественной структуре низших планетарных уровней и изобразим её на рисунке 3. Теперь мы её изобразили так, как видим это в нашем небе, где 5-ый галактический уровень уже нам виден как пространственный. Всё нами видимое в нашем небе – это пространственные структуры, ибо другого зрения у нас пока нет. Тогда 7-ой уровень трансцендента получается так же пространственным, но он настолько огромный, что мы видим в нём только небольшой его «кусочек» в виде «сгустка» галактик. А вот 6-ой вселенский планетарный уровень нам явно невиден, и мы переведём его в плоскость Времени.

Только нам всё равно пока непонятно, что же мы должны будем иметь ниже 5-ого планетарного уровня *во Времени*? Он у нас должен своими «элементами» времени формировать вселенную. Этот планетарный уровень на рисунке 3 мы пока обозначили знаком вопроса – «?». Что это за уровень, который находится ниже 5-ого и выше 4-го планетарного уровня, ведь 4-ый уровень мы уже ранее использовали, а он снова явно напрашивается сюда?

Тут нас осеняет, ведь наша солнечная система кроме гелиоцентрической пространственной системы Коперника, которую мы отнесли к Пространству, имеет в себе ещё и геоцентрическою систему Птолемея во Времени [1]. Наша солнечная система – двойная! А это нам говорит о том, что 4-ый планетарный уровень может быть двойным и принадлежать как Пространству, так и Времени. Он обязательно должен оказаться связующим миром между двумя этими структурами единения: высшей и низшей. В противном случае они у нас окажутся полностью разобщёнными и тогда мы единую структуру Мироздания не сможем получить, что никак не может быть.

Пространственную гелиоцентрическую систему Коперника мы отнесли к низшим уровням и к Пространству, а геоцентрическую систему Птолемея, которая у нас получается планетарной системой Времени, мы отнесём уже к 4-му уровню Времени. Может быть она и есть то, что на рисунке 3 обозначено как «?»? Она явно напрашивается на это «пустое» место. Если мы её туда вставим, то тогда эта схема высших планетарных уровней полностью получится тождественной схеме низших уровней рисунка 2. Давайте попробуем это сделать.

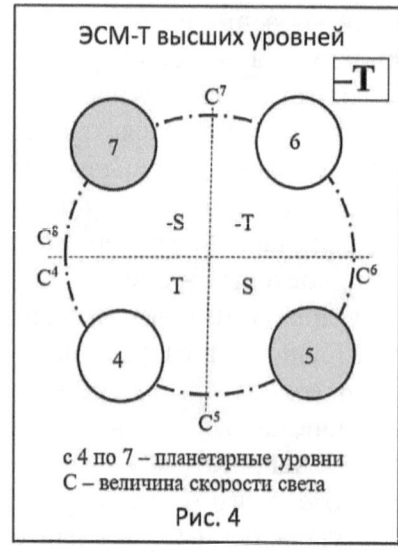

**ЭСМ-Т высших уровней**

с 4 по 7 – планетарные уровни
С – величина скорости света

Рис. 4

Такая полная структура единения высших планетарных уровней показана на рисунке 4. Теперь он будет полностью структурно тождественен рисунку 2, где также задействованы 4-е высших планетарных уровня.

Мы рисунок 4 сильно изменили и изобразили его по подобию модели ЭСН. Его полное описание мы произведём позднее и пока не будем на этом останавливаться.

Нам далее остаётся соединить обе структуры вместе, чтобы получить единую структуру трансцендента. Только, остаётся вопрос, а как геоцентрическая система Времени Птолемея, вроде бы, низшего 4-го планетарного уровня, окажется связанной с высшими планетарными уровнями?

Конечно, нам её явно недоставало, чтобы получить единение на высших планетарных уровнях, но возникает новая нестыковка: ведь между геоцентрической и гелиоцентрической системами не будет того квантования по уровню, которое у нас получилось ранее, ведь их параметры Пространства и Времени должны быть одинаковыми, а в нашем новом предположении внутри 4-го планетарного уровня между этими системами должно быть соотношение равное величине скорости света – С?

Как нам его получить в пределах одного планетарного уровня, вроде бы обладающего одними и теми же пространственно-временными параметрами?

### Структура единения планетарных уровней

Вопрос, поставленный нами, представляет собой определённую трудность. Для того, чтобы с чего-то начать, давайте такую же схему структуры сделаем для низших планетарных уровней (рисунок 5), а затем её исследуем. Она у нас получается полностью тождественной схеме структуры единения высшего уровня рисунка 4.

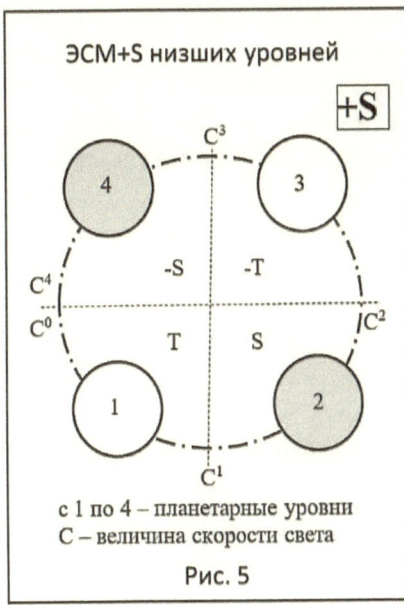

ЭСМ+S низших уровней

+S

c 1 по 4 – планетарные уровни
С – величина скорости света

Рис. 5

На рисунке 5 мы получили подобие ЭСН, только вместо фаз $0^0$, $90^0$, $180^0$, $270^0$, $360^0$ для низших планетарных уровней мы здесь имеем соответственно – $C^0$, $C^1$, $C^2$, $C^3$, $C^4$. Практически, у нас, вроде бы, по своей структуре получился обычный квант света, только его тригонометрические параметры для нас стали несколько другими, кратными скорости света. Мы ранее никогда их не связывали со скоростью света, но здесь это явно напрашивается.

Прежде чем понять такой переход от тригонометрических величин к скорости света, нам необходимо определиться с тем, почему мы вдруг закольцевали низшие и высшие планетарные уровни, как бы, внутри них? У нас получается некоторое вращение их по кругу, который даёт возврат 4-го уровня обратно к 1-му уровню для низших уровней и 7-го к 4-му уровню для высших. Вообще, почему мы их «закольцевали»?

Итак, каждому периоду кванта света рисунка 5 соответствует свои планетарные уровни, которые имеют свои пространственно-временные параметры. Периодов – четыре и уровней мы также имеем четыре. Энергетика всех планетарных уровней должна быть равной, так как квант света имеет её равной во всех своих четырёх периодах. Это говорит нам о том, что количество энергий и материй на всех уровнях будут одинаковым, но пространственно-временные параметры их будут разными и будут отличаться от предыдущих уровней на величину скорости света. Смена фазы состояния с Пространства на Время и наоборот будет происходить только после достижения в пространственно-временных параметрах планетарного уровня отношения между их начальными и конечными параметрами равного величине скорости света. Это отношение будет определять границы между планетарными уровнями со сменой плоскостей. Если при достижении этого отношения происходит смена плоскостей, то должна меняется и фаза состояния уровня Материи. От этого мы и исходим при назначении величины скорости света как тригонометрической единицы измерения, которая будет соответствовать $90^0$.

Теперь мы снова можем вернуться к вопросу: почему мы «закольцевали» низшие и высшие планетарные уровни? Мы здесь исходим из свойств кванта света, который после достижения им величины параметров в $360^0$ ($C^4$; $C^8$) начинает процесс своего вращения сначала, то есть снова с $0^0$ ($C^0$; $C^4$). Точно так же разбивку уровней по плоскостям Пространства и Времени мы сделали полностью тождественной кванту света.

Итак, низшие и высшие структуры планетарных уровней встали у нас на свои места, подобно расположению в ЭСН, только в нашем случае мы имеем квант света, который распространяется не в пределах одного планетарного уровня, а одновременно на всех четырёх уровнях, связывая их все вместе.

Именно переход от внутреннего содержания планетарного уровня к внешнему позволил нам перейти от тригонометрических величин градусов к величине периода кратной скорости света. Квант света теперь действует не внутри планетарного уровня. Он теперь связывает четыре, разных по параметрам, уровня в единой целое. Только благодаря ему планетарные уровни обретают пространственно-временное квантование по скорости света и становятся взаимосвязанными друг с другом.

Обычные тригонометрические величины действуют только в пределах одного пространственно-временного параметра, то есть в пределах одного планетарного уровня. Когда мы выходим за его пределы и связываем уже несколько таких уровней между собой, то мы получаем более сложный квант света, который в каждом своём периоде будет уже иметь разные пространственно-временные параметры.

…

Итак, мы закончили первоначальное описание структуры единения низших планетарных уровней, рисунок 5. Она получилась у нас подобной ЭСН [1], только здесь параметры её периодов описываются через скорость света. В этом состоит их главное отличие, хотя структура ЭСН и структура единения низших планетарных уровней получились у нас полностью тождественными. Это подтверждает правильность направления нашего исследования.

Описывать тождественную ей структуру единения высших планетарных уровней рисунка 4 нам уже не имеет смысла. Её описание полностью подходит под описание структуры единения низших уровней, только её параметры (рисунок 4) будут начинаться с величины $C^4$ ($360^0$) и заканчиваться $C^8$ ($720^0$) относительно низшего уровня. К тому же, если структура низших уровней нами обозначена как находящаяся в плоскости *большего* Пространства +**S**, то структура высших уровней будет находиться в плоскости *большего* Времени –**T**. Мы пока не будем описывать то, почему мы взяли плоскость Пространства положительной, а плоскость Времени отрицательной, а сделаем это позднее.

Теперь нам только осталось объединить эти две разноплоскостные структуры планетарных уровней в единое целое (+**S**) + (–**T**). Только мы снова возвращаемся к вопросу: как нам обойти двойственность 4-ого уровня между гео- и гелиоцентрической системами? Нам необходимо понять, как сохранить квантование структуры единения по величине скорости света, чтобы между этими системами 4-го планетарного уровня возникла величина в отношении их параметров равная ей?

## *Структура единения трансцендента*

Практически мы получили две межпланетарных ЭСН (мы пока оставим это название ЭСН и уже далее с ним определимся) только не «горизонтального» (внутренней структуры планетарного уровня), а уже «вертикального» характера (внешней структуры, между планетарными уровнями). Нам остаётся только соединить низшую и высшую «вертикальные» ЭСН между собой, чтобы получить единую структуру трансцендента. Чтобы осуществить это нам сначала необходимо определиться с двойственностью 4-го планетарного уровня.

Ранее, при рассмотрении малого кванта света в ЭСН [1], мы указывали, что при смене фазы его состояния на $90^0$, он переходит из сектора пространства в сектор времени и наоборот. Смена фазы состояния малого кванта света происходит при пересечении границы секторов ЭСН. В нашем случае, малым квантом света является планетарный уровень, который на рисунках 4 и 5 обозначен малым кругом. Чтобы изменить фазу состояния планетарного уровня на С, нам необходимо перейти границу сектора ЭСН, что у нас в принципе и получается с 4-ым планетарным уровнем.

Внутри ЭСН смена фазы состояния для нас не представляет трудности: она меняется при переходи границы сектора. А вот как будет меняться фаза состояния при переходе от низшей ЭСН в высшую, нам необходимо будет это понять. Здесь мы явно имеем переход границы из плоскости *бо*льшего Пространства в плоскость *бо*льшего Времени, что обязательно происходит при смене фазы состояния на $90^0$ или, в нашем случае, на С.

На 4-ом планетарном уровне мы имеем, как бы, две равнозначные планетарные системы, которые располагаются в разных плоскостях. Чтобы из гелиоцентрической системы Коперника сделать геоцентрическую систему Птолемея нам точно так же нужно изменить фазу её состояния на те же $90^0$ или на С. При изменении фазы состояния малого кванта света с Пространства на Время нам нужно его пространственные параметры увеличить на величину скорости света С и только тогда он станет малым квантом Времени. Тогда между величинами параметров гелиоцентрической и геоцентрической систем, точно так же, должна будет возникнуть величина отношений между ними, равная скорости света С. Она, в этом случае, поменяет фазу состояния и переведёт планетарную систему в плоскость Времени, что будет равнозначно переходу границы сектора в другую бóльшую плоскость высших планетарных уровней.

Итак, мы получаем на 4-ом планетарном уровне две системы, параметры которых отличаются друг от друга на величину скорости света. Если гелиоцентрическая система Коперника будет принадлежать низшей ЭСН (рисунок 5), то геоцентрическая система Птолемея – высшей ЭСН (рисунок 4). Тем самым нам удалось найти планетарную систему 4-го уровня, которая будет принадлежать высшей ЭСН и находиться в бóльшей плоскости Времени.

При помощи геоцентрической планетарной системы Птолемея, нам удалось устранить ошибку схемы структуры единения планетарных уровней рисунка 1. Теперь мы можем её исправить и нарисовать более точную схему структуры единения трансцендента. Давайте для этого попробуем соединить эти две структуры ЭСН единения планетарных уровней, низшую и высшую, в единое целое, а далее посмотрим, что у нас из этого получиться?

Итак, объединённая и исправленная схема структуры единения трансцендента нами представлена на рисунке 6. На нём нам удалось совместить две предыдущие ЭСН низших и высших планетарных уровней. Они теперь не получаются у нас разорванными, а соединяются посредством двойного 4-ого планетарного уровня. Всего планетарных уровней

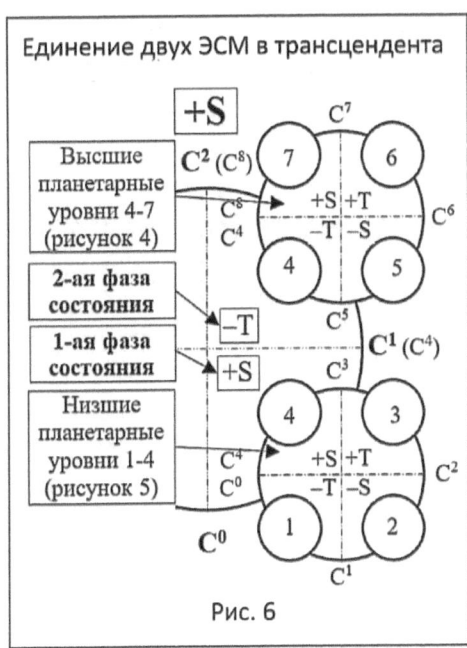

Рис. 6

26

получается восемь, хотя высший из них будет седьмым, трансцендентным.

…

Но что удивительно, все они соответствуют описаниям их планетарных номеров с духовными источниками знаний. Например, Душа человека там представлена 3-им планетарным уровнем (*три*девятым царством), солнечная система – 4-ым, вселенная – 6-ым. Даже здесь у нас всё сошлось.

…

В нашей структурной схеме рисунка 6 обозначены переходы между системами на 4-ом планетарном уровне, в которых участвуют низшие и высшие ЭСН. Понятно, что такой переход является связующим звеном между ними, но как он это осуществляет? Ещё нам непонятно, откуда вдруг взялись границы между группами планетарных уровней, да ещё возникают некие бо́льшие фазы $C^0$, $C^1$ и $C^2$, когда там уже имеет место $C^4$ (рисунок 5) и $C^8$ (рисунок 4) соответственно, если просчитать и сложить все эти планетарные уровни?

## Полная структура планетарных уровней

Всё же, нам удалось получить две совмещённые ЭСН в единой структуре трансцендента, чего мы и добивались. В связи с предыдущими ответами на наши вопросы, возникло совершенно фантастическое предположение, а что если попытаться эту планетарную структуру отобразить подобием ЭСН, только не «горизонтально», не в пределах одного планетарного уровня, а «вертикально»? Может быть, у нас при таком повороте плоскости структуры Нави на $90^0$ получиться новая элементарная структура уже вселенского, если не трансцендентного значения? При таком переходе из «горизонтальной» внутрипланетарной в «вертикальную» вселенскую плоскость, как от множественного – к частному, от множественных планетарных уровней – к единому их состоянию, мы возможно найдём то, что их всех объединяет в единое целое.

На рисунке 6 мы видим только две фазы какого-то нового бо́льшего состояния ЭСН. Мы даже не знаем к чему их отнести: или к ещё бо́льшему Пространству, или к ещё бо́льшему Времени? Давайте здесь мы будем ссылаться на знак состояния плоскости трансцендента 7-го уровня и оставим пока для неё бо́льшее положительное Пространство.

Обе группы получаются смещёнными по фазе **C** некоего бо́льшего состояния. Мы имеем две такие бо́льшие фазы состояния, параметры которых обозначили бо́льшей величиной скорости света и крупным жирным шрифтом. Но должно ещё в этой межуровневой структуре существовать и бо́льшие значения этих фаз, где 3-тья и 4-ая фазы состояния должны дать нам другой результат знаков плоскостей Пространства и Времени. Только, где мы их возьмём, ведь уже наше «небо» закончилось?

У нас уже закончились все планетарные уровни и системы, которые мы знаем и которые нам известны. Где же нам их ещё «добыть»? Таких знаний о них на планете нет. Тем более, что мы явно видим только половинку кванта некоей бо́льшей «вертикальной» Структуры, объединяющей собой все планетарные уровни. На рисунке 6 мы видим только две фазы её состояния 1-ую и 2-ую. К тому же, 3-тья и 4-ая фазы состояния явно должны существовать, ведь это должен быть полный «стандартный» квант света с четырьмя фазами состояния, хотя они у нас и выражены в величинах кратных скорости света. Тогда, какие ещё планетарные уровни могут в нём возникнуть?

Если снова перейти к нашей солнечной системе, то по нашему предположению помимо геоцентрической и гелиоцентрической систем в ней должны существовать ещё две какие-то другие планетарные системы. Может быть, они и станут у нас следующими уровнями в этих бо́льших фазах «вертикальной» Структуры, которые мы можем назвать отрицательными?

Возникает, глядя на структурную схему рисунка 6, новое предположение: трансцендент формируется на границе раздела Структуры в бо́льшей фазе $C^2$ (**180⁰**). Это может означать, что, переходя эту границу, мы должны будем получить, как с 4-ым планетарным уровнем, нового трансцендента 7-ого уровня, только опрокинутого на 90⁰. Он тогда у нас из пространственного станет трансцендентом Времени.

Кроме этого, 1-ый планетарный уровень (рисунка 6) так же смыкается с *бо*льшей 0-ой фазой состояния $C^0$. Это означает, что, идя в противоположную сторону и перейдя через 0, мы должны будет получить ещё один элемент 1-ого планетарного уровня. Если 1-ый планетарный уровень на рисунке 6 обозначен как уровень Времени, то его зеркальное отражение будет уже пространственным и будет иметь другой знак состояния. Его фаза состояния будет отрицательной. Только где мы можем найти эти *бо*льшие Время и Пространство?

Давайте проанализируем первую *бо*льшую фазу состояния рисунка 6. Она имеет промежуток от $C^0$ до $C^1$. Что это, Время или Пространство? Здесь мы упираемся в нечто *бо*льшее, которое их объединяет и названия у которого ещё нет? Мы пока, символически, обозначим её как фазу положительного Пространства $+S$. Если взять вторую *бо*льшую фазу состояния Структуры, то она оказывается полностью тождественной первой. Только параметры у неё будут уже другими, к тому же, ещё и с поворотом фазы состояния, а это уже должно быть отрицательное Время $-T$. Всё это, конечно, относительно. Ещё у нас уже возникает понятие центрального кванта «вертикальной» Структуры, который и содержит в себе все эти новые для нас *бо*льшие фазы состояния.

Так, как же мы назовём первую фазу состояния рисунка 6, Пространством или Временем? А нам её обязательно нужно определить, иначе возникнет путаница. Судя по сжатости параметров планетарных уровней, расположенных в ней, её можно отнести к Материи и Пространству. Поэтому мы оставим определение первой *бо*льшей фазы состояния как *бо*льшую фазу положительного Пространства. *Бо*льшие параметры планетарных уровней имеет вторая фаза состояния и пусть она у нас будет *бо*льшей фазой отрицательного Времени. Эти *бо*льшие Времена и Пространства «вертикального» кванта Структуры рисунка 6 можно назвать ещё *бо*льшим, единым для них,

**Пространством +S** с положительными параметрами, предположим это.

### *«Тридевятое царство»*

Давайте немного отвлечёмся от наших сложных логических размышлений и попробуем проверить наши исследования Структуры Мироздания в других источниках знаний. Мы обратимся к нашим самым простым и обычным народным сказкам, к тем скрытым потусторонним знаниями, которые они в себе несут.

Так в них, почти во всех, обязательно описывается некое *тридевятое и даже тридесятое царство-государство.* Причём, эти два понятия царств, как бы, оказываются равноправными и равнозначными: можно будет сказать «тридевятое царство», а можно – «тридесятое», и так и так будет верно.

Откуда они взяли такое количество царств для своих сказок? Во многих сказках это понятие количества миров сохраняется. Человеку они отводят там третье из девяти-десяти царств, что совпадает с нашим определением человеческого 3-го планетарного уровня Души.

Если переложить их царства на наши планетарные уровни, то у нас уровней получается гораздо меньше: всего семь. Значит ли это, что мы чего-то не увидели и неправильно составили структурную схему на рисунке 6, если считать, что эти царства имеют отношение к нашим планетарным уровням-мирам?

Давайте более подробнее в этом разберёмся. Итак, мы уже точно имеем семь планетарных уровней, семь царств. Но первый сублиминальный уровень и второй атомный уровень должны быть из чего-то сделанными? Ранее, мы показывали 0-ой планетарный уровень и относили его к первичной Материи, к эфиру. Мы может принять его за 8-ое царство. Но где нам взять хотя бы 9-ое царство, не говоря о 10-ом?

На высших планетарных уровнях мы имеем трансцендента 7-го планетарного уровня. Его можно определить, как подобие планеты Земля. Но если не будет уровня выше его, то трансцендент не сможет существовать.

Где он тогда будет существовать, в каком бо́льшем Пространстве или Времени? Здесь мы можем предположить явное существование 9-ого планетарного уровня как 9-ого царства для «жизни» трансцендента. Итого мы получаем *девять царств*.

Теперь давайте попробуем определиться с 10-тью царствами.

Итак, начнём с самого начала: мы имеем 7 планетарных уровней-миров – 7 царств. 4-ый уровень имеет двойника в фазе Времени. Тогда геоцентрическая система Птолемея уже будет 8-ым царством. Ранее мы добавили ещё 9-ое царство, как 0-ой планетарный уровень. Трансцендент, по нашему раннему предположению, где-то должен находиться и «жить» тогда в 10-ом царстве. Итого мы получаем 10 царств-миров.

Русские народные сказки, возможно, оказались правы в отношении количества царств: это тождество мы видим и там, и здесь. Мы можем говорить, как девять царств, так и десять царств. Это будет верно и так, и так. Поразительно, насколько проявляется истина нашего планетарного существования, когда стоит только-только что-либо «повернуть», и вот она – уже здесь, но не будем спешить. Видимо, мы находимся на правильном пути, если даже простые сказки помогают нам в нашем исследовании.

...

Итак, мы вычислили все возможные планетарные ошибки и устранили их на представленном рисунке 6. Кроме этого, мы сделали новые предположения о существовании ещё двух бо́льших отрицательных фаз в некоем бо́льшем Пространстве трансцендента. Теперь нам ничего не остаётся, как попытаться составить более полную модель межуровневой структуры единения миров.

Мы вплотную подошли к созданию новой объединённой модели структуры планетарных уровней.

# Глава II. Полная структура Мирра

Модель единения планетарных уровней для нас уже становится реальностью. Уже можно даже попытаться создать полный абрис такой единой планетарной структуры. Тем более, что она уже частично, как половинка целого, представлена нами на рисунке 6. Эта половинчатая структура ранее была нами поделена на две тождественные структуры, показанные на рисунках 4 и 5.

Давайте эти две тождественные элементарные межуровневые структуры (рисунки 4 и 5) назовём *элементарной структурой Мирра* (далее ЭСМ), чтобы их далее не путать с внутриуровневыми планетарными элементарными структурами Нави (ЭСН). Тогда у нас далее ЭСН будет отождествляться только с внутренней «горизонтальной» структурой планетарного уровня-мира, а ЭСМ – с единением всех миров в единую «вертикальную» структуру Мироздания.

Итак, мы получили на рисунке 6 две элементарные структуры Мирра: одну, низшую по параметрам в положительном Пространстве; другую, высшую по параметрам в положительном Времени. ЭСМ с низшими планетарными уровнями (рисунок 5) – это первая *большая* фаза состояния рисунка 6. Мы отнесли её к низшим параметрам и определили к положительному Пространству. ЭСМ с высшими планетарными уровнями (рисунок 4) – это вторая *большая* фаза состояния рисунка 6. Мы отнесли её к высшим параметрам и определили к отрицательному Времени. Они существуют вроде бы раздельно, но нечто должно их объединять, а то мы не получим единого целого трансцендента.

Мы эти две ЭСМ с параметрами Пространства и Времени уже объединили в единую структуру трансцендента (рисунок 6). Давайте отнесём её к *большему* положительному Пространству и назовём *единой структурой Мирра* (далее ЕСМ). Нам теперь останется исследовать их в единстве, чтобы определить их взаимодействие между собой. Только здесь возникает вопрос, а где находятся отсутствующие значения больших Пространства и Времени, ведь мы их в своём мире не видим?

Мы их, вполне, можем представить таким же рисунком 6, только зеркально изменив параметры больших Пространства и Времени на отсутствующие. У нас, в этом случае, практически ничего не изменится, но есть нечто говорящее нам, что этот рисунок 6 должен сверху вниз обратиться зеркально. Мы его здесь пока приводить не будем, а сделаем это чуть позже.

Для получения *полной структуры Мирра* (далее ПСМ) с положительными и отрицательными значениями Пространства и Времени, нам осталось дополнить положительную пространственную ЕСМ, тождественной ей, отрицательной пространственной ЕСМ, которая должна будет состоять уже из двух ЭСМ с отсутствующими параметрами больших Пространства $-S$ и Времени $+T$. Всего мы должны будем получить 4-ре такие ЭСМ, подобных структуре единения рисунка 5. Из 4-х ЭСМ мы получим, сначала, 2 ЕСМ с разными знаками полярности большего Пространства, а затем уже ПСМ, объединяющую их в единое целое.

Мы предположили, что соединение планетарных уровней между собой возможно только посредством некоей «вертикальной» Структуры, которая отличается от обычной ЭСН тем, что её фазы состояния описываются через скорость света – С, например, фаза состояния $C^1$ равна фазе обычной «горизонтальной» структуры в $90^0$, далее $C^2$ – равна уже фазе в $180^0$ и т.д.

Получается довольно интересный квант ПСМ, который имеет в своих величинах фаз состояний геометрическую прогрессию: $C^0$, $C^1$, $C^2$, $C^3$, $C^4$. Это будет соответствовать фазам кванта обычного света: $0^0$, $90^0$, $180^0$, $270^0$, $360^0$. Мы получаем в «вертикальной» пространственной ПСМ те же 4 периода, только их протяжённость будет кратна величине скорости света – С. Что также довольно интересно и ново для нас. ПСМ с такими параметрами мы ещё не знали и даже не предполагали её присутствия.

Кроме этого, «вертикальная» ПСМ каким-то образом создаёт из Материи все имеющиеся планетарные уровни, связывая их между собой. Теперь нам, вроде бы, более ничего не мешает создать саму эту «вертикальную» структуру, которую мы, ради отличия от ЭСН (рисунок 18 [1]), назвали ПСМ. Она на неё чем-то будет похожа, но будет немного отличаться.

Полная структура Мирра (ПСМ) позволит нам восходить и нисходить по планетарным уровням (мирам) трансцендента, оставаясь ей без изменений. Поэтому мы назвали её полной структурой. Эта новая структура пока является для нас тайной. Нам предстоит далее её раскрыть и получить более полные знания о нашем мире.

## *Пограничный переход*

Чтобы точно отобразить на рисунке полную структуру Мирра, нам необходимо провести некоторые уточнения в её строении. Например, мы пока явно отобразили 2-е *большие* фазы её состояния (рисунок 6), но предполагаемый переход из 2-ой фазы в 3-тью, если такой существует, нам пока не совсем ясен. По ранее проведённым исследованиям, он должен соответствовать и быть зеркальным 1-ой *большей* фазе, т.е. низшим планетарным уровням с 1 по 4 (рисунок 5). Они должны быть зеркально отражены в 3-ей фазе и иметь отрицательные параметры Пространства, но так ли это? Именно это нам сейчас придётся уточнить.

Давайте сначала вернёмся к уже известному нам переходу с 1-ой *большей* фазы во 2-ую (рисунок 6). Здесь нам удалось нащупать несколько другой «механизм» перехода, чем тот, который мы ранее обнаружили в ЭСН [1]. Новый переход через границу *большей* фазы состояния в структуре Мирра оказался связан с величиной скорости света – С. Мы тогда при переходе получили точно такой же 4-ый планетарный уровень, какой был в предыдущей первой фазе состояния. Был 4-ый уровень Пространства, а стал 4-ый уровень Времени. Его расположение во Времени обрело другую плоскость состояния.

Здесь возникает нечто интересное! Если рассматривать 4-ый планетарный уровень Времени из Пространства 1-ой *большей* фазы (рисунок 6), то он оказывается по своим параметрам в С раз больше пространственного. На самом деле, он будет обладать теми же параметрами, что и Пространственный уровень, если мы будем исследовать его из Времени 2-ой *большей фазы*. Но если мы определим параметры 4-ого Пространственного уровня из Времени, то он окажется в С раз меньше параметров 4-ого планетарного уровня Времени.

Как мы видим, всё у нас получается относительным. Во всяком случае, структуру рисунка 6 можно считать правильной. Она сохраняет в себе все отношения квантования по скорости света между планетарными уровнями. В этом случае, переход 4-ого планетарного уровня из 1-ой *большей фазы* во 2-ую фазу у нас происходит как переход из одной плоскости в другую.

На этом основании мы можем утверждать, что точно так же должен существовать подобный переход системы из 2-ой *большей фазы* в 3-тью фазу. Раз есть две *большие фазы* Света, то обязательно должно быть ещё две его *большие фазы* с отсутствующими параметрами Пространства и Времени. У нас получается точно такой же переход между *большими фазами* 2 и 3

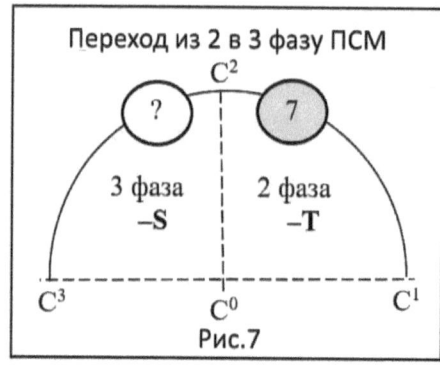

Переход из 2 в 3 фазу ПСМ

3 фаза —S

2 фаза —T

Рис.7

ПСМ. Он показан на рисунке 7. На нём обозначено, что пространственный трансцендент 7-ого планетарного уровня, переходя границу раздела между этими фазами, должен стать новым планетарным уровней времени некоего «?»-ого планетарного уровня 3-ей *большей фазы* состояния *большего отрицательного Пространства*. Только, какого планетарного уровня и какой ЭСМ?

Если рассматривать 3-ю *большую фазу* зеркально 1-ой фазе состояния, то она оказывается у нас пространственной фазой, только с отрицательными характеристиками. Тогда при переходе из 2-ой в 3-тью *большую фазу* трансцендент превращается в ...

Что-то мало верится, что мы снова должны будем попасть на 1-ый планетарный уровень, только уже, отрицательного Пространства! Пространственная 3-я фаза состояния даже с отрицательными характеристиками должна быть полностью тождественна 1-ой фазе состояния. Тогда мы получаем фантастическое и очень невероятное предположение, что 7-ой планетарный уровень 2-ой *большей* фазы отрицательного Времени, переходя через границу состояния в 3-ю *большую* фазу отрицательного Пространства, переходит снова на 1-ый пространственный планетарный уровень. Это для нас, действительно, грандиозная фантастика, ведь куда-то этот огромный трансцендент 7-ого уровня исчезает, превращаясь в частицу намного меньшую по своим параметрам атома водорода?

Всё будет выглядеть точно так же, как нами было описано при переходе из 1-ой во 2-ую *большую* фазу. Этот 1-ый планетарный уровень уже будет принадлежит внутреннему времени отрицательного Пространства 3-ей *большей* фазы состояния.

Пока мы на это предположение согласимся, тем более, что в духовных источниках знаний есть такое выражение, как «змея, кусающая свой хвост», что у нас практически получилось. Действительно, огромный трансцендент с параметрами 7-ого планетарного уровня вдруг, в один миг, превращается в бесконечно малый элемент 1-ого планетарного уровня.

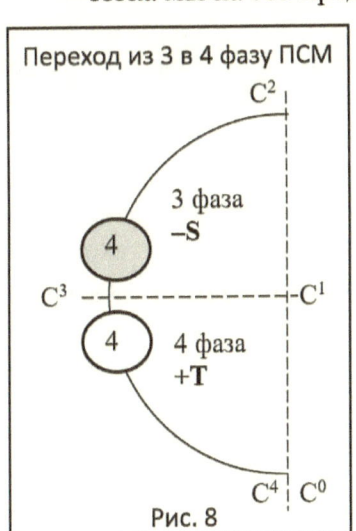

Но и это ещё не всё! У нас имеет место следующий переход между *большими* фазами состояний: это переход из 3-ей в 4-ую *большую* фазу (рисунок 8).

Мы здесь снова получаем 4-ый планетарный уровень, только с отрицательной характеристикой Пространства и положительной – Времени. Таким образом, мы получаем ещё

36

две планетарные системы 4-ого уровня, как мы их описывали ранее [1].

Здесь у нас всё неожиданно сошлось с предыдущими исследованиями: один 4-ый уровень принадлежит 3-ей *большей фазе* состояния и будет состоять из Материи в отрицательном Пространстве; другой – 4-ый уровень принадлежит 4-ой *большей фазе* состояния и будет состоять из Энергии в положительном Времени. Всего мы получаем в нашей полной структуре Мирра четыре таких планетарных системы на 4-ом уровне, о чём мы ранее указывали при рассмотрении элементарной структуры Нави [1].

В нашем исследовании переходов через смену *больших* фаз, остался ещё один переход из 4-ой в 1-ую *большую* фазу состояния (рисунок 9). Здесь мы, после перехода, должны опять иметь в наличии 1-ый планетарный уровень. Он у нас таким и получается, что довольно интересно. Мы снова получаем 1-ый планетарный уровень в 1-ой

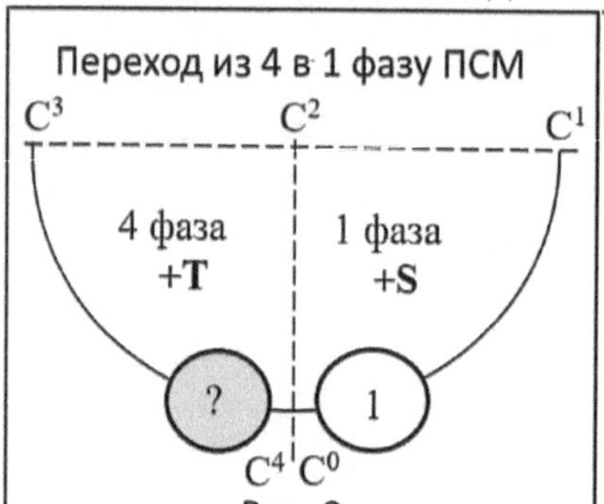

Переход из 4 в 1 фазу ПСМ

$C^3$      $C^2$      $C^1$

4 фаза +**T**    1 фаза +**S**

?   1

$C^4$ $C^0$

Рис. 9

*большей* фазе положительного Пространства, только из чего? Ясно одно, что он следует за планетарным уровнем, который мы обозначили знаком «?», принадлежащему положительному Времени (4 фаза). Итак, какой же планетарный уровень будет последним в этой 4-ой *большей* фазе?

Если мы пришли у тому, что отрицательное Пространство 3-ей *большей* фазы получается полностью тождественным по своей структуре и параметрам ЭСМ положительного Пространства 1 *большей* фазе, то, соответственно, трансцендент 2-ой *большей* фазы должен быть полностью тождественен структуре и параметрам трансценденту 4-ой *большей* фазы, хотя та имеет положительные характеристики. Тогда мы получаем в конце формирования 4-ой *большей* фазы новую «змею, кусающую свой хвост», то есть трансцендента 7-ого планетарного уровня отрицательного времени. Он и будет предшествовать 1-ому планетарному уровню 1 большей фазы положительного Пространства.

Итак, все пограничные переходы между большими фазами состояний нами рассмотрены и, вроде бы, мы с ними определились. Теперь далее мы уже можем предположить, какие планетарные уровни могут находиться в 3-ей и 4-ой больших фазах?

В конце 4-ой большей фазы явно возникает трансцендент и зеркальное отображение структуры и параметров 2-ой большей фазы состояния ЭСМ. В 3-ой большей фазе, как мы определились ранее, мы можем иметь зеркальное отображение планетарных уровней 1-ой большей фазы ЭСМ рисунка 6. В этом случае мы получаем две половинки круга: с одной стороны, полукруг получается с положительными параметрами Пространства и отрицательными – Времени, а с другой – с отрицательными параметрами Пространства и положительными – Времени. Мы получаем две разнополярные пространственные ЕСМ (ЕСМ+S и ЕСМ–S) некоего большего разнополярного Пространства +S или 4-ые ЭСМ с разными знаками плоскостей Пространства и Времени того же большего разнополярного Пространства +S.

*«Вертикальная» модель «пяти колец»*

Все препятствия построения будущей модели «вертикальной» ПСМ нами более-менее преодолены. Мы уже вполне можем попытаться её составить. Такая новая полная структура Мирра представлена на рисунке 10. Давайте её исследуем.

На рисунке 10 мы изобразили два пространственных полукруга (+S и –S) большего Пространства с двойной границей между ними по вертикали. Мы их обозначили как пространственные по плоскости расположения трансцендента. На рисунке 10 он располагается в плоскостях пространства секторов Времени: если в правом полукруге трансцендент (7-ой уровень) у нас имеет положительный знак пространства, то в левом – отрицательный. Поэтому мы и

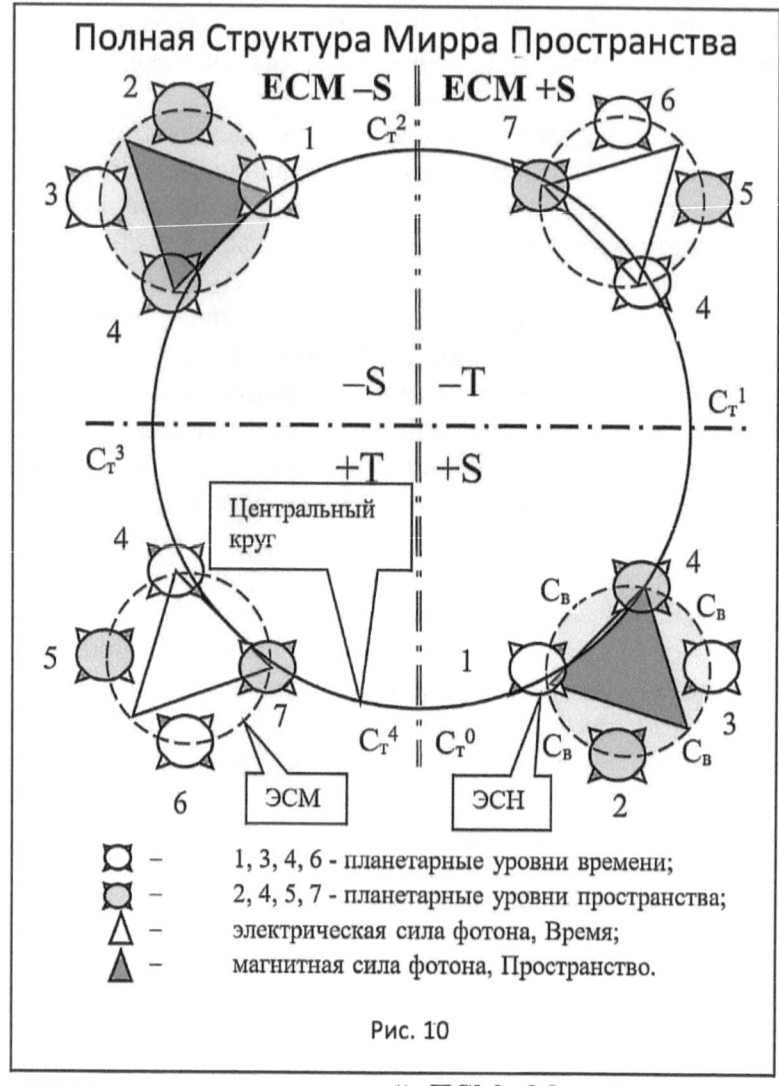

Рис. 10

говорим о пространственной ПСМ. Мы её для точности обозначим как «полная структура Мирра Пространства» (далее ПСМПр). Раз существует ПСМПр, то обязательно должна будет возникнуть зеркальная ей ПСМ Времени (далее ПСМВр).

Как мы видим, ПСМПр немного отличается от элементарной структуры Нави (ЭСН). Она получилась чуть-чуть сложнее и пока только для бо́льшего Пространства. В полученную модель ПСМПр входят две пространственные ЕСМ, которые разделяются между собой по знаку

Пространства. Каждая ЕСМ имеет в себе по две ЭСМ. В каждую ЭСМ, которые расположены в каждой *большей* фазе ПСМПр, входят по четыре ЭСН. Все ЭСМ объединяет, назовём его, «центральный круг» ПСМ. Но внутри ЭСМ существует свой, объединяющий уже ЭСН, «большой круг». ЭСМ в каждой своей фазе содержит, через множество ЭСН, полную структуру каждого планетарного уровня, полную «горизонтальную» структуру мира.

На рисунке 10 символически показано всего по одной ЭСН в каждой фазе большого круга ЭСМ, но на самом деле их столько, сколько необходимо для создания полной структуры планетарного уровня со всеми его существами и формами. Здесь ЭСН показана как основная для своего планетарного уровня, которая сама уже содержит в себе множество ЭСН, которые определяют всю необходимую структуру планетарного уровня. Такая полная ЭСН планетарного уровня, которая бы его полностью описывала и которая показана в составе ЭСМ, нам пока неизвестна и нам её ещё предстоит отыскать. Её образ возник в исследовании только сейчас на рисунке 10.

Итак, центральный круг ПСМПр напоминает нам малый круг «горизонтальной» модели Нави (рис. 18 [1]), только теперь он стал центральным. Он на схеме обозначен как центральный круг с треугольниками в своих фазах. Серые треугольники обозначают Пространство, а светлые – Время с разными знаками их состояния. Вместо четырёх малых кругов ЭСН у нас появилось четыре больших круга ЭСМ, в которых малые круги теперь нам обозначают полные ЭСН, которые играют роль формирователя своего планетарного уровня. Они также состоят из множества других ЭСН, как указано нами ранее.

«Горизонтальная» модель ЭСН – это модель формирования материи во времени и пространстве внутри планетарного уровня, а «вертикальная» модель ПСМПр – это модель формирования пространственного «трансцендента» со множеством связанных между собой планетарных уровней. Если в «горизонтальной» модели ЭСН мы оперируем в малых кругах понятием фазы состояния, как нами было принято ранее, в градусах, то в «вертикальной» модели ПСМПр единицей измерения становятся уже не «градусы», ибо они здесь уже совсем не подходят. Мы эти «градусы» заменили совершенно неожиданной подменой их понятий величиной кратной скорости света – С. Таким образом, $90^0$ в «горизонтальной» модели превращаются в «вертикальной» модели ПСМПр в величину кратную скорости света – С.

У нас возникают две категории величины скорости света: первая имеет отношение к ЭСМ, которую теперь вполне можно определить, как *постоянную вселенной* – $C_в$, а вторая – к центральному кругу ПСМПр, которую мы уже определяем, как *постоянную трансцендента* – $C_т$. Мы оставим эти обозначения постоянных вселенной и трансцендента, чтобы далее их не путать между собой. Давайте теперь попробуем понять, что у нас получится из такого предположения.

Центральный круг «вертикальной» ПСМПр имеет свои четыре сектора-фазы. Каждый сектор отличается от предыдущего на величину постоянной трансцендента – $C_т$. Всего в нём получается четыре таких величины, и они не «складываются и вычитаются» как градусы в горизонтальной модели, а «умножаются и делятся». Мы получаем полную фазу в центральном круге равную $C_т^4$, она, возможно, будет величиной тождественной $360^0$ (?). Полный цикл центрального круга можно описать так: $C_т \times C_т \times C_т \times C_т = C_т^4$.

Центральный круг содержит в себе четыре ЭСМ, которые расположились по одной в каждом его секторе. Это будут малые круги ЭСМ. Каждый её сектор уже имеет фазовую протяжённость равную постоянной вселенной – $C_в$ в любой своей фазе. Это показано только на одной ЭСМ положительного Пространства ПСМ. Здесь, как и в центральном круге, мы имеем геометрическую прогрессию в параметрах фаз: $C_в \times C_в \times C_в \times C_в = C_в^4$ общей протяжённостью $C_в^4$. Величина силы, действующей в каждой фазе ЭСМ, независимо от параметров её ЭСН, будет одинаковой.

Можно предположить, что все действия по развёртыванию планетарных уровней в центральном круге будут параллельными и одновременными. Вполне возможно, что центральный и малые круги развёртываются каждый внутри себя, образуя квантованные скоростью света планетарные уровни и планетарные системы внутри них соответственно.

У нас получается, что полная фаза центрального круга ПСМПр равна $C_т^4$, а фаза одного сектора центрального круга равна $C_т$. Отсюда выходит, что в малом круге величина $C_в^4$ будет равна $C_т$. Их соотношение между собой тогда будет следующим: $C_в^4=C_т$. Для ЭСН рисунка 10 единицей измерения фазы состояния пока остаются градусы.

### *По четыре системы*

Мы, действительно, в обоих полукругах ПСМПр получили две полных структур трансцендента, ведь все остальные планетарные уровни входят в их состав. ПСМПр имеет в себе квантованную по скорости света пропорцию, жёстко связанную с её численной величиной.

Но можно ли нашу модель рисунка 10 считать доказательством точного построения трансцендента?

Если внимательно присмотреться к ПСМПр, то в ней нам чётко видно, что 4-ый планетарный уровень состоит из четырёх систем, каждая из которых располагается в своём секторе её центрального круга (+S, +T, –S, –T). Если их всех объединить в единую модель, то это будет полностью

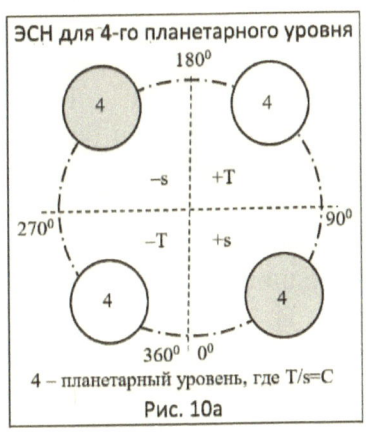

ЭСН для 4-го планетарного уровня

4 – планетарный уровень, где T/s=C
Рис. 10а

соответствовать «горизонтальной» планетарной ЭСН 4-го планетарного уровня. Она вберёт в себя и объединит в себе все четыре планетарные системы 4-ого уровня. На рисунке 10 мы имеем четыре одинаковых ЭСН с разными начальными фазами состояний, формирующих весь 4-ый планетарный уровень. Их все можно будет объединить в одну *большую* ЭСН.

В рисунке 10а мы совместили все системы 4-ого планетарного уровня в одну такую структуру. Её мы уже рассматривали и исследовали ранее [1] и ПСМПр подтвердила нам этим свою истинность. Теперь вопрос возникает в другом: все ли планетарные уровни должны иметь в своём составе точно такие же четыре объединённые системы в единой ЭСН?

Этого мы пока точно не знаем или что-то ещё в этой структуре не поняли до конца. 4-ый планетарный уровень послужит нам примером для исследования других планетарных уровней в этом ракурсе.

Давайте, в плане единения четырёх систем, исследуем сам трансцендент 7-ого планетарного уровня. Пока он у нас получается двойным и находится во 2-ом и 4-ом секторах Времени центрального круга рисунка 10. Более мы его нигде не наблюдаем. Получается, что ПСМПр не совсем полная или всё же полная?

Симметрично трансценденту в соседних секторах располагается 1-ый планетарный уровень. Он также состоит из двух систем, вместо четырёх. Обе системы, и трансцендента 7-го уровня, и 1-ого планетарного уровня переходят через границу секторов, то есть, как и системы 4-ого уровня, являются пограничными. В этом заключается их некоторая, очень интересная для нас, тождественность.

Сейчас возникает фантастическое предположение: а что, если эти две двойственные планетарные системы 1-го и 7-го уровней, образующие в сумме четыре системы, получаются у нас полностью тождественными и принадлежащими или трансценденту, или 1-ому планетарному уровню, что может получиться одним и тем же?

Нам сложно своим разумом согласиться с таким предположением, ведь дело состоит в том, что трансцендент имеет практически *бесконечно большие* параметры Пространства и Времени, а 1-ый планетарный уровень – *бесконечно малые* их параметры. И там, и здесь – бесконечность. Их фазы состояния отличаются на величину $C_т$ ($90^0$). Точно на такую же величину отличаются фазы 4-ого планетарного уровня. Здесь мы опять видим полное совпадение.

У нас всё сходится к тому, что 7-ой уровень трансцендента и 1-ый планетарный уровень, если не обращать внимание на их пространственно-временные параметры, получаются полностью тождественными по своей структуре планетарными системами. Только этого мы никак не можем своим разумом принять: как большая бесконечность может быть равной меньшей бесконечности?

Это будет полным математическим нонсенсом. Но здесь просматривается ещё одна закономерность: протяжённость 4-ёх периодов их малых кругов всегда остаётся равной $C_в$ и для 1-ого планетарного уровня, и для трансцендента. Тогда все соотношения в параметрах этих систем будут полностью тождественными, только величины Пространства и Времени в них будут разными.

Все наши доводы осторожно доказывают тождество в соотношениях параметров структур 1-ого планетарного уровня и трансцендента 7-го уровня. Мы пока согласимся с этим предположением, ведь других систем, которых нам недостаёт, мы более обнаружить не можем. Если это так, то тогда все остальные планетарные уровни также должны иметь по 4-ре тождественных системы в своей структуре. Давайте это проверим, для чего составим таблицу 1 тождественности планетарных уровней.

В таблице 1 мы видим, что соотношения фаз между предполагаемыми нами тождественными системами 1-7, 2-6, 3-5, 4-4 получаются одинаковыми. Например, в двух системах 2 и 6 планетарных уровней мы видим по соотношению их параметров соответствие системам 4-ого уровня. Фаза разности между двумя этими уровнями будет равна $C_в^{13}$, если вычесть из неё $C_в^{12}$ кратную $360^0$, то мы получим ту же $C_в^{13}-C_в^{12}=C_в$, что и в системах 4-ого уровня. Точно такая же ситуация с 3 и 5 планетарными уровнями, которые также можно признать тождественными и объединить в одну четырёхмерную систему. Фаза разности между двумя этими уровнями будет равна $C_в^5$, если вычесть из неё $C_в^4=360^0$, то мы получим ту же величину $C_в^5-C_в^4=C_в$, что и в системах 4-ого уровня.

По нашему предположению, практически уже доказанному, мы получаем в ПСМПр по 4-е полных четырёхмерных планетарных систем в четвёрке планетарных уровней (4×4), но обладающих разными пространственно-временными параметрами. Они все будут соответствовать единой ЭСН рисунка 10а только для своих планетарных уровней.

Таблица 1

| Фаза внутри сектора | Уровень 1-ого сектора +S | Уровень 2-ого сектора +T | Уровень 3-его сектора −S | Уровень 4-ого сектора −T | Величина фазы между уровнями | Величина фазы |
|---|---|---|---|---|---|---|
| **Тождественность планетарных уровней** | | | | | | |
| *Системы 1, 7 планетарного уровня* | | | | | | |
| 1 | 1 | | 1 | | $C_в^8$ | $C_в^8$ |
| 4 | | 7 | | 7 | $C_в^8$ | $C_в^8$ |
| | | 7 | 1 | | $C_в$ | $C_в$ |
| | 1 | | | 7 | $C_в$ | $C_в$ |
| *Системы 2, 6 планетарного уровня* | | | | | | |
| 2 | 2 | | 2 | | $C_в^8$ | $C_в^8$ |
| 3 | | 6 | | 6 | $C_в^8$ | $C_в^8$ |
| | 2 | | | 6 | $C_в^{13}$ | $C_в^{13}-C_в^{12}=C_в$ |
| | | 6 | 2 | | $C_в^{13}$ | $C_в^{13}-C_в^{12}=C_в$ |
| *Системы 3, 5 планетарного уровня* | | | | | | |
| 3 | 3 | | 3 | | $C_в^8$ | $C_в^8$ |
| 2 | | 5 | | 5 | $C_в^8$ | $C_в^8$ |
| | 3 | | | 5 | $C_в^5$ | $C_м^5-C_в^4=C_в$ |
| | | 5 | 3 | | $C_в^5$ | $C_м^5-C_в^4=C_в$ |
| *Системы 4, 4 планетарного уровня* | | | | | | |
| 4 | 4 | | 4 | | $C_в^8$ | $C_в^8$ |
| 1 | | 4 | | 4 | $C_в^8$ | $C_в^8$ |
| | 4 | | | 4 | $C_в^9$ | $C_м^9-C_в^8=C_в$ |
| | | 4 | 4 | | $C_в^9$ | $C_м^9-C_в^8=C_в$ |

Вывод можно сделать довольно интересным: Планетарные системы всех четырёх ЭСМ ПСМПр будут тождественными и даже, можно сказать, однотипными между собой по своей структуре и в соотношениях их параметров. Мы тогда получаем следующую последовательность соответствия по планетарным уровням: 1-7; 2-6; 3-5; 4-4. Только планетарные системы ЭСМ Времени будут располагаться зеркально планетарным системам ЭСМ Пространства, и они будут обращёнными относительно друг друга, что мы и видим в этой последовательности соответствия планетарных уровней.

## *Матрица ПСМПр*

Совершенно неожиданно у нас возникло понятие «Матрицы планетарных уровней». Глядя на таблицу 1, мы невольно обратили внимание на расстановку в ней значений планетарных уровней. Это натолкнуло нас на мысль о том, что эти номера планетарных уровней могут составить значения для матрицы ПСМПр. У нас получается по четыре планетарных уровней в четырёх ЭСМ, что нам даёт возможность составить матрицу с ячейками 4×4.

Давайте попробуем изобразить её в таблице 2.

Таблица 2

| Матрица ПСМПр | | | | | | | |
|---|---|---|---|---|---|---|---|
| ПСМПр | ЭСМ | 1ЭСМ | 1 | 2 | 3 | 4 | +S |
| | +S | 2ЭСМ | 4 | 7 | 6 | 5 | -T |
| | ЭСМ | 3ЭСМ | 3 | 4 | 1 | 2 | -S |
| | −S | 4ЭСМ | 6 | 5 | 4 | 7 | +T |
| | | | -t | -s | +t | +s | |

С первого раза покажется, что мы распределили планетарные уровни просто так, как нам этого хотелось, чтобы получить по диагоналям тождество по номерам уровней, которое мы получили в таблице 1. Мы показали его на диагоналях матрицы для двух планетарных уровней 4-4 и 1-7. Точно такое же диагональное тождество можно найти между 3-5 и 2-6 уровнями. Они получились у нас сами по себе, и мы специально под них матрицу не подгоняли. Давайте рассмотрим то, как мы распределяли планетарные уровни в этой матрице.

Итак, первая строка нам вопросов не задаёт 1234 – это последовательность уровней в первой ЭСМ+S рисунка 10. Вторая строка, как мы сказали ранее, должна зеркально опрокидываться и начинаться в последовательности 7654. Но это не совсем так, ибо вторая ЭСМ–Т сдвинута относительно первой ещё на $С_в$. Это как раз сдвигает вторую строку на одну позицию вправо и тогда мы получаем последовательность 4765, то есть мы её уже начинаем не с 7-го уровня, а с 4-го. Третья строка ЭСМ–S у нас должна быть относительно первой сдвинута на $С_т{}^2$, то есть на две позиции. Тогда мы получаем третью строку 3412. Четвёртая строка ЭСМ+Т должна быть сдвинута относительно второй строки ЭСМ–Т на $C_т{}^2$ или относительно первой строки на три позиции, на $C_т{}^3$. Здесь уже мы будем иметь последовательность 6547.

В матрице возникла сама по себе даже расстановка планетарных уровней по внутренним знакам пространства и времени ЭСМ, что мы не смогли сделать на рисунке 10. Мы получили расстановку планетарных уровней по параметрам пространства и времени и их знакам состояния. Это распределение по параметрам является относительным: мы решили привязать их к главным для нас планетарным уровням. Например, солнечная система имеет отношение к 4-му планетарному уровню Пространства. Его мы приняли как уровень положительного пространства и пространственные параметры остальных уровней расставляли относительно его. По Времени мы взяли за основу 3-ий планетарный уровень, который имеет непосредственной отношение к человеку, как планетарная система его Души. Параметры Времени остальных уровней мы расставляли уже относительно его.

У нас всё в матрице соответствует рисунку 10. Только нам пока непонятно, что с ней делать далее и поэтому оставим пока её таковой, как она есть, для нашего будущего матричного исследования. Она дала нам исследовательский толчок для матричного представления трансцендента, что поможет нам далее более полно понять его структуру. Мы обязательно попытаемся составить полную матрицу трансцендента и даже Мироздания, но позднее.

### *Двойное тело*

Внутри матрицы ПСМПр и рисунка 10 возникли две интересные «цепочки»: одна из них – пространства, другая – времени. Сначала для исследования возьмём пространственную материальную цепочку ЕСМ положительного Пространства (правую часть рисунка 10). Мы изобразим её отдельно на рисунке 11. Эта цепочка является структурой материального и пространственного трансцендента в положительном Пространстве. В её формировании участвуют четыре планетарных уровня: 2-4-5-7. Для неё мы взяли все пространственные материальные уровни, которые находятся в правом полукруге рисунка 10.

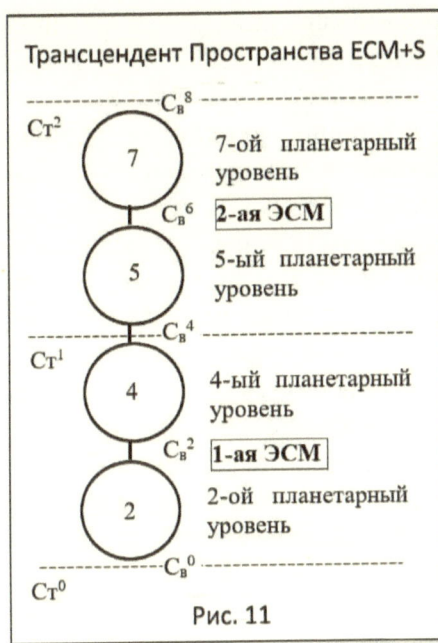

Рис. 11

Первый материальный уровень 1-ой ЭСМ – это 2-ой планетарный атомный уровень. Мы уже знаем, что атомы имеют в своём составе более мелкие частицы 0-го планетарного уровня, которые их формируют. Мы пока не будем освещать этот вопрос их появления, а вернёмся к нему немного позднее. Поэтому мы принимаем его как исходный планетарный уровень для формирования трансцендента.

«Расстояние» между пространственными планетарными уровнями у нас везде получается $C_в^2$. Естественно, пространственные параметры каждого последующего планетарного уровня, точно так же на $C_в^2$, больше предыдущего. Давайте пройдём по этой цепочке на основе рисунка 11 и мысленно представим себе формирование трансцендента.

Итак, 2-ой планетарный уровень будет для него исходной первичной материей. Он формирует атомный уровень. Он же далее сформирует гелиоцентрическую солнечную систему 4-ого планетарного уровня, которая уже входит в состав галактики и формирует уже её. Галактический уровень является строительным материалом для самого трансцендента. Мы получаем последовательно-параллельный процесс формирования планетарной материи в бо́льшем положительном Пространстве.

По времени формирования соотношения между материальными уровнями всегда будут равны $C_в^2$. Тогда атомный уровень будет сформирован практически мгновенно; солнечной системе потребуется времени в $C_в^2$ более; ещё

48

больше времени будет использовано для формирования галактики – $C_в^4$ и трансцендента – $C_в^6$. Это время формирования указано относительно 2-го планетарного уровня. Все планетарные уровни входят в состав трансцендента. Он у нас получается четырёхуровневым по своей материальной структуре.

Почему мы предположили этот процесс параллельно-последовательным? Дело в том, что все планетарные уровни формируются сразу же, то есть параллельно, последовательно формируя и наращивая в материи свои планетарные уровни. Например, наши атомы имеют сферическую планетарную систему; солнечная система – всё ещё плоская и имеет плоскость эклиптики; галактика вообще – дископодобная, а трансцендент должен быть ещё только точечным. Здесь мы получаем, что 2-ой планетарный уровень уже эволюционно готов, 4-ый уровень уже проходит стадию плоскостную, сверхобъёмную [1], но сферическим, подобно атомам, ещё не стал. Галактика находится в плоскостном состоянии дископодобной системы, то есть она ещё не достигла даже уровня солнечной системы. Трансцендент тогда должен ещё находиться вообще в «зачаточном» точечном состоянии. Здесь мы явно прослеживаем эволюционную прогрессию по времени в формировании планетарных уровней [2].

Здесь у нас всё сходится, за исключением того, как, например, 2-ой атомный уровень Пространства, перескакивая через 3-ий уровень Времени, формирует солнечную систему? Всё дело в том, что в Пространстве существует только проекция на него плоскости Времени, а не само это Время. Времени в Пространстве не существует: его, как бы, нет. Поэтому разрыва между пространственными уровнями никакого не будет. Они все окажутся между собой перемешанными, что мы и наблюдаем в природе. Граница между ними проходит на уровне $C_в^2 - 180^0$. Практически все они переходят через $0_s$ – ноль Пространства [1], который их всех объединяет. Они все с него начинают формироваться.

Давайте теперь обратимся ко второй части формирования планетарных уровней уже плоскости Времени того же правого полукруга ECM+S рисунка 10. В этом

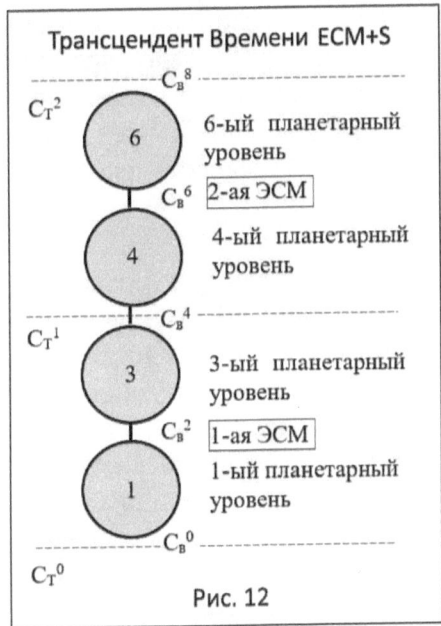

Трансцендент Времени ECM+S

$C_В^8$

$C_Т^2$

6

6-ый планетарный уровень

$C_В^6$ 2-ая ЭСМ

4

4-ый планетарный уровень

$C_В^4$

$C_Т^1$

3

3-ий планетарный уровень

$C_В^2$ 1-ая ЭСМ

1

1-ый планетарный уровень

$C_В^0$

$C_Т^0$

Рис. 12

формировании участвуют уже другие четыре планетарных уровня 1-2-4-6. Отобразим этот процесс на рисунке 12.

Начало здесь проходит немного проще. Мы имеем 1-ый планетарный уровень времени и энергии в 1-ой ЭСМ. Он далее формирует 3-ий планетарный уровень. Затем происходит переход через границу сектора во 2-ую ЭСМ для формирования 4-ого планетарного уровня времени, геоцентрической планетарной системы Птолемея. Он также имеет отношение ко времени и энергии. 6-ой метагалактический уровень формируется посредством 4-ого уровня времени 2-ой ЭСМ. Только здесь мы не получаем 7-ой планетарный уровень. Высшим уровнем во времени здесь оказывается метагалактический 6-ой уровень. Получается, что правый полукруг уровней во времени в высшей своей структуре формирует только метагалактику 6-ого планетарного уровня. Здесь также имеет место перескок через пространственные планетарные уровни и точно такой же разрыв в $C_В^2$ между ними.

Если материя и пространство дают нам материальные тела, например, тело человека или планету Земля, то что даёт нам «тело» времени и энергии, которые нам невидимо, но, по нашему предположению, явно формируемое? А что ещё кроме тела есть у человека?

Это разум. Тела времени и энергии дают любой материальной форме разум, в соответствие со сложностью её структуры. Они формируют энергетические тела разума. У нас получается, что любое материальное тело, имеющее какую-либо структуру, должно обязательно обладать разумом, то есть иметь тождественное по структуре тело времени и энергии. Такое тело есть и у человека, о чём нам говорят духовные источники знаний [3]. Тело времени относительно тела пространства будет сдвинуто на величину $C_в - 90^0$. Из-за этого оно оказывается, как бы, зеркально перевёрнутым и находящимся в другой плоскости, невидимой нам.

…

Нам удалось исследовать формирование материи и энергии в телах пространства и времени в ЕСМ+S большего положительного Пространства. Мы здесь получили двойное материально-энергетическое (материально-разумное) и пространственно-временное тело трансцендента. Только как нам устранить этот перескок через планетарные уровни на величину $C_в^2$ при формировании, например, материального тела?

Как связаны между собой планетарные уровни пространства и времени?

### *Формирование Материи в структурах Мирра*

Правый полукруг ЕСН+S рисунка 10 содержит в себе два сектора или две ЭСМ с разными фазами состояний. Мы внутри них описали две объединённые последовательности формирования материально-пространственной и энергетическо-временной форм (рисунки 11, 12) по отдельности. Но по ним, мы не можем полностью понять, как происходит последовательно-параллельный процесс формирования материального разумного трансцендента и наполнение его структур Материей?

Чтобы понять, как может происходить такой процесс перехода с одного планетарного уровня на другой, нам нужно это исследовать. Давайте снова обратимся к рисунку 5. На нём обозначен 1 сектор правого полукруга ПСМПр ЭСМ+S, который формирует четыре низших, с 1 по 4, планетарных уровня. Мы ранее уже предположили их последовательно-параллельное развёртывание и оставим это пока таковым: не может быть планеты Земля и форм на ней, если не будет атомов и наоборот.

Явно видно, что рисунок 5 полностью тождественен ПСМПр рисунка 10, только его фазы состояния определяются через величину скорости света $C_в$, а не через $C_т$. Это означает, что он представляет собой квантованный по уровням некий малый фотон «света», который вращается в 1-ом секторе трансцендента, как-то наполняя его Материей. Получается, что все фазы этой ЭСМ будут образованы подобными квантами «света». Их всего будет четыре.

4-ый планетарный уровень будет суммарным для всех остальных уровней первой ЭСМ+S. Все они с 1-ого по 3-ий уровни войдут в её единый состав, образуя тела и формы поверхности планеты Земля, но при этом они останутся «индивидуальными» уровнями-мирами со своими параметрами. Они не растворются в нём, а будут существовать в соответствии с параметрами своего планетарного уровня, все параллельно. Например, молекула воды всегда будет водой, находясь на планете Земля 4-ого планетарного уровня, хотя имеет в своём составе 3 «индивидуальных» атома 2-ого планетарного уровня, которые так и остаются атомами. Давайте теперь попробуем соединить все четыре планетарных уровня вместе: два пространства (2 и 4) и два времени (1 и 3).

Итак, 1-ый уровень является энергетически-временным. Здесь мы можем предположить, что он является строительным материалом для нашего разума [3], ведь наш обычный человеческий разум должен был бы из чего-то состоять. Именно он, как мы подразумеваем, должен устанавливать структуру атомов и их связей между собой и являться для них разумом.

Мы уже никак не можем отрицать сознательность и разумность атомов. К тому же, кто-то должен заставлять атомы наполняться изначальной материей 0-го уровня. Давайте исследуем в этом ракурсе атом водорода.

Итак, мы имеем атом водорода, но он не смог бы возникнуть, если бы множество частиц 1-го планетарного уровня не создали его ранее из себя «виртуально» во времени, как бы, определив этим его будущую структуру. Тем более что они это сделают намного быстрее, ведь по времени они опережают 2-ой уровень на величину $C_в$. Получается, что все наши атомы должны обладать разумом 1-го планетарного уровня, который определяет их структуры и порядок взаимодействия между собой.

Будут ли атомы сами складываться в формы и тела, например, человека? Атомы – это «кирпичики» для форм и тел. А будут ли сами «кирпичи», например, складывать дом? Для этого необходима некая внешняя сила, которая заставит их складываться в формы и тела. Этой силой для них и служит 1-ый планетарный уровень, который заставит «кирпичики» складываться в нужные структуры. Поэтому, мы вполне можем говорить о том, что разум является первичной силой для формирования структур в Материи.

Давайте уберём весь разум из человека, вплоть до разума его последней клетки, и будет ли он тогда существовать? Атомы не могут содержать в себе какие-либо внешние структуры, кроме своих собственных. А чтобы, например, сформировать хотя бы одну клетку в теле человека, для этого необходимо где-то или в чём-то иметь её структуру. Если её не будут иметь атомы, то тогда её должны будут, как более «лёгкие» частицы, иметь в себе элементы 1-го планетарного уровня.

Но даже не они имеют в себе структуру клетки. Дело в том, что эти энергетические частицы времени намного подвижнее наших атомов, что позволяет им более быстро создать и заполнить собой структуру клетки. Эта быстрота и наталкивает нас на мысль о их первичности, что они сами обладают этой структурой. Только и они не обладают структурой клетки и даже 0-ой уровень ей не обладает.

Мы приходим к пониманию того, что *структура клетки существует совершенно независимо ни от каких элементов в Материи и ей не принадлежит. Структура существует сама по себе независимо от Материи, и она является полностью сознательной, что даёт ей возможность самосовершенствоваться и самоперестраиваться.* Давайте пока оставим этот вывод и вернёмся к нему позднее, а пока доведём до конца единение планетарных уровней в низшей ЭСМ рисунка 10.

Итак, образованный через частицы 1-го уровня, как из «кирпичиков», 3-ий планетарный уровень будет уже соответствовать планетарной системе, например, человека. Он уже своим множеством элементов будет являться единым разумным элементом для материально-пространственного 4-ого уровня. Например, планета Земля ($M_4S_4^2$ [1]) имеет суммарный разум 3-его планетарного уровня ($\sum E_3T_3^2$ [1]), образованный всей нашей человеческой цивилизацией, животными, растениями, минералами и даже плазмой: всеми телами и формами 3-го планетарного уровня.

Только это будут два разных тела: единое материальное тело 4-го уровня, образованное атомными элементами 2-го планетарного уровня, и суммарное множественное разумное тело 3-го уровня, образованное разумными элементами 1-го планетарного уровня. Они обязательно сосуществуют вместе, как единое разумно-материальное тело, полностью тождественные в своих структурах, а то, как бы атомы сложили материальное тело, например, человека?

Существуют они вместе, но будут разделёнными между собой, хотя довольно сильно взаимосвязанными, полностью тождественными и находящимися в разных плоскостях, которые будут взаимно-перпендикулярными: материальное, физическое – в пространстве, энергетическое, разумное – во времени.

Итак, мы получили в Материи и материализовали ЭСМ, например, 1-ого сектора в ПСМПр. В нём возникла пространственная система 4-ого уровня, которая вобрала в себя все остальные низшие планетарные уровни, например, гелиоцентрическая солнечная система Коперника.

Что с ней будет происходить далее?

Мы задаём этот вопрос представляя себе, что во 2-ом его секторе ПСМПр каким-то образом должна будет возникнуть вторая планетарная система 4-ого уровня, только это будет уже система Времени, например, геоцентрическая система Птолемея. Нас сейчас интересует то, каким образом она возникает во 2-ом секторе и будет ли действительно этой системой она?

Итак, 4-ый уровень во Времени должен формироваться 1-ым и 3-им планетарными уровнями (рисунок 12), которые имеют к нему отношения. Тогда получается, что солнечная система Коперника не должна иметь никакого отношения к геоцентрической системе Птолемея. Она должна будет служить для формирования, из таких же планетарных систем подобных ей, материальных галактик 5-го уровня (рисунок 11), что на самом деле мы наблюдаем в свои телескопы.

Геоцентрическая система Птолемея 4-го уровня нам не видна, хотя структурно получается полностью тождественной геоцентрической системе Коперника этого же уровня. Для второй ЭСМ–Т рисунка 10 получается, что геоцентрическая система 4-го уровня первой ЭСМ+S является первичной для её геоцентрической системы Птолемея 4-го уровня ЭСМ–Т, которая формируется позднее на величину $C_в$. Геоцентрическая система Птолемея формируется суммарным 3-им планетарным уровнем Времени.

Гелиоцентрическая планетарная система Коперника, как «кирпичик», будет являться первичным элементом для материальных планетарных уровней второй ЭСМ–Т ПСМПр. Именно он, через обратную связь, может определять структуру 4-го птолемеевского планетарного уровня второй ЭСМ и будет формировать собой 5-ый галактический уровень.

Далее всё будет происходить точно так же, как мы описывали формирование первой ЭСМ+S. 5-ый уровень формирует материально-пространственного трансцендента, в состав которого войдут все предыдущие материально-пространственные уровни, включая уровни ЕСМ+S. 4-ый уровень второй ЭСМ будет являться суммарным разумом для галактики и сформирует собой 6-ой разумный метагалактический уровень. Он уже послужит суммарным разумом для трансцендента.

Итак, мы получаем в ЕСМ+S два раздельных, но сильно взаимосвязанных и тождественных между собой по своей структуре, «тела» трансцендента: материально-пространственное и энергетически-временное.

## *Левый полукруг ПСМПр*

Если идти в наших размышлениях далее, то в левой половине центрального круга (рисунок 10) его планетарные уровни имеют сектора отрицательного Пространства (ЭСМ–S) и положительного Времени (ЭСМ+Т) в *большем* отрицательном Пространстве (ЕСМ–S). У нас здесь в структурах ЭСМ относительно правого полукруга практически ничего не изменилось, кроме полярности секторов. Значит, мы можем видеть и должны видеть точно такие же материальные и энергетические уровни, и они получаются в ЕСМ–S с теми же номерами.

Ранее, мы пытались предположить, какие планетарные уровни и как будут располагаться в левых секторах центрального круга, и наше предположение оказалось верным. В 3-ем секторе отрицательного Пространства, третья ЭСМ–S, должны располагаться нижние по параметрам планетарные уровни с 1 по 4. Они должны быть полностью тождественны планетарным уровням 1 сектора положительного Пространства, первой ЭСМ+S. Только возникает вопрос, а какое в них возникнет отличие, если мы поменяем знак Пространства с положительного на отрицательный?

Смена знака означает, что мы изменили фазу центрального круга, относительно ЭСМ+S на величину $C_т^2$ или на $180^0$. Что в этом случае произойдёт? Например, если считать Землю 1-ого сектора созданной положительным периодом Пространства центрального круга, то что будет собой представлять Земля 3-его сектора, созданная его отрицательным периодом?

Землю тогда можно будет сравнить с повёрнутым электроном на $360^0$. Визуально – ничем, а вот свойства будет немного другими, например, вращение вокруг собственной оси и в планетарной системе может быть обратным. Если положительная Земля вращается вокруг Солнца, допустим, по часовой стрелке, то отрицательная Земля – против часовой стрелки. Конечно, и все силовые линии планеты могут поменять свою полярность.

Итак, предположительно можно утверждать, что планетарные уровни 3-его сектора будут соответствовать планетарным уровням 1-ого сектора, только иметь отрицательные параметры.

Если рассмотреть 4-ый сектор положительного Времени, четвёртую ЭСМ+Т, то планетарные уровни, наполняющие его, так же будут полностью соответствовать планетарным уровням 2-ого сектора положительного Времени, второй ЭСМ–Т. По аналогии с 3-им сектором, они точно так же будут иметь отрицательные параметры относительно 2-го сектора.

Всё это тождество говорит нам о том, что ПСМПр (рисунок 10) структурно обозначена верно. Левый и правый полукруги структуры Мирра будут полностью тождественными, но будут иметь противоположные по знаку параметры планетарных уровней.

Обратимся за дополнительными примерами к обычной реальности. Если в центр водной глади какого-либо озера бросить камень, то мы увидим картину расходящихся от центра кругов, причём, чем дальше от центра, тем больше будет диаметр кругов. Мы получаем такую картину только на уровне раздела сред, между водой и воздухом, отчего наша картина получается плоской, так как среда раздела у нас плоская.

Какую же волновую картину может иметь наша «вертикальная» ПСМПр? Космос представляет собой смешение Материи и Энергии, Пространства и Времени. Отсюда граница раздела сред внутри его оказывается везде и снаружи, и внутри. Любой источник света, даже самый крохотный, вызывает здесь волновые возмущения и картину подобную нашей, только она будет объёмной (сверхобъёмной) и сферической (сверхсферической).

Отвлечёмся немного от нашей модели и в том же плане фантастики перейдём к арифметическим действиям: сложению, вычитанию, умножению и делению. У нас получилось, что сложение и вычитание соответствует «горизонтальной» модели «пяти колец» элементарной структуры Нави, а умножение и деление – «вертикальной» модели элементарной структуры Мирра.

Мы исследовали ПСМПр и получили, как бы, два независимых трансцендента с разными знаками Пространства и Времени. Только пока мы не можем понять, как огромный по своим параметрам трансцендент снова превращается в частицу 1-го планетарного уровня с бесконечно малыми параметрами?

# Глава III. «Змея, кусающая свой хвост»

Чтобы нам понять, как трансцендент превращается в частицу 1-го планетарного уровня, необходимо провести серьёзное исследование процессов, происходящих на границе перехода из 2-ого в 3-ий сектор ПСМПр рисунка 10. Мы уже это ранее исследовали на рисунке 7, но тогда мы просто установили, что 7-ой уровень переходит в 1-ый. Чтобы действительно понять, как это происходит на самом деле, нам придётся пока отказаться от параметров планетарных систем, чтобы они не путали нас своими размерами, и рассмотреть только саму структуру Мирра и то, только то, как она сама вписывается в этот переход?

Если отстраниться от параметров, то этот переход не вызывает у нас никакой сложности. Структура трансцендента 7-ого планетарного уровня должна быть полностью тождественна структуре одного элемента 1-ого планетарного уровня, в который он переходит, иначе бы он туда тогда не перешёл. И там, и там будет ЭСН, которая на всех уровнях тождественна. Единственное, ЭСН при переходе границы этих секторов меняет плоскость своего состояния, например, с положительного Времени на положительное Пространство. Но могут быть и другие варианты, смотря через границу какого сектора она будет переходить.

В их структуре, если не обращать внимание на плоскости и другие параметры, никаких изменений не будет. В принципе, все ЭСН в ЭСМ ПСМПр рисунка 10 мы предполагаем тождественными друг другу, несмотря на номер планетарного уровня. ЭСН – она есть типовая элементарная структура Нави и везде будет таковой. Если уйти от параметров, то по своей структуре трансцендент и 1-ый планетарный уровень могут быть полностью тождественными и иметь в себе такие типовые ЭСН.

Теперь давайте вернём параметры обратно. Почему они так резко при переходе через границу 2-3 секторов ПСМПр изменяются от максимальной до минимальной бесконечности, практически в $С_в^8$ раз? Почему все параметры трансцендента так резко, практически, куда-то исчезают, а ведь это Всемогущество Энергии и Силы Материи? Как их можно за одно мгновение такого перехода границы сектора изменить и где-то на её «нейтральной полосе» потерять? Давайте попытаемся ответить на эти вопросы.

### *Куда девается трансцендент?*

Итак, мы имеем разницу в фазах состояний между 7-ым уровнем второй ЭСМ–Т и 1-ым планетарным уровнем третьей ЭСМ–S (рисунок 10) рваную $C_в$ ($90^0$). При переходе границ секторов все уровни должны увеличить свои параметры на ту же величину – $C_в$. У нас ещё есть другая величина разницы параметров уже между двумя первыми уровнями ПСМПр, и она оказывается равной $C_в^8$ или $C_т^2$. Кроме этого пространственные ЕСМ, правый и левый полукруги, ПСМПр отличаются между собой только знаками своего состояния. Нам теперь нужно более конкретно определиться с этими двумя разнополярными ЕСМ.

Обе ЕСМ содержат в себе по две ЭСМ: Пространства и Времени. Если правая ЕСМ+S у нас оказывается положительной по своим параметрам Пространства, то левая ЕСМ–S – отрицательной. Всю ПСМПр мы привязали к бо́льшему Пространству +S. Мы получаем, что при переходе через границу 2-3 секторов ПСМПр пространственный трансцендент меняет плоскость своего состояния и из пространственного со знаком «плюс» ЕСМ+S становиться 1-ым планетарным уровнем положительного времени в секторе Пространства ЕСМ–S. У нас получается, что при смене плоскости состояния трансцендента и смене знака ЕСМ полностью изменяются все его параметры с максимальных до минимальных. Но даже здесь нам пока непонятно, как происходит такая глобальная смена параметров и куда они исчезают?

Давайте сначала исследуем немного более простой процесс, связанный только с переходом планетарных уровней между пространственными ЭСМ рисунка 10. Из полной структуры Мирра этого рисунка мы удалим два сектора со Временем. В Пространстве Времени не существует, потому что оно имеет другую плоскость состояния, и мы от секторов

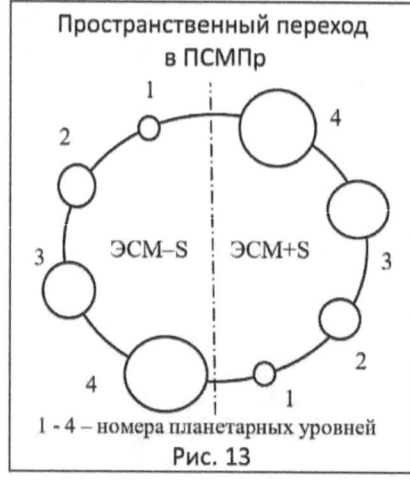

Пространственный переход
в ПСМПр

1 - 4 – номера планетарных уровней

Рис. 13

Времени в ПСМПр пока откажемся. Схематично изобразим такой пространственный переход между ЭСМ+S и ЭСМ–S на рисунке 13. Мы получили точно такой же переход через границу сектора, как между трансцендентом и 1-ым планетарным уровнем. Только здесь уже планетарная система 4-ого уровня ЭСМ+S становиться планетарной системой 1-ого уровня ЭСМ–S. Давайте этот пространственный переход более подробно исследуем.

Итак, в Пространстве мы постоянно видим, при последовательном вращении по кругу ЭСМ, что планетарные системы, как бы, постоянно заново рождаются и умирают, причём, довольно резко. Спрашивается, куда здесь девается планетарная система 4-ого уровня, ведь она не может исчезнуть бесследно?

В нашем случае, мы чётко понимаем, что планетарная система 4-ого уровня, например, 1-ого сектора ЭСМ+S является для 2-ого сектора ЭСМ–Т «строительным материалом» для галактики. Здесь вывод возникает такой, что она будет существовать до окончания формирования трансцендента и только после этого будет осуществлён переход к 1-му планетарному уровню. Раз мы Время отбросили, то и трансцендент нас пока не интересует. Мы упростили задачу до полного формирования 4-го пространственного планетарного уровня, после чего, он переходи снова к 1-му уровню.

На рисунке 13 это хорошо видно, но он нам, к сожалению, не отражает сам процесс изменения параметров между двумя этими пространственными ЭСМ внутри ПСМПр. Нам опять неясно, откуда берётся начальный 1-ый планетарный уровень в 3-ем пространственном секторе ЭСМ–S?

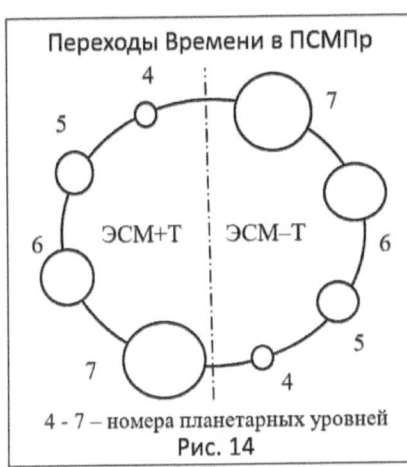

Переходы Времени в ПСМПр

4 - 7 – номера планетарных уровней
Рис. 14

Давайте теперь зайдём с «другой стороны» и возьмём в ПСМПр только сектора Времени и с этой же целью исследуем их. Может быть мы здесь увидим это нечто, что позволяет трансценденту ЭСМ–Т становиться, в нашем случае, 4-ым планетарным уровнем ЭСМ+Т? Это состояние двух секторов Времени ПСМПр структурно отображено на рисунке 14. Только ясности он нам явно не добавил. Мы здесь чётко видим, что 4-ый планетарный уровень является первичным уровнем для трансцендента. 7-ой уровень, переходя границу временного перехода, куда-то снова исчезает, а вместо него мы видим, непонятно откуда возникающий, 4-ый уровень ЭСМ+Т. Вернее, мы знаем, что 4-ый уровень переходит сюда из пространственного сектора, но как?

Здесь нам опять не видно, куда пропадает трансцендент, ведь не может же он просто так взять и исчезнуть вместе со всей своей материей и энергией, не говоря о его огромных параметрах Пространства и Времени?

На всех переходах мы нашли одну странную закономерность: почему все планетарные уровни ЕСМ–S оказывают зеркально повёрнутыми относительно ЕСМ+S? В принципе, такого не должно быть и 7-ой уровень должен был бы переходить в тот же 7-ой уровень только поменяв знак своего пространственного состояния с положительного на отрицательный. Но даже, скорее, он должен поменять был бы свои параметры с Пространства на Время, ведь изменение фазы состояния на $C_в$, что у нас и происходит на рисунке 10, как раз, даёт нам такую смену плоскостей?

Но этого здесь не происходит и плоскость остаётся той же самой, только на ней меняется знак её состояния, что соответствует уже фазе $C_т^2$. А плоскости Времени на этом рисунке 10 даже неоткуда возникнуть. У нас же получается, что трансцендент, переходя из правой в левую ЕСМ, каким-то образом зеркально оборачивается, то есть изменяет фазу своего состояние не только на $C_в$, как мы указывали ранее, а ещё и на $C_т{}^2$. Только такая смена фазы состояния может его обратить зеркально, но откуда она в ПСМПр возникает? Мы её здесь на рисунке 10 явно не видим.

По-хорошему, трансцендент 7-го уровня ПСМПр у нас постоянно, как бы, формируется, начиная с 1-го уровня и выше, но на рисунке 10 нет структуры его развоплощения обратно к 1-му уровню. Но нельзя же постоянно только формироваться. Значит, ПСМПр не совсем полностью отображает нам структуру нечто большего, чем она сама себя являет. Явно в ней какой-то ещё структуры не хватает.

## *«Перпендикулярная» полная структура Мирра*

Пока для нас «змея, кусающая свой хвост» – сплошная загадка, и что-то в модели нашей ПСМПр явно не хватает. Рисунки 13, 14, практически, являются аналогичными по своей структуре, но даже они не раскрывают нам всей сути картины перехода. Если на них мы не можем видеть, как и куда исчезают такие громадные планетарные системы, как трансцендент, то, значит, в них также что-то не достаёт.

Системы трансцендента исчезают на границе двух ЕСМ, на 7-ых и 1-ых планетарных уровнях. Как будто бы они, эти границы, что-то в себе имеют ещё такое, что позволяет им осуществить такой процесс перехода между двумя ЕСМ с изменением их фазы состояния ещё на $C_т{}^2$. Итого мы получаем изменение фазы состояния между ними величиной в $C_т{}^4$, что означает $360^0$. Она не могла быть нами показана на рисунке 10, где верхняя точка центрального круга равна $C_т{}^2$. Её уже можно обозначить здесь как точку $C_т{}^4$, но тогда возникает вопрос, а откуда тогда мы возьмём дополнительную величину $C_т{}^2$?

Здесь мы приходим к пониманию того, что граница соприкосновения между этими двумя пространственными ЕСМ может быть малой проекцией чего-то ещё более грандиозного и находящегося в другой плоскости относительно ПСМПр. Таким ярким натуральным примером нам могут послужить «рукава Персея» в нашей галактике: мы видим её как плоскостную дисковую структуру в Пространстве, но в ней есть эти «рукава», которые вполне могут принадлежать другой плоскости состояния, которая нам невидна. В них, как раз, и исчезают системы 4-ого уровня, подобные нашей солнечной системе. Мы же можем видеть только сами «рукава», как «границы», но не можем увидеть ту плоскость, перпендикулярную плоскости галактики, в которую эти системы исчезают. Может это и есть тот переход, который мы так усиленно ищем?

На рисунке 15 давайте снова схематично обозначим структуру ПСМПр, разъединив между собой две ЕСМ вертикальной двойной линией. Она обозначила нам границу перехода между 7-ыми и 1-ыми уровнями. Теперь нам остаётся выяснить, что скрывается за ней?

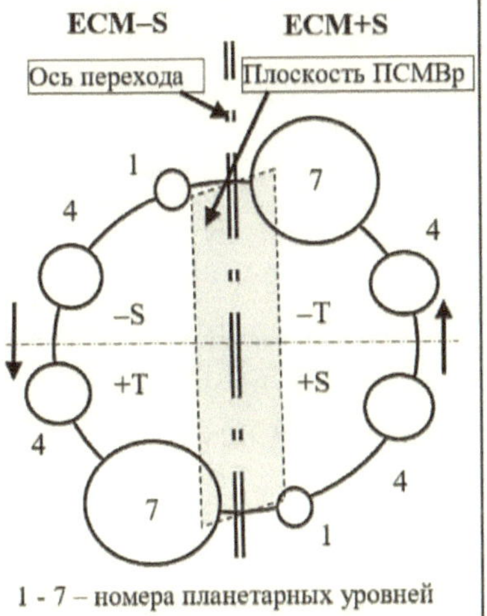

Рис. 15

Вдоль этой оси перехода явно, как будто бы, «стоит» какая-то другая плоскость, перпендикулярная плоскости ПСМПр, которая пересекает её вдоль оси и делит пополам.

При исследовании ЭСН нам ранее удалось понять, что некий единый элемент ЕСН состоит из двух таких структур Нави [1]. Может быть, с ПСМ возникает точно такая же ситуация и она также должна быть двойной? Только, если в ЕСН мы это смогли проверить на атоме водорода, то здесь мы ничего проверить не сможем. Мы не сможем здесь смоделировать трансцендента в полном объёме. Для нашего разума – это невозможно. Нам остаётся попытаться это осуществить только теоретически.

Итак, мы предполагаем некую новую «перпендикулярную» ПСМПр структуру, которая должна быть ей полностью аналогична, только она будет иметь другую, перпендикулярную плоскость состояния. Мы её обозначили на рисунке 15 плоскостью серого цвета. Эта плоскость будет соприкасаться с ПСМПр по двойной оси, которую мы изобразили на этом рисунке. Если ПСМПр рисунка 10 мы можем признать полной структурой Мирра некоего бо́льшего Пространства, то новая полная структура Мирра будет соответствовать некому бо́льшему Времени (далее ПСМВр) и располагаться вдоль оси ПСМПр взаимно-перпендикулярно.

Но если пространственная структура трансцендента эволюционирует, то есть ведёт к его формированию и укрупнению до 7-го уровня, то получается, что структура Времени его инволюционирует и ведёт к разукрупнению трансцендента до 1-го уровня. Вращаться она тогда будет в противоположную сторону относительно рисунка 15: от 7-го к 1-му планетарному уровню.

На рисунке 15 мы видим, что двойная линия расчленяет ПСМПр на две пространственные ЕСМ «плюс» и «минус». Каждая часть работает сама по себе, но в едином пространственном «теле». Круговорот материй и энергий у нас здесь обязательно должен существовать, а то как и из чего они сначала будут формироваться, а потом куда и в чего – расформировываться?

Возникает интересное предположение: если ПСМПр рисунка 10 работает с Материей, с её материей и энергией, создавая планетарные уровни из них, то с какой развоплощающейся «Материей» работает вторая, перпендикулярная ей, ПСМВр?

Здесь вполне может возникнуть понятие Антиматерии, которая в своём составе должна иметь, аналогично Материи, саму антиматерию и ещё, назовём пока её так, антиэнергию. Внутренняя антиматерия имеет отношение ко внутреннему времени (ЭСМ±Т) ПСМВр, а её антиэнергия – к её внутреннему пространству (ЭСМ±S). Мы уже не можем сказать, что это будут материя и энергия, потому что это уже совсем другая плоскость состояния, которая сдвинута относительно Материи на $90^0$. Мы здесь снова возвращаемся к градусам, потому что эти две ПСМПр и ПСМВр образуют некую большую ЭСН, которую мы исследуем далее. Чтобы система Мироздания была полностью уравновешена то, обязательно должна существовать некая противоположность Материи, то есть Антиматерия в равных ей количествах. Поэтому в ПСМВр мы вполне можем предположить Антиматерию и пока оставим это таковым.

Мы уже вплотную подошли к ответу на наш вопрос о границе перехода. Теперь у нас возникло понимание в передаче материи и энергии трансцендента от ПСМПр в ПСМВр и переходе его в антиматериальное состояние, естественно со сменой фаз состояния планетарных уровней на $C_в$. Это, как раз, переводит планетарные системы из состояния Материи в Антиматерию. Нам теперь только осталось подробнее рассмотреть этот переход.

### *Схематичная структура Абсолюта*

Сначала мы пришли к ПСМПр, которая нам описала собой всю материальную вселенную и даже трансцендента. Можно было бы уже подумать, что вот она последняя структура единения Мироздания, но …

Теперь мы пришли к ещё одной половинке целого, к ПСМВр, которая является точной копией ПСМПр, только она находится в плоскости *бо́льшего* Времени перпендикулярной *бо́льшему* Пространству. Они соединяются друг с другом даже не через границу перехода, а, скорее, через «ось вращения миров». Другого названия мы ей пока придумать не смогли.

Схематично ПСМВр показана на рисунке 16. Её структура полностью соответствует рисунку 15, но плоскость её состояния изменена по фазе на $90^0$, поэтому её вращение будет происходить в противоположную ПСМПр сторону, как мы это указывали ранее. Здесь мы также имеем две ЕСМ Времени «плюс» и «минус» (далее ЕСМ+Т и ЕСМ–Т). Из-за обратного вращения ПСМВр, трансцендент будет постепенно развоплощаться на всё более низкие планетарные уровни, пока не свернётся до последнего элемента 1-ого планетарного

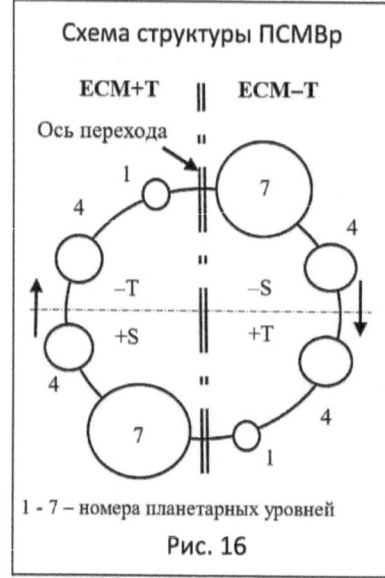

Схема структуры ПСМВр

ЕСМ+Т ∥ ЕСМ–Т

Ось перехода

1 - 7 – номера планетарных уровней

Рис. 16

уровня. При этом, он должен куда-то передать свою материю и энергию.

Этот процесс в ПСМВр назван нами *инволюцией*. Давайте его рассмотрим подробнее. Итак, мы наблюдаем переход от ПСМПр к ПСМВр, где пространственный трансцендент у нас должен в одно мгновение поменять фазу своего состояния на $C_т$ или на $90^0$. Такая фаза состояния существует между секторами ПСМ независимо от их плоскости состояния (не забываем, что протяжённость фазы трансцендента, двух ЭСМ, равна $C_т^2$). Это приведёт его к переходу от Материи к Антиматерии от плоскости бо́льшего Пространства к плоскости бо́льшего Времени. Получается, что он в одно мгновение исчезает из плоскости ПСМПр и также мгновенно возникает в плоскости ПСМВр. Возможно ли такое?

Может быть и нет, но в нашей галактике мы можем наблюдать такую картину в «рукавах Персея», где в одно мгновение исчезают планетарные системы подобные солнечной. Это мы здесь явно наблюдаем в свои телескопы. Значит, тождественно ей, вполне возможен такой резкий переход с исчезновением трансцендента при переходе его в другую плоскость состояния, допустим это.

Когда трансцендент перейдёт в плоскость ПСМВр, то он тут же начинает своё развоплощение. Этому ещё способствуют свойства Антиматерии. Если Материя имеет в себе свойство все соединять и удерживать, то Антиматерия, наоборот, – всё разъединять и развоплощать. Здесь всё зеркально, но едино: если мы перешли в плоскость Времени и Антиматерии, то это обязательно будет процесс инволюции, а если это будет плоскость Пространства и Материи, то –

67

эволюции. Конечно, если только это будут рассматривать такие пространственные существа, как мы.

Итак, трансцендент в ПСМВр полностью развоплощается и когда он достигает 1-ого планетарного уровня и доходит до самой последней его элементарной частицы, то через ось вращения миров происходит обратный переход в ПСМПр, который меняет фазу состояния ещё на $C_т$ или на $90^0$, что переключает процесс инволюции обратно на эволюцию. Фаза состояния этой элементарной частицы 1-го планетарного уровня в ПСМПр между ЕСМ+S и ЕСМ–S тогда будет равной $C_т^4$ или $360^0$. Вот откуда у нас вдруг из пространственного трансцендента 7-го уровня вдруг снова возникает элементарная частица 1-го планетарного уровня.

Если в ПСМПр эволюция захватывает Материю, наполняя ей структуры и создавая из неё трансцендента, таким образом материализуя его, то процесс в ПСМВр будет обратным. Он высвобождает частицы из трансцендента, делая их уже антиматериальным. Здесь мы, меняя плоскости состояния структуры с Пространства на Время, переходим к нематериальному состоянию трансцендента. Он в конце инволюции становится для нас обычной «математической точкой», содержащей в себе в свёрнутом виде всю структуру трансцендента, которая для нас будет материально «пуста». Это и говорит нам о его, как бы, нематериальном существовании, хотя на самом деле структура трансцендента будет наполнена Антиматерией, которую мы увидеть уже никак не можем.

Теперь нам осталось только соединить ПСМПр и ПСМВр в единое целое. Это соединение должно стать уже совсем полной структурой Мирра, которую уже можно будет назвать трансцендентной структурой Абсолюта (далее ТСА), ведь выше и дальше Его, вроде бы, уже ничего нет, во всяком случае, мы на этом уровне остановимся и выше его не пойдём.

Это предположение по ТСА схематично показано на рисунке 17. Здесь ось вращения миров соединяет через себя обе структуры ПСМПр и ПСМВр, которые показаны двумя ЕСМ Пространства и двумя ЕСМ Времени с разными знаками состояния.

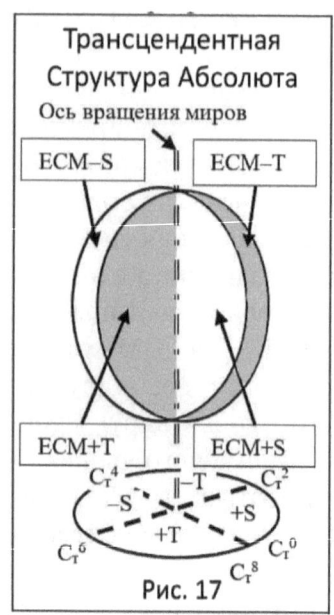

Трансцендентная
Структура Абсолюта

Ось вращения миров

ECM–S    ECM–T

ECM+T    ECM+S

$C_T^4$    $-T$    $C_T^2$
$-S$    $+S$
$+T$
$C_T^6$    $C_T^0$
$C_T^8$

Рис. 17

Перекрестие ниже, показывает нам их взаимно-перпендикулярное расположение относительно друг друга. Полный круг фазы состояния оказывается равным $C_T^8$ ($720^0$). Для положительных и отрицательных значений плоскостей Пространства и Времени он будет равным по $C_T^4$ ($360^0$). Мы получаем два законченных цикла ПСМ: первый – ECM+S и ECM–T ($360^0$), второй – ECM–S и ECM+T ($360^0$). Пока мы их развели по знакам состояния плоскостей Пространства.

Это, конечно, предположение, но оно нам кажется очень верным. Если ранее, соединяя между собой две элементарные структуры Нави [1], мы их соединяли другим способом через точечный центр вращения, то здесь в ТСА возникло понятие *оси вращения миров*, которое уже соединяет нам две *большие* плоскости между собой вдоль одной линии. Наверно оно было навеяно понятием оси вращения планеты Земля, солнечной системы, галактики и т.п., по аналогии с ними.

Пока остановимся на этой структуре ТСА и далее будем продолжать её исследование, внося нужные нам коррективы. Давайте теперь, для большей точности структуры, представим себе процесс вращения Материи и Антиматерии в ТСА. Это нам или подтвердит, или опровергнет полученную модель ТСА.

### *Круговороты Материи и Антиматерии*

Итак, допустим, что в начале цикла идёт процесс формирования ECM+S до 7-го уровня включительно. Как только он достигнет своего трансцендентного максимума, то далее происходит одновременное опрокидывание всех планетарных уровней, всего трансцендента в ECM–T. Это произойдёт сразу же после перехода им границы между двумя этими ЕСМ. Тут же возникает вопрос, а как быстро произойдёт дематериализация трансцендента: будет ли это мгновенный переход его структуры из Материи в Антиматерию или, всё же, – последовательный процесс эволюции-инволюции?

Здесь мы должны определиться: могут ли частицы Материи переходить из Пространства во Время и становиться антиматериальными или не могут? Мы, всё же, сводим к тому, что частицы не могут покинуть своего материального Пространства или антиматериального Времени и будем исходить из этого.

Тогда мы получаем, что переход материального трансцендента из ЕСМ+S в антиматериального ЕСМ–Т приведёт его к расформированию в Материи и, вроде бы, формированию из тех же частиц трансцендента в Антиматерии: первый, развоплощается до элемента 1-го планетарного уровня, другой – формируется заново с 1-го планетарного уровня. На самом деле, если материальный трансцендент развоплощается в Пространстве, то куда деваются его материальные частицы?

Как мы понимаем, сразу же материальный трансцендент развоплотиться не может, ибо это будет синхронный процесс развоплощения-формирования, инволюции-эволюции, обладающий довольно сильной материальной инерцией. Со стороны ЕСМ+S пойдёт обратный процесс эволюции, то есть инволюция. Она будет проходить до нового пересечения оси вращения уже, вроде бы, «пустой[2]» для нас, эволюционирующей антиматериальной трансцендентной структурой ЕСМ–Т.

Вот здесь и возникает очень интересный вопрос, а что будет переходить из ЕСМ+S в ЕСМ–Т через ось вращения миров, где первый трансцендент у нас материально развоплощается и становится «пустым», а второй

---

[2] «Пустой» – потому что мы не можем видеть Антиматерии, что для нас будет означать её отсутствие. Такие структуры, которые будут заполнены Антиматерией, окажутся для нас нематериальными, а значит, пустыми.

трансцендент, наоборот, наполняется Антиматерией, но, всё равно, будет для нас «пустым»?

Мы предположили (это даже более утверждение) ранее, что Материя никогда не станет Антиматерией и наоборот. Они никогда не должны покидать своих секторов в ТСА и быть всегда в равных соотношениях. Развоплощение Материи означает, что она теряет структуру и становится неструктурированной, аморфной и бесформенной. Тогда получается, что ЕСМ–Т должна уже будет сформировать в себе другого трансцендента, уже формирующегося из Антиматерии. Он должен будет обладать такой же структурой, как и материальный трансцендент. Мы тогда получаем два трансцендента: инволюционирующего, материально-пространственного и эволюционирующего, антиматериально-временного. Что же тогда переходит через границу плоскостей, позволяя им инволюционировать-эволюционировать?

Здесь мы начинаем понимать, что материальный трансцендент из плоскости ЕСМ+S никуда не переходит. Только получается так, что при достижении им границы перехода (рисунок 10), нечто в нём «переключается» и он начинает развоплощаться оставляя свою Материю, вроде бы, в своём секторе. На самом деле, он, развоплощаясь, передаёт её новому пространственно-материальному трансценденту ЕСМ–S, который начинает эволюционировать.

Дело в том, что в Пространстве отсутствует Время. Поэтому «вращение» трансцендента во Времени ЕСМ–Т (рисунок16) мы не можем наблюдать, как не можем наблюдать и Антиматерию. Поэтому мы предполагаем в Пространстве ПСМПр такое инволюционно-эволюционное колебание между его ЕСМ с разными знаками состояний. Вот здесь вполне уже может передаваться Материя от одного пространственного сектора к другому. С этим мы можем согласиться, тем более, что фаза состояний между ними будет равна $360^0$ или $С_т^4$.

Какую тогда роль во всём этом пространственном процессе играет ПСМВр? Мы можем предположить, что ЕСМ Времени управляют материальным процессом, включая или выключая процессы эволюции или инволюции. ЕСМ

Пространства только повторяют процессы, происходящие во Времени. Если в Пространстве отсутствует Время, то оно для него является мгновением. Мы можем предположить с пространственной точки зрения, что антиматериальный трансцендент формируется, практически, мгновенно. Но всё же, здесь мы получаем *связанные двойные пространственно-временные структуры* в ТСА: ECM–T/ECM–S и ECM+T/ECM+S.

Почему мы вдруг изменили полярности связанных ECM, ведь ранее мы утверждали, что ECM+S формирует ECM–T? Дело в том, что первичными по формированию между ECM будут структуры Времени. Тогда мы получаем, что эволюция ECM–T «включает» подобную эволюцию в ECM–S. В случае инволюции ECM+S, она «включается» инволюцией в ECM+T. Мы тогда получаем две пары ECM, работающие в противофазе: ECM–T и ECM–S; ECM+T и ECM+S. Если одна из них эволюционирует, то другая обязательно синхронно инволюционирует.

### *Передача частиц Материи и Антиматерии*

Мы пришли к совершенно неожиданным результатам своего исследования и установили попарную работу ECM внутри ТСА. Тогда нам остаётся выяснить вопрос, а как передаются частицы Материи и Антиматерии из одной пары ECM в другую?

Конечно, всё это происходит внутри ТСА рисунка 17. Разнополярные плоскости, например, Материи у нас лежат в одной плоскости ПСМПр. Здесь вполне возможна передача материальных частиц из ECM+S в ECM–S, ибо это одно и тоже *бо́льшее* Пространство. Тоже самое в отношении антиматериальных частиц мы можем иметь в *бо́льшей* плоскости Времени ПСМВр.

При материальной инволюции в ECM+S, развоплощающийся трансцендент передаёт освобождающиеся материальные частицы в ECM–S для формирования нового материального трансцендента. По её окончании в Материи в ECM+S мы ничего не будем иметь и от материального трансцендента ничего не останется, кроме «пустой» его структуры, которая будет представлять собой подобие «математической точки» 1-го планетарного уровня. Она, по нашему предположению, никуда не исчезает и если при эволюции наполняется частицами, то при инволюции развоплощается от них. Мы тогда имеем два состояния трансцендента в любом секторе ТСА: «математическую точку», как малую бесконечность его минимальных параметров и сформированного трансцендента, как бо́льшую бесконечность его максимальных параметров. Точно такие же процессы эволюции-инволюции будут проходить в ПСМВр.

Мы пока оставим этот вопрос формирования-расформирования пар ЕСМ в ТСА. Мы вернёмся к нему немного позднее, когда составим полную структуру ТСА. А не схематичную, какую мы имеем на рисунке 17. Нам сначала необходимо доказать такую попарную работу ЕСМ, для чего необходимо более серьёзно рассмотреть вопрос их совместной работы.

Итак, у нас получается ТСА с четырьмя циклами с фазами в секторах по $С_т^2$ и полным циклом круговорота $С_т^8$, в котором последовательно формируются в парных ЕСМ по две пары трансцендента. Давайте представим это на графике циклов эволюции и инволюции в ТСА (рисунок 18). Мы отобразили циклы ТСА через структуру обычного кванта света, только здесь мы его взаимно-перпендикулярные плоскости, для простоты понимания, объединили в одну, а на самом деле их будет две, как в обычном кванте света.

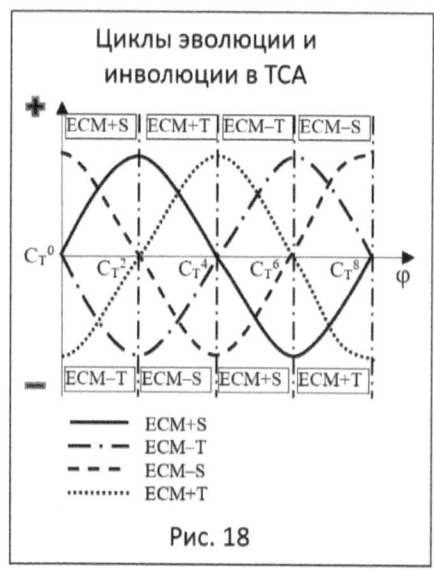

Рис. 18

На рисунок 18 мы получили, как бы, две отдельные стоячие волны: первая, принадлежит паре ЕСМ–Т/ЕСМ+S, а вторая – ЕСМ+Т/ЕСМ–S. Но вместе они создают уже бегущую волну.

Если в первом секторе $C_т^0$–$C_т^2$ мы видим эволюцию первой пары ECM–T/ECM+S, как их растущие линии, и инволюцию второй, то во втором секторе – эволюция будет уже у второй пары ECM+T/ECM–S, а инволюция у первой. Рисунок 18 показывает нам, что частицы Материи и Антиматерии, действительно, могут не передаваться и оставаться в своих плоскостях. Например, материальная эволюция ECM+S идёт за счёт инволюции ECM–S с передачей частиц Материи; антиматериальная эволюция ECM–T идёт за счёт инволюции ECM+T с передачей частиц Антиматерии. Это явно видно в первом секторе графика рисунка 18. Мы, эволюционирующие в секторах ECM, обозначили на графике вверху и внизу.

Мы получаем в каждом секторе, как бы, по две ЭСМ, положительную и отрицательную. Одна ЭСМ расположена в верхней части графика, а другая – в нижней. Фазы их состояния будут соответствовать фазам ТСА, только нижняя ЭСМ оказывается сдвинутой относительно верхней ЭСМ по фазе на $C_т^2$, что будет по графику тождественно $180^0$.

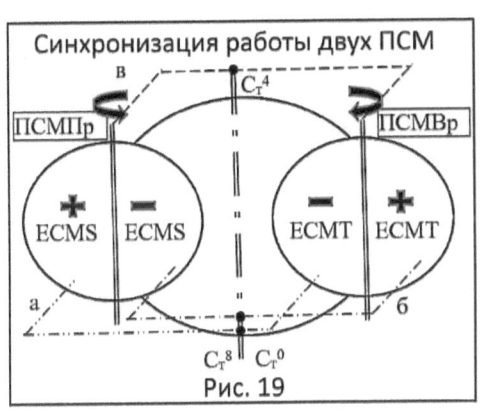

Рис. 19

Теперь мы можем попытаться схематически изобразить ТСА немного в другом ракурсе с целью показать синхронность работы ECM между собой. Такая структура циклов ТСА схематически показана на рисунке 19. Мы видим, что на нём изображены три круга, два из которых являются полными структурами Мирра: ПСМПр и ПСМВр. Большую загадку для нас представляет центральный, объединяющий их, круг. Мы можем только сказать о нём, что он объединяет обе ПСМ в единую ТСА. В противном случае такого единения бы не произошло. Синхронное вращение ПСМПр и ПСМВр обозначено символически пунктирной линией «в».

ТСА – это главный «механизм», который создаёт и материализует трансцендента и все его миры. Как мы видим на рисунке 19 ПСМПр и ПСМВр синхронизированы через ЕСМ между собой внутри себя попарно, линии «а» и «б». Все три синхронизации действуют тождественно и одновременно. Пока мы остановимся на этом. Рисунок 19 ещё раз доказал нам, что передача частиц Материи и Антиматерии происходит только внутри плоскостей.

Задача нахождения единой структуры Мироздания у нас частично выполнена. Но точно ли мы составили эти структуры? Конечно, полную ТСА может понять и знать только сам Абсолют, но нам всё же удалось частично понять, хотя бы, ту его структуру, которую мы здесь описали. Пока мы получили постоянное «вращение» трансцендента внутри Абсолюта, так как ПСМПр и ПСМВр можно объединить в единое целое. Их вращение мы определили, как парное, а то как же нам тогда уравновесить всю систему ТСА? Она у нас должна быть полностью скомпенсированной, но её элементы должны находиться в разных плоскостях. Только благодаря этому не должно происходить процесс аннигиляции, а то бы они полностью поглотили друг друга, Материя скомпенсировала бы тогда Антиматерию.

Мы обязательно это разберём позднее. Пока ТСА позволила нам описать не только динамику развёртывания и свёртывания планетарных тел, но и живых существ, которые подвержены такому же закону вращения в ТСА. Он получается единым для всего, что есть в мире трансцендента. Давайте теперь уточним и составим более полную структуру ТСА.

### *Трансцендентная структура Абсолюта*

Схематически, в динамике, ТСА представлена на рисунке 19. Глядя на него, возникает новое предположение, а что, если и здесь будет тот же принцип построения структуры, что и в ЭСН, только уже на трансцендентном «вертикальном» уровне. Тем более, что на рисунке 17 мы уже видим четыре ЕСМ, связанных между собой нижним перекрестием, как бы, объединяющим их «кругом». К нему ещё можно будет добавить, объединяющую их, вертикальную ось. Мы позднее на рисунке 19 её представили в виде центрального круга ТСА. Получается, что у нас всё есть для создания более точной модели ТСА.

ТСА была ранее создана нами при помощи ПСМПр (рисунок 10) и ПСМВр (рисунок 16). Эти структуры содержат в себе ECM+S, ECM–S, ECM+T и ECM–T. Они все схематически представлены на объединяющем их рисунке 19. Всего мы получаем в ТСА две ПСМ, одна – материальная и пространственная ПСМПр, другая – антиматериальная и временная ПСМВр.

Ранее мы разбили эти ПСМ по две структуры, чтобы разделить их по знакам состояния плоскостей Материи (ECM+S, ECM–S) и Антиматерии (ECM+T, ECM–T). У нас теперь всё получается подобно ЭСН, только фазы состояний в ТСА будут обозначены через величину кратности скорости света. Идя этим путём через ЭСН, мы уже может описать трансцендентную структуру Абсолюта во всей её полноте. Давайте изобразим её на рисунке 20 и, глядя на неё, мы можем только удивиться

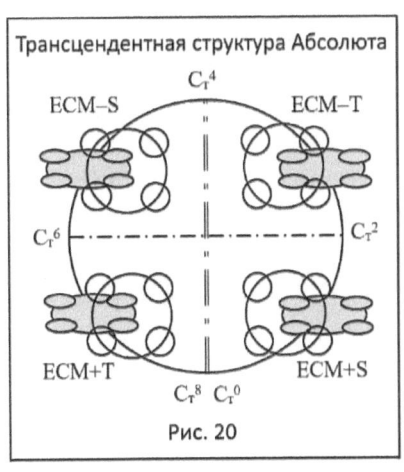

Рис. 20

тому, что более менять в ТСА ничего не нужно и он полностью подходит нам для его структурного описания.

Итак, давайте просмотрим динамику формирования трансцендента в ТСА (рисунок 20). Он начинает формироваться, предположим, в положительном секторе Материи ECM+S (материальный трансцендент) и отрицательном секторе Антиматерии ECM–T (антиматериальный трансцендент). Получается, что правый полукруг формирует сразу две трансцендента: материального и антиматериального. Материальный – эволюционирует до границы первого сектора $C_т^2$; антиматериальный – до границы сектора $C_т^4$. На этом их эволюция заканчивается.

Далее они начинают развоплощение с передачей трансцендентов в противоположные сектора Материи и Антиматерии, в сектора ЕСМ–S и ЕСМ+Т левого полукруга. Здесь уже трансценденты формируются снова, а предыдущие, правого полукруга, – постепенно исчезают. Мы имеем в виду, что у нас формируются сразу же два трансцендента, материальный и антиматериальный, но на самом деле это будет Единый пространственно-временной, материально-антиматериальный Трансцендент[3].

Граница $C_\text{т}^4$ является границей перехода в левый полукруг рисунка 20. Далее, левый Трансцендент формируется, получая Материю и Антиматерию из правого полукруга, из развоплощающегося Единого Трансцендента. Когда левый Трансцендент достигнет своих максимальных параметров и окончания своей эволюции он далее переходит границу перехода $C_\text{т}^8$. После чего он начинает развоплощаться, а правый Трансцендент – формироваться заново. Круговорот Трансцендентов замыкается и начинается новый его виток. Мы пока оставим динамику формирования-расформирования Трансцендента такой, а далее проверим её на других вариантах структуры.

Этот круговорот между двух типов МАТЕРИИ[4] для чего-то должен быть предназначен. Он, скорее всего, позволяет Трансценденту как-то наполняться Материей и Антиматерией и «расти». Причём, в нём должен существовать «механизм формирования» с расширением и с ростом параметров, то есть постоянного увеличения наполнения его Материей и Антиматерией, и «механизм развоплощения», когда он будет терять Материю и Антиматерию, уменьшаясь в своих параметрах. В противном случае, невозможно будет ни расширение, ни развоплощение Трансцендента. Мы не будем далее вникать в эту новую динамику, чтобы не усложнить полученные результаты модели ТСА.

---

[3] Такого Единого Трансцендента мы далее будет обозначать с заглавной буквы – Трансцендент.

[4] МАТЕРИЯ – это некая первичная изначальная структура, которая содержит в плоскости изначального Пространства Материю, а в плоскости изначального Времени – Антиматерию.

Исследование «Единой теории мироздания» позволило нам открыть связующую всё трансцендентную структуру Абсолюта. Вывод из этого можно сделать только один: ТСА позволяет через ПСМ соединить между собой все миры трансцендента. Единственное, что нам ещё предстоит выяснить и уточнить – это структуры Нави, которые формируют планетарные уровни-миры и которые входят в состав ЭСМ.

Пока мы имеем только саму ЭСН, а нам необходимо будет получить из неё некую полную и единую планетарную структуру Абсолюта (далее ПСА), позволяющую формировать всю структуру какого-либо планетарного мира. Её нам далее предстоит найти.

# Глава IV. Глобальная структура Абсолюта

При исследовании различных структур Мирра, которая объединила все планетарные уровни между собой, мы получили знания о трансцендентной структуре Абсолюта. Нам даже удалось на рисунке 20 изобразить его структурно. Здесь мы уже можем даже сказать, что «абрис» трансцендентной картины Мироздания, через ТСА, объединяющей все планетарные уровни Трансцендента, у нас более-менее получился. Хотя, ТСА и соединяет в себе все планетарные уровни-миры в единое целое, но она не даёт нам полного представления о том, как формируются сами планетарные уровни-миры. Это означает, что она пока не может дать нам полной картины Единого Мироздания, а представляет нам только её часть, соединяющую все его миры между собой, чего ранее мы не имели.

Ранее, мы исследовали ЭСН, посредством которой, как из «кирпичиков», должны составляться внутри себя все планетарные уровни-миры. Она у нас уже мысленно проявилась, но мы через неё пока не можем составить единую картину структуры планетарного мироздания, даже какого-либо одного из планетарных уровней. Полной структуры планетарного уровня, подобной ТСА, у нас пока нет, но именно ЭСН, ранее, подвела нас вплотную к ней. Вероятно, ЭСН и есть та будущая элементарная основа структуры мироздания планетарного уровня, которую мы ищем.

Мы получили пока две основных структуры для построения Единого Мироздания: ЭСМ для ТСА и ЭСН для … Они у нас пока разъединены и из-за этого мы не можем иметь единой структуры, которая бы полностью описала нам Единое Мироздание. Хотя, ЭСН вошла у нас в состав ЭСМ (рисунок 10), но здесь под ЭСН мы подразумеваем некую более широкую обобщённую единую планетарную структуру Нави, которой у нас пока нет. Мы её ещё должны будем получить и только после этого настанет процесс единения двух структур ТСА и обобщённой полной ЭСН планетарных уровней в единую структуру Абсолюта (далее ЕСА).

По нашему предположению, ЕСА должна получиться двойной: через структуры Мирра, как трансцендентная структура Абсолюта (ТСА) и через структуры Нави, как планетарная структура Абсолюта (далее ПСА) по каждому планетарному уровню. Мы должны получить некую третью структуру ЕСА, которая должна соединить в себе обе эти структуры.

Если с ТСА, как структурами Мирра, мы уже как-то определились и даже составили её трансцендентную структуру, то с ПСА, как со структурами Нави, мы пока до конца не определились. Нам необходимо далее будет в отношении её продолжим свои исследования.

Мы пока не имеем её структуры и нам неизвестна динамика процессов, происходящих внутри планетарного уровня. Но даже то, что в поисках единой структуры мы уже дошли до двойной структуры Абсолюта (ТСА и ПСА), это уже есть положительный результат в создании «Единой теории Мироздания». В своём «пике» эта совмещённая двойная структура и будет составлять основу «Единой структуры Абсолюта», которая должна будет нам, в полной мере, её описать.

Конечно, было бы здорово, если бы нам удалось составить модель Мироздания, которая бы объединила в себе обе структуры Абсолюта, планетарную и трансцендентную, в единое целое. Только, нам уже, возможно, не хватит обычного объёмного человеческого воображения для их совмещения, а не то, чтобы как-то изобразить их на плоском листе бумаги. Мы не будем в своих исследования забегать далеко вперёд и оставим пока ЕСА такой двойной и не совмещённой.

Итак, в ТСА, через свои динамические «игры», Материя и Антиматерия формируют Трансцендента. Нам уже стали известны несколько таких элементарных структур, которые участвуют в этом процессе: ЭСМ, ЕСМ, ПСМ и даже ЭСН. Это они формируют в себе все материальные и антиматериальные частицы, в конечном итоге, структурируя из них Трансцендента.

Чтобы сформировать миры из этих частиц, которые дадут Трансцендента, нам сначала необходимо будет получить модель ПСА. Естественно, в процессе формирования миров внутри планетарного уровня явно участвует только элементарная структура Нави в разных своих сочетаниях.

Давайте попробуем через ЭСН найти планетарную структуру Абсолюта.

## *Полная структура Нави Пространства*

Элементарная структура Нави (ЭСН) позволяет нам образовывать элементарные материально-энергетические планетарные тела и формы, в плоскостях пространства и времени внутри какого-либо планетарного уровня, который сам имеет или *большее* Пространство, или *большее* Время. Более сложные формы миров образуются посредством множественного соединения ЭСН между собой, которые уже образуют более сложную структуру форм.

Получить сразу же полную структуру какого-либо планетарного уровня для нас пока не представляется возможным. Это не является для нас главной задачей, ибо здесь даже миллиардом ЭСН, соединяя их между собой и образуя тело или форму, мы не отделаемся. Мы поставим себе другую и более глобальную цель: получить ПСА в глобальном виде внутри планетарного уровня, не деля её на множественные ЭСН и не структурируя их между собой. Проделаем то же самое, что осуществили ранее с ЭСМ, получив из неё ТСА (рисунок 20).

Давайте, для исследования ПСА возьмём самый близкий к нам и самый исследуемый нашей наукой земной 4-ый планетарный уровень-мир. Нам здесь легче всего будет его изучить для будущего построения ПСА на этом уровне. Далее она должна оказаться тождественной для всех остальных планетарных уровней. Возможно, для некоторых уточнений нам ещё потребуется 2-ой атомный планетарный уровень, так же известный нашей науке.

Ранее, мы составили матрицу ПСМПр (таблица 2), которая показывает нам порядок размещения планетарных систем в *большем* Пространстве и их переход через фазы состояния трансцендента. Если мы обратимся к 4-ому планетарному уровню, то здесь мы видим (таблица 1) наличие

4-х таких уровней, находящихся в разных плоскостях. Они и должны составить нам ПСА этого уровня для *большего* Пространства.

Можно предположить, что все эти планетарные системы образованы структурой подобной ЭСН, но это не совсем так. Если мы возьмём для примера атом водорода, то он состоит из двух «связанных», взаимно-перпендикулярных по плоскостям расположения, ЭСН, которые образуют единую структуру Нави (далее ЕСН). Она показана на рисунке 21 (полярность ЕСН определяется нами по её левой ЭСН). На этом рисунке мы видим две ЭСН

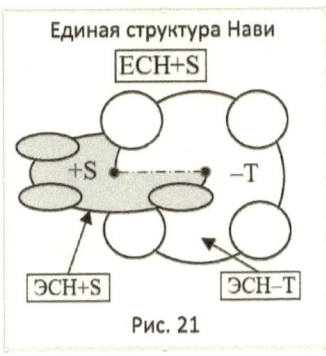

совмещённых друг с другом: первую – положительного пространства ЭСН+S, вторую – положительного времени ЭСН–Т (отрицательный знак мы взяли по аналогии с ЕСМ рисунка 10). Обе они формируют ЕСН, полярность которой мы определяем по левой ЭСН+S. В нашем случае относительно неё, мы получаем *большее* положительное Пространство для ЕСН+S. Этот пример говорит нам о том, что одновременно должны работать две ЭСН.

Давайте проверим наш вывод на другом планетарном уровне. Если взять для такого же примера нашу солнечную систему 4-го уровня, то и здесь мы имеем такое же наличие двух связанных между собой ЭСН: гелиоцентрическую (Коперника) ЭСН+S и геоцентрическую (Птолемея) ЭСН–Т планетарные системы. Они обе составляют ЕСН+S на 4-ом планетарном уровне. Здесь мы получили полную аналогию со 2-м уровнем, с атомом водорода.

Исходя из подобия ПСМ рисунка 10, мы можем утверждать, что все её четвёртые планетарные уровни (четыре системы таблицы 1), например, *большего* положительного Пространства образованы 2-мя такими сдвоенными ЕСН: первая – ЕСН+S, вторая – ЕСН–S. Ранее, такую сдвоенную структуру ЕСН мы представили, как пространственно-временной диполь (рисунок 21), состоящий из двух ЭСН.

Таких ЭСН на одном планетарном уровне в ПСА, аналогично, например, ПСМПр, по количеству её плоскостей +S, +T, –S, –T должно получиться четыре.

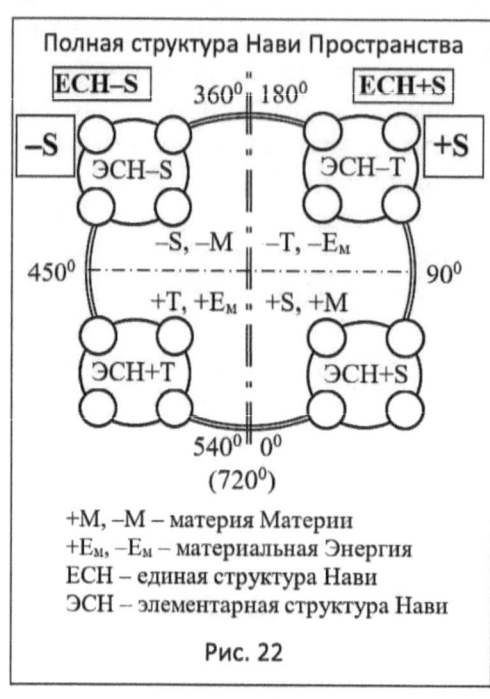

Полная структура Нави Пространства

ЕСН–S    360" 180⁰    ЕСН+S

–S    ЭСН–S    ЭСН–Т    +S

450⁰    –S, –M    –Т, –Е_м    90⁰
+Т, +Е_м    +S, +M

ЭСН+Т    ЭСН+S

540" 0⁰
(720⁰)

+М, –М – материя Материи
+Е_м, –Е_м – материальная Энергия
ЕСН – единая структура Нави
ЭСН – элементарная структура Нави

Рис. 22

Дальнейшее исследование этой структуры привело нас к полной структуре Нави Пространства с разными знаками состояния (далее ПСНПр), которую мы изобразили на рисунке 22. На нём мы попытались объединить между собой 4-е ЭСН с разными знаками состояний. ПСНПр рисунка 22 у нас получилась полностью подобной ПСМПр рисунка 10, только здесь мы фазу состояния уже измеряем градусами.

Полный цикл в ПСНПр мы имеем протяжённостью в $2 \times 360^0$, и у нас, аналогично ПСМПр возникают два «пустых» перескока фазы: $180^0$–$360^0$ и $540^0$–$720^0$. Фаза состояния одной ЕСМ, состоящей из двух ЭСН, равна $180^0$. Если мы теперь сложим фазы состояния двух ЕСН, то мы получим фазу в $360^0$, но у нас возникают два перескока фазы, что увеличивает угловую протяжённость ПСНПр до $720^0$.

Итак, мы получаем внутри ПСНПр центральный круг рисунка 22, который имеет в себе, как бы, два внутренних полукруга по $180^0$ каждый. Они должны работать, предположительно, последовательно. Естественно, по аналогии с ПСМПр, мы должны дополнить перескоки фазы на рисунке 22 другой структурой Времени.

Мы сумели объединить между собой в ПСНПр две ЕСН с разными знакам состояний Пространства: ЕСН+S положительного Пространства и ЕСН–S отрицательного Пространства. Они получились у нас аналогичными двум ЕСМ рисунка 10. Каждая из них имеет свою протяжённость в $180^0$. Центральный круг, соединяющий между собой ЕСН+S и ЕСН–S, объединяет их в единое целое в бо́льшем Пространстве. Хотя он у нас в бо́льшем Пространстве получаем протяжённостью в $360^0$, но на самом деле он будет поделён на два полукруга по $180^0$, которые составят его общую протяжённость по фазе равной $2×360^0$, как два отдельных круга, которые далее дополнят структуры Времени.

## *Динамика работы ПСНПр*

Структуру Нави рисунка 22 нам ещё предстоит описать. Давайте для этого воспользуемся миром обычного человека, ведь именно он формируется на 3-ем планетарном уровне и является его составной частью.

Итак, обычный человек явно имеет физическое материальное тело, которое мы ранее приняли принадлежащим ЭСН+S, и обычный разум, принадлежащий ЭСН–Т. Мы здесь для человека знаки пространства и времени взяли из рисунка 22, из правого полукруга.

Естественно, структурно человек у нас получается разумно-материальным или, по-другому, временно-пространственным существом соответственно. Его можно полностью отождествить с ЕСН+S рисунка 22. Она, как раз, состоит из двух этих ЭСН. ЭСН+S, как мы полагаем из духовных источников, имеет отношение к физическому материальному телу человека, а ЭСН–Т – к его обычному внешнему разуму.

Для нас абсолютно безразлично, какую полярность имеет время для нашего разума. Мы её никак в себе не ощущаем и всё это будет для нас относительным. Кроме ЕСН+S, которая, как мы предполагаем, описывает нам обычного человека, существует ещё ЕСН–S. Только теперь нам необходимо выяснить, к чему её можно будет отнести в человеке? Для ЕСН+S мы описали обычного внешнего человека, но какое отношение он тогда имеет к ЕСН–S?

Если рассуждать по тождественности с ПСМПр, то ПСНПр должна работать аналогичным образом. Мы можем предположить последовательную работу двух этих пространственных ЕСН. Тем более, что их начальные фазы состояния будут одинаковыми, но если для ЕСН+S она начинается в $0^0$, то для ЕСН–S – с $360^0$. Вся разница между ними будет только в этом. Они будут отличаться друг от друга как отличается обычный электрон от перевёрнутого на $360^0$ электрона. Эти ЕСН будут, практически, тождественными, но, по аналогии с перевёрнутым электроном, некоторые их свойства могут отличаться.

Мы оставим для них последовательное развёртывание: или ЕСН+S, или ЕСН–S. Если, например, первая из них формируется, то вторая обязательно должна сворачиваться, отдавая первой свою материю и энергию, и наоборот. Всё, как в ПСМПр.

Теперь нам необходимо определиться и понять динамику формирования и расформирования планетарных систем внутри ЕСН. На рисунке 22 мы отобразили их в единой структуре, которой дали название «Полная структура Нави Пространства» (ПСНПр). Естественно, эти ЕСН в Пространстве должен объединять некий центральный круг, который расставляет их внутренние ЭСН по своим *бо*льшим секторам +S, –T, –S, +T. ПСНПр рисунка 22 у нас действительно получается глобальной, структурно описывающей планетарный уровень, но только в Пространстве. Здесь мы пришли к тому, что в *бо*льшем Пространстве ЭСН будут как материальными +М, –М, так и энергетическими во Времени $+E_м$, $-E_м$.

Законы мира Разума обязательно указывают нам на знаковое равенство внутри любой системы: если существует плюс, то обязательно должен существовать минус. Этот знаковый закон в ПСНПр полностью соблюдается. Если в ней сложить между собою все ЭСН, то в сумме она окажется полностью нейтральной. Это ещё раз доказывает нашу правоту.

Вывод можно сделать такой, что рисунок 22 полностью соответствует структурам планетарных уровней в его *бо*льшем Пространстве. Только он у нас получается неполным, ибо мы имеем здесь дело только с пространственными частями планетарных уровней, но у нас ещё существуют планетарные уровни Времени. Конечно, они будут структурно полностью подобны ПСНПр только для *бо*льшей плоскости Времени и на этом рисунке 22 они ещё не раскрыты.

## *Полная структура Нави Времени*

Мы уже пришли к пониманию того, что перпендикулярно ПСНПр рисунка 22, подобно ТСА рисунка 20, должны существовать плоскости *бо*льшего Времени. Ранее, мы уже сталкивались с таким же вопросом при моделировании ТСА и там мы его решили с помощью взаимно-перпендикулярных плоскостей Пространства и Времени с разными знаками состояния. Здесь же, на рисунке 22, мы с этой же целью заранее разделили между собой и разграничили двойной разделяющей линией положительные и отрицательные плоскости *бо*льшего Пространства. Что это нам даёт?

Пока на рисунке 22 мы имеем только *бо*льшую плоскость Пространства с разными знаками состояния и две, располагающиеся на ней, разнополярные ЕСН. Но если есть *бо*льшее Пространство, то обязательно должно возникнуть и существовать *бо*льшее Время, а его у нас здесь нет. Значит, мы должны как-то дополнить им рисунок 22. Структура *бо*льшего Времени должна быть полностью тождественна структуре *бо*льшего Пространства, но располагаться в другой плоскости, сдвинутой относительно него на $90^0$. Прежде чем нам эту структуру *бо*льшего Времени показать, нам необходимо определиться, а чем она будет наполняться, находясь в другой плоскости?

Явно, что это будет не Материя (М) и материальная Энергия ($Е_м$), которые характерны для плоскости Пространства. Даже Антиматерия нам здесь не подойдёт, потому что она имеет отношение только к антиматериальному трансценденту Времени, а мы пока исследуем только материальный пространственный трансцендент и далее него мы пока не идём. А в пространственном трансценденте Антиматерии быть никак не может.

Итак, в бо́льшем Пространстве трансцендента мы можем основной иметь *материю Материи* и её производную, как *материальную энергию Материи*. Исходя из этого и тождественно этому, в бо́льшем Времени мы можем основной иметь *Энергию – «Е»* и её материальную энергию, но лучше сказать *энергетическую Материю – «Мe»*. Нам придётся пока с этими новыми названиями согласиться. Предположительно, в духовных источниках знаний энергетическая Материя называется «*тонкой материей*», а Энергия – «*тонкой энергией*».

В бо́льшей плоскости Времени мы должны будет иметь полную структуру Нави Времени (далее ПСНВр), подобную ПСНПр. Давайте изобразим её на рисунке 23. Как мы видим, она структурно мало чем отличается от ПСНПр рисунка 22. Она получилась у нас полностью ей зеркальной и поэтому её описание здесь мы приводить не будем.

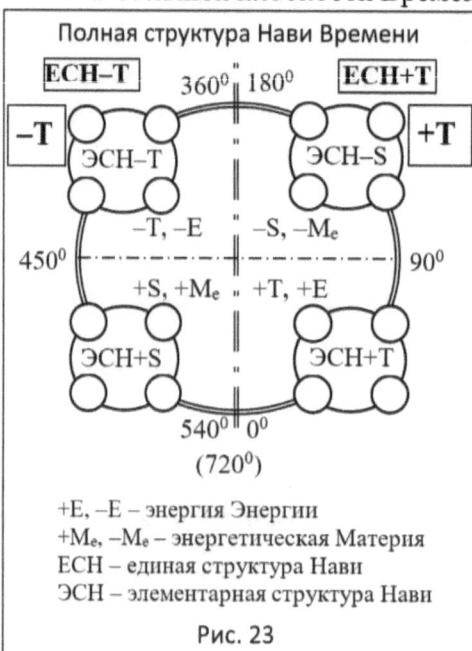

+Е, –Е – энергия Энергии
+Мe, –Мe – энергетическая Материя
ЕСН – единая структура Нави
ЭСН – элементарная структура Нави

Рис. 23

У нас остался один невыясненный вопрос, а какое отношение имеют эти разнополярные ЕСН Времени к человеку? Если ЕСН Пространства мы как-то отнесли к физическому телу человека и его обычному разуму, то к чему отнести, относительно его, эти ЕСН Времени?

У обычного человека, вроде бы более тела и разума ничего нет. Поиск в духовных источниках знаний помог нам определиться с ними. Дело в том, что у человека ещё есть, кроме внешних, внутреннее тело и внутренний разум, но они у нас не развиты и не развиваются, что нам так же необходимо зафиксировать. ЕСН Времени мы, действительно, можем отнести к внутренним «тонкому» телу и «тонкому» разуму, которые являются уже нематериальными, что ей соответствует. Они развиваются у человека только после формирования физического тела и разума, когда он переходит от материи к духовности. И у нас тут же возникает вывод, что ЕСН Времени работают после ЕСН Пространства, то есть последовательно и, скорее всего, в паре.

Получается, что исследуемые ПСН Пространства и Времени полностью соответствуют человеку. Если рассмотреть их с позиции 5-го уровня галактики, – здесь нам более это видно, – то наша солнечная система соответствует там ЕСН Пространства, а если она перейдёт в «рукав Персея» во Время, то она станет ЕСН Времени и исчезнет из Пространства галактики. Здесь так же просматривается последовательная работа ЕСН, но нам пока не ясно, как этот переход из одной плоскости в другую происходит?

Динамику такого перехода через границу секторов мы рассмотрим позднее, а пока нам необходимо составить саму ПСА.

### Круговороты внутри ПСА

Итак, мы получили две полные структуры Нави ПСНПр (рисунок 22) и ПСНВр (рисунок 23). В каждой из них мы имеем по две двойных структуры ЕСН в Пространстве и во Времени с разными знаками состояний. Между ними должен существовать круговорот вращения Материи и Энергии между собой. Чтобы сконструировать планетарную структуру Абсолюта (ПСА) нам нужно выяснить как этот круговорот будет работать?

Давайте с этой целью предложим схематичную модель ПСА, показанную на рисунке 24, основываясь на тождественности ей схематичной модели ТСА рисунка 17. Они получаются очень похожими друг на друга, только обозначение тригонометрических величин здесь уже будет в градусах, а не в величинах кратных скорости света. Мы пока оставим понятие оси вращения миров и, как нам кажется, она должна быть синхронной с осью вращения миров ТСА рисунка 17. Мы это предположение обязательно исследуем позднее.

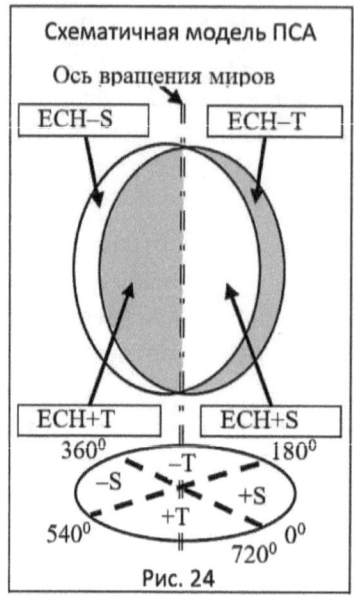

Давайте опишем круговорот Материи и Энергии в ПСА рисунка 24. Ранее мы предположили, что Энергия ЕСН+Т полностью «переходит» в Материю ЕСН+S. Этот процесс перехода мы в своей жизни называем «рождением». Только нам опять необходимо уточнить, что частицы Энергии не переходит границу сектора и не становится частицами Материи. Здесь мы опять приходим к понятию нейтральных частиц, которые обретают свойства той плоскости, в которую они попадают. Свойства этих частиц во Времени делает их Энергией, а в Пространстве они уже обретают свойства частиц Материи. Все эти «нейтральные» частицы присутствуют, например, в бóльшем Пространстве или бóльшем Времени. Попадая в различные их сектора их структуры, они обретают их свойства и уже там становятся или Материей, или Энергией.

Формирование ЕСН+S Материей – этот материально-пространственный процесс мы уже называем «жизнью» и своей эволюцией. После того, как ЕСН+S будет полностью сформирована и достигнет своего апогея в формировании, наступает новый переход границы сектора ПСА к ЕСН–Т. Процесс этого перехода мы называем «смертью», а формирование и наполнение её структур Энергией – это уже будет «жизнью после смерти». Далее мы пойдём уже по кругу и следующим циклом будет «новое рождение» уже в ЕСН–S и новая эволюция в Пространстве, которая ничем не будет отличаться от эволюции и жизни в ЕСН+S. Отличие между ними будет точно таким же, как между обычным и обращённым на $360^0$ электронами.

Нужно указать на ещё одно свойство ПСА: его начальная фаза состояния будет соответствовать фазе состояния своего планетарного уровня (одного из семи) в ТСА. Они будут работать синхронно. Получается, что каждый планетарный уровень будет иметь свою начальную фазу состояния ПСА, которая будет определяться начальной фазой состояния трансцендента в ТСА.

### *Планетарная структура Абсолюта*

Итак, мы остановились на попарном действии единых структур Нави в круговороте между Материей Пространства и Энергией Времени. Пока мы имеем две разные ПСН Пространства и Времени. Их приблизительное схематичное соединение показано на рисунке 24. Но на нём мы не можем более точно видеть «механизма» работы при их совмещённых действиях.

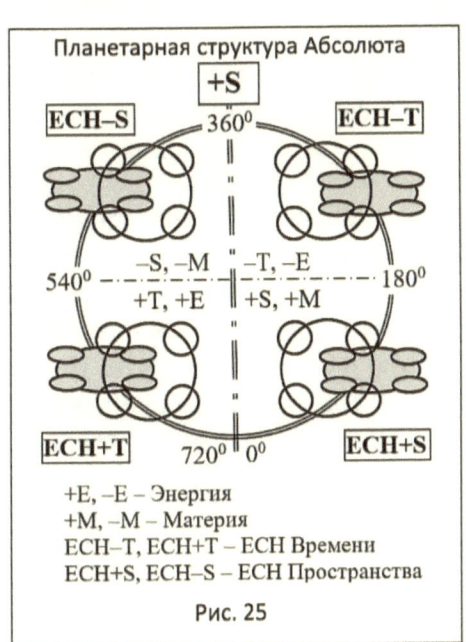

+E, –E – Энергия
+M, –M – Материя
ЕСН–Т, ЕСН+Т – ЕСН Времени
ЕСН+S, ЕСН–S – ЕСН Пространства

Рис. 25

Давайте попытаемся создать более точную структуру ПСА из двух полных структурах Нави (рисунок 22 и рисунок 23). Мы в них имеем четыре единых структур: ЕСН+S, ЕСН–S, ЕСН+Т и ЕСН–Т. Каждая из этих ЕСН имеет в себе по две ЭСН, которые объединены в ней.

Условия структурирования нам ясны и теперь мы уже можем соединить между собой все ЕСН, чтобы получить полную модель ПСА в более совершенном виде. Мы получаем более качественное изображение ПСА, которая уже вполне достойна названия «Планетарная структура Абсолюта». Давайте попробуем изобразить её на рисунке 25.

90

Новая ПСА почти структурно ничем не отличается от ПСНПр и ПСНВр, только здесь в каждом секторе ПСА вместо ЭСН мы уже имеем ЕСН. Их мы показали на рисунке 25 двойной ЭСН структурой. Конечно, ПСА рисунка 25 мы показали в таком простом, но глобальном, схематичном варианте. На самом деле, она будет вмещать в себя все ЭСН, которые будут формировать планетарный уровень. Данная ПСА, показанная на рисунке 25, принадлежит планетарному уровню положительного пространства. В ней мы получаем, как бы, тройной уровень ЭСН:

1. ПСА;

2. ЕСН;

3. множественные ЭСН. Каждый последующий уровень делится на четыре меньших ЭСН и т.д.

Рисунок 25 показывает нам некую пограничную взаимосвязь между материальным Пространством и энергетическим Временем, что нам и требовалось установить. Все ЕСН оказались объединёнными между собой в ПСА неким двойным центральным кругом ($720^0$ или $2 \times 360^0$), который разделил их начальные фазы состояния на четыре плоскости.

Теперь мы попытаемся уточнить процесс формирования материальных и энергетических структур внутри ПСА. Естественно, Пространство и Время должны существовать одновременно, ибо одно не может быть без другого. Например, ЕСН+S должна быть взаимосвязана с ЕСН–T, а ЕСН–S – с ЕСН+T. Мы получаем точно такую же картину динамики процессов внутри планетарного уровня, которую мы описали ранее для единого Трансцендента.

Давайте теперь подведём некоторый итог с теми частицами, которые были задействованы в круговоротах ПСА. Давайте их перечислим:

- частицы Материи, ЭСН±S ЕСН±S;

- частицы материальной энергии, ЭСН±T ЕСН±S;

- частицы Энергии, ЭСН±T ЕСН±T;

- частицы энергетической материи, ЭСН±S ЕСН±T.

Они все отличаются друг от друга только начальной фазой своего состояния. Все эти частицы есть ни что иное, как ЭСН со своей начальной фазой состояния. В какую плоскость она попадает, такую же начальную фазу обретает. Назовём эту высшую плоскость пространственного трансцендента «изначальным Пространством», выше которого Пространств и Времён более не существует.

Мы рассмотрели только ПСА пространственного трансцендента, который имеет в своём составе Материю. Те частицы, которые мы перечислили выше, также имеют отношение только к этому трансценденту. Но у нас есть ещё антиматериальный трансцендент, который имеет в своём составе уже Антиматерию. А какие типы частиц будут принадлежать ему?

В самой структуре ПСА для антиматериального трансцендента на рисунке 25 ничего не измениться, кроме начальной фазы состояния. Если мы брали для пространственного трансцендента начальную фазу $0^0$, то для антиматериального трансцендента она уже должна быть смещена на $90^0$. Мы тогда должны всю ПСА перевести в плоскость бóльшего, скорее, «изначального Времени», выше которой Времени уже более не существует. Давайте попробуем описать те частицы, которые могут возникнуть в антиматериальном трансценденте:

- частицы Антиматерии, ЭСН±Т ЕСН±Т;
- антиматериальная антиэнергия, ЭСН±S ЕСН±Т;
- частицы Антиэнергии, ЭСН±Т ЕСН±S;
- антиэнергетическая антиматерия, ЭСН±S ЕСН±S.

Все они между собой будут отличаться только начальной фазой своего состояния и находиться в плоскости изначального Времени.

Итак, мы получили две ПСА (изначального Пространства в Материи и изначального Времени в Антиматерии), описывающие нам планетарные уровни. Они показывают нам взаимодействие между Материей и Энергией, Антиматерией и Антиэнергией при их формировании и расформировании. Естественно, раз они входит в состав Трансцендента, то подчиняются его абсолютным законам. Они работают внутри Трансцендента на разных планетарных уровнях и между собой будут связаны только через его ТСА.

## *Глобальная структура МАТЕРИИ*

Для получения полной картины Единого Мироздания нам осталось уже совсем немного: только совместить ТСА с ПСА, чтобы получить из них некую глобальную структуру МАТЕРИИ (далее ГСМ), в которую обе эти структуры должны будут войти. Мы решили не называть её глобальной структурой Абсолюта, ибо предполагаем, что она пока имеет отношение только, назовём её так, к «изначальной МАТЕРИИ». Но что это новое понятие собой означает?

Давайте ещё раз вернёмся к вопросу о Материи и Антиматерии. Итак, Материя – это уже нечто, что имеет отношение к плоскости бо́льшего Пространства и состоит из двойных частиц: материальных и энергетических. Именно она является, через свои частицы, формирователем, через структуру ПСА, своего бо́льшего Пространства и создаёт внутри него множественные по параметрам внутренние пространства и времена.

Антиматерия – это нечто противоположное по знаку пространственной Материи, полностью ей тождественная, но зеркальная по свойствам и перпендикулярная по плоскости расположения, которая имеет отношение к плоскости бо́льшего Времени. Она имеет, как мы предположили, свои частицы: антиматериальные и антиэнергетические. Она так же образует внутри плоскости Времени свои внутренние множественные по параметрам времена и пространства.

Пока они у нас существуют порознь, и мы ещё не создали такую изначальную структуру, которая бы их объединила. Давайте попытаемся объединить Материю и Антиматерию в эту Единую Изначальную МАТЕРИЮ, из которой они возникают, и которая «стоит» над ними и над Пространством, и над Временем. Мы считаем, что в изначальной МАТЕРИИ нет никакого разделения ни по плоскостям, ни по частицам, ни по силам.

ГСМ, которую мы посчитаем наивысшей и даже изначальной, мы попытаемся создать и далее исследовать настолько глубоко, насколько нам позволит это сделать наш ментальный разум. Пока он привёл нас к двум самым важным основным его структурам: планетарной структуре Абсолюта (ПСА), которая состоит из ЭСН в различных сочетаниях, образующих миры внутри планетарного уровня, и трансцендентной структуре Абсолюта (ТСА), которая состоит из структур Мирра в различных сочетаниях, образующих планетарные уровни-миры трансцендента. Это всё, что пока нам удалось узнать о Мироздании.

Конечно, эти довольно крупные структуры нами были предположены и исследованы с позиции имеющихся научных данных, которые частично подтверждают нам их истинность. Мы можем ошибаться, но, в целом, эти структуры мы считаем верными, хотя, в частности, они могут иметь некоторые неточности, которые далее, при дальнейшем исследовании, могут проявиться.

Все структуры получились у нас бесконечными, как в сторону меньших, так и больших параметров, как бесконечен сам Абсолют. Действительно, ПСА мы «назначили» абсолютной структурой для планетарного уровня, выше которой, мы подразумеваем, более структур нет. Если взять ТСА, то она также является конечной и абсолютной для трансцендента, описывая его структуру, соединяющую все его внутренние планетарные уровни в единое целое. Это ещё одно подтверждение нашей истинности в исследовании структур Мироздания. Нам осталось представить только одну последнюю структуру: Глобальную структуру МАТЕРИИ, которая должна объединить все предыдущие абсолютные структуры в единое целое.

Ранее мы утверждали, что нам её, на своём уровне разума, даже нельзя себе мысленно представить, а не то, чтобы воспроизвести на бумаге. Она будет иметь в себе все измерения, которые только возможны. Пока наш трёхмерный разум позволил вычленить из этой структуры только две абсолютные структуры: ПСА и ТСА. А вот сложить их более чем в трёхмерную структуру, у нас уже может не получиться.

Но давайте, всё же, попытаемся представить себе этот процесс единения восьми ПСА, ведь у нас восемь планетарных уровней, с одной ТСА. Что у нас из всего этого получится? Если 8 ПСА дадут нам «восьмиэтажного» трансцендента, то как в него впишется всего 1 ТСА, содержащая в себе четырёх трансцендентов?

В ГСМ мы пока сделали только несколько плоскостных «срезов»: первые восемь «срезов» – это восемь ПСА, по одному на каждом планетарном уровне и множество «горизонтальных» ЭСН находящихся в их структурах и образующих их миры; второй «срез» – это ТСА, как четыре «вертикальные» ЕСМ, объединяющие все планетарные уровни, находящиеся в разных плоскостях единого трансцендента. Через эти срезы мы получаем некоторое представление об его глобальной структуре и не более того. Тут даже можно составить некоторую формулу их соотношений:

$$8 \text{ ПСА} \times 4 = 1 \text{ ТСА. (1)}$$
$$8 \text{ ПСА} \times 4 + 1 \text{ ТСА} = 1 \text{ ГСМ (2)}$$

Они, конечно, нам почти ничего не дают, но это

Глобальная структура МАТЕРИИ

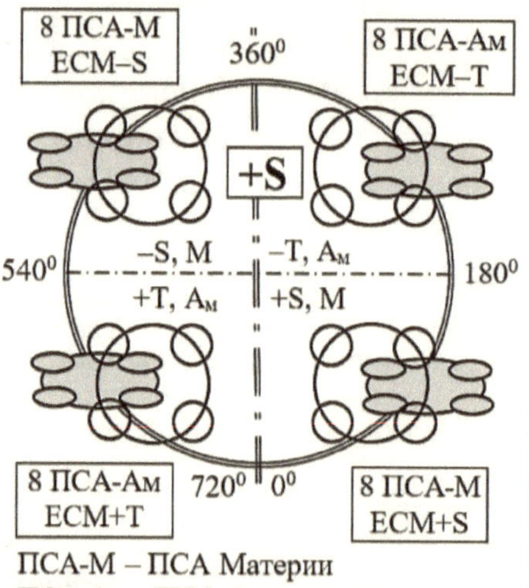

ПСА-М – ПСА Материи
ПСА-Ам – ПСА Антиматерии
ЕСМ – единая структура Мирра

Рис. 26

соотношение показывает, что 8 ПСА – это точно такой же трансцендент восьми планетарных уровней, только представленный через структуры Нави, а 1 ТСА – это также тот же самый трансцендент, только представляющий четыре свои качества через ЕСМ. Поэтому они и равны: что там, что тут – трансцендент, который есть один для всех.

На рисунке 26 мы попытались изобразить ГСМ, в которой уже будут объединены в единые целые структуры Материи и Антиматерии, 8ПСА и 1ТСА. ГСМ уже принадлежит только изначальной МАТЕРИИ. Она есть бесконечное изначальное «нечто», что позволяет нам получить начальное разделение на Материю и Антиматерию, Пространство и Время. Посчитаем, что выше ГСМ структур в нашем Мироздании более нет, а то мы так и будем подниматься по максимальным параметрам Пространства и Времени до бесконечности.

Сектора ГСМ, как мы предполагаем, формируются попарно. Мы их разделили двойной линией. Эту последовательность формирования Трансцендента мы начнём представлять с внутреннего пространственного сектора +S. Мы посчитаем, что трансцендент уже существует в секторе Пространства –S. Здесь он начинает своё расформирование и передаёт свои частицы пространственному трансценденту в секторе +S. Их разница в фазе состояния представляет собой $360^0$. Это говорит нам о том, что они получаются полностью тождественными.

Новый трансцендент начинает одновременно формироваться на всех своих 8-ми планетарных уровнях. Он формируется через 8-мь ПСА, каждая для своего планетарного уровня, и одну ECM+S, содержащую в себе две ЭСМ, которая их всех объединяет в единого пространственного трансцендента. В этом секторе ГСМ мы видим, что нам удалось соединить и структуры Нави и структуры Мирра в единое Мироздание этого сектора.

Точно так же происходит с трансцендентом Времени. Мы не будем пока исследовать то, как он здесь возник, а посчитаем, что он уже здесь существует. Представим себе, что он так же был уже ранее сформирован в секторе ГСМ+Т. Далее он начинает своё расформирование с передачей частиц Антиматерии во второй сектор ГСМ–Т. Все последующие процессы таких круговоротов трансцендента между секторами будут аналогичными.

Мы видим последовательную циклическую картину формирования этих двух сдвоенных, пространственно-временных и материально-антиматериальных, трансцендентов в ГСМ. На самом деле, это будет один и тот же Трансцендент, который будет формироваться то там, то тут. Для чего нужна такая цикличность в формировании Трансцендента, мы пока не знаем, но подразумеваем, что такая динамика процесса необходима для его эволюции.

Если внимательно посмотреть на рисунок 26, то он явно имеет в себе подобие ЭСН. Сама ЭСН была представлена нами ранее [1], как подобие кванта света. А если это так, то тогда ГСМ является точно таким же его подобием, только он уже будет состоять из двух квантов Материи с Пространством (ПСМПр) и Антиматерии со Временем (ПСМВр). Тогда мы можем назвать ГСМ неким «изначальным квантом МАТЕРИИ», состоящим из двух квантов, но сам уже этого разделения на Пространство и Время не имеющего. Это далее поможет нам более полно понять процессы формирования в ней миров.

Давайте пока оставим это предположение, ибо у нас уже возник вопрос, а зачем Мирозданию необходимо такое непрекращающееся вращение Трансцендента внутри ГСМ? Только когда мы сможем на него ответить, только тогда мы сможем до конца понять динамику его формирования.

## *Глобальная структура СВЕТА*

Итак, мы получили структуру изначального кванта МАТЕРИИ, но он не возникнет в ней сам по себе. Свойства МАТЕРИИ нам известны такими, что она «не пошевелиться» пока нечто на неё не окажет какое-либо силовое действие или давление. Она – как глина, если из неё не станешь чего-нибудь лепить, то она так и останется бесформенным куском и не обретёт формы. Вывод здесь возникает сам по себе: кто-то или что-то должен формировать и структурировать МАТЕРИЮ и создавать в ней миры?

Вот это нам и предстоит выяснить.

Здесь нам могут помочь только духовные источники знаний [2]. Они утверждают, что на МАТЕРИЮ оказывает воздействие структурированный изначальный квант СВЕТА, который они называют божественным, нематериальным, потусторонним и т.п. Мы его тут же подразумеваем изначальным и полностью тождественным по своим структурам ГСМ. Именно он создаёт зеркальную копию своей структуры в изначальной МАТЕРИИ, деля её структурно на Пространства и Времена, Материю и Антиматерию. В её свойствах есть важное для нас качество: она отражает любое силовое давление на неё зеркально и с противоположным знаком. Отсюда мы получаем, что СВЕТ должен быть полностью зеркален относительно МАТЕРИИ, иметь другую плоскость состояния и быть ей структурно полностью тождественным. Его структура должна ей полностью соответствовать, а то где бы она тогда её взяла из своей бесформенности?

Отсюда мы получаем, что СВЕТ будет иметь ту же самую глобальную структуру, которая изображена на рисунке 26, но его начальная фаза состояния будет сдвинута на $90^0$, если не на $180^0$, – на один сектор ГСМ. Мы назовём её глобальной структурой СВЕТА (далее ГСС) и получим точно такую же структуру подобную ЭСН, которая даст нам структурное понятие «изначального кванта СВЕТА». Именно он должен оказывать своё силовое воздействие на МАТЕРИЮ, чтобы она стала обретать форму Трансцендента. Прежде чем изобразить ГСС нам необходимо понять, какие частицы будут участвовать в его работе?

Итак, если начальной фазой состояния мы взяли +Т, то тогда она будет основной для «частиц СВЕТА». Мы его сразу же можем, как и МАТЕРИЮ, разделить на две составляющие: сам Свет и его противоположность. А что является противоположностью Света? Это будет Тьма. Мы так и назовём второй вариант основных частиц СВЕТА частицами Тьмы. Далее Свет должен иметь в себе частицы света и энергию света, и мы с этим согласимся; соответственно, Тьма – частицы тьмы и энергию тьмы. Пока оставим такими названия составляющих частиц СВЕТА. Теперь мы сможем изобразить его ГСС на рисунке 27.

Динамика формирования Трансцендента здесь будет аналогичной ГСМ, но именно изначальный квант СВЕТА будет управлять всеми материальными процессами формирования материального Трансцендента. Мы пока не рассматриваем процесс расширения трансцендента, а считаем его статичным в своих высших параметрах, далее которых он не расширяется.

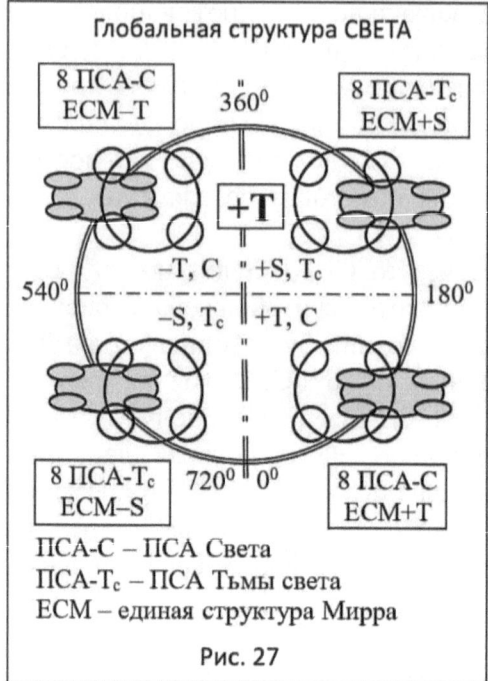

Глобальная структура СВЕТА

8 ПСА-С
ЕСМ–Т

8 ПСА-Тс
ЕСМ+S

8 ПСА-Тс
ЕСМ–S

8 ПСА-С
ЕСМ+Т

$360^0$
$540^0$
$180^0$
$720^0$
$0^0$

+Т

–Т, С   +S, Тс
–S, Тс   +Т, С

ПСА-С – ПСА Света
ПСА-Тс – ПСА Тьмы света
ЕСМ – единая структура Мирра

Рис. 27

На рисунке 27 мы видим ту же самую структуру, что и для изначального кванта МАТЕРИИ. Начальная фаза состояния здесь сдвинута на $180^0$. Все остальные структуры такие как ПСА и ГСА окажутся тождественными и для СВЕТА, но их начальные фазы состояния точно так же будут сдвинуты на один сектор. В итоге мы получаем точно такой же «квант СВЕТА», который зеркально получили в МАТЕРИИ, только он будет располагаться в другой плоскости, хотя их уже, вроде бы, у нас не должно быть.

С двумя новыми плоскостями мы можем согласиться: изначальная плоскость Пространства, принадлежит кванту МАТЕРИИ, а изначальная плоскость Времени – кванту СВЕТА и они далее оказываются для них неделимыми. Они возможно будут располагаться подобно двум ЭСН рисунка 21.

Мы уже не сможем назвать их плоскости Пространством и Временем, ибо их уже здесь, в изначальном состоянии, мы не предусматриваем. Это будут, назовём их как, Плоскость (Сфера) МАТЕРИИ и Плоскость (Сфера) СВЕТА, которые располагаются между собой взаимно-перпендикулярно и зеркально по структуре и, возможно, они могут иметь разные знаки состояния.

Теперь нам осталось соединить вместе ГСМ и ГСС и просмотреть динамику их совместных процессов.

## Глобальная структура Абсолюта

Мы вплотную подошли к окончательной структуре Абсолюта, которую мы назовём глобальной структурой Абсолюта (далее ГСА). Она должна соединить нам между собой изначальные кванты СВЕТА и МАТЕРИИ. Только как их соединить, ведь это соединение, из духовных знаний, должно быть только динамическим?

Духовные источники знаний утверждают, что соединения между двумя этими Квантами[5] пока нет и они «располагаются» на некотором «расстоянии» друг от друга, причём, оно постоянно сужается. Возможно их частичное взаимопроникновение друг в друга, но оно пока – неполное. Здесь прослеживается некоторая динамика сближения и взаимопроникновения друг в друга Квантов СВЕТА и МАТЕРИИ: от «противостояния» на некотором «расстоянии» до непосредственного и полного их единения. Вот, только как это отразить на обычном листке бумаги?

Давайте начнём с того, что мы имеем два изначальных абсолютных Кванта, которые пока мы можем разместить на некотором расстоянии друг от друга. Такое их размещение нам понятно. Мы даже можем через некий центральный круг, как в структуре Нави, попробовать соединить их между собой. Но этот центральный круг ЭСН тогда, точно так же, как и эти два Кванта, должен обладать динамическими характеристиками схождения своих параметров от максимальной бесконечности до полного их исчезновения в минимальной бесконечности. Только тогда мы получаем процесс динамического единения этих двух Квантов. Но синхронно центральному кругу, при его сужении, Кванты СВЕТА и МАТЕРИИ, наоборот, должны будут расширяться в своих параметрах.

К тому же, этим центральным кругом кто-то должен управлять или он должен иметь в себе некий внутренний закон «схождения-расхождения», о котором мы пока мало что знаем. Мы не можем только оставить закон схождения: если что-то сходится, то что-то обязательно должно расходиться, и

---

[5] Изначальные кванты МАТЕРИИ или СВЕТА мы обозначим с заглавной буквы, как Квант.

он касается этих Квантов. Они работают по своему закону «эволюции-инволюции», но синхронно с центральным кругом. Сейчас в нашей вселенной идёт процесс схождения Квантов СВЕТА и МАТЕРИИ, поэтому мы пока остановимся на нём.

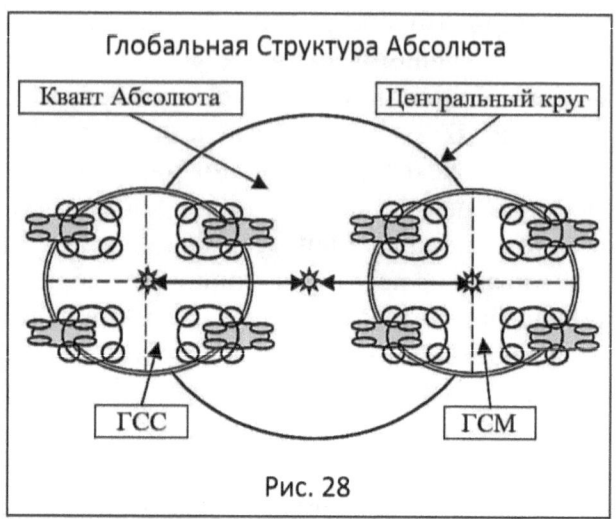

Рис. 28

Давайте теперь, когда нам в общем виде стала понятна структура ГСА, попытаемся её изобразить на рисунке 28. Мы не стали его сильно усложнять и оставили всего три основных круга: Квант СВЕТА (ГСС), Квант МАТЕРИИ (ГСМ) и центральный круг, который можно, наверное, назвать «Квантом Абсолюта». Динамика процесса формирования Трансцендента представляется нам здесь довольно сложной. Все три круга у нас оказываются взаимозависимыми и работающими синхронно друг с другом. Давайте разберём три основных положения в этом процессе схождения-расхождения относительно параметров центрального круга: большая бесконечность, середина, меньшая бесконечность.

Итак, *большая* бесконечность величин параметров центрального круга приводит нас к тому, что Кванты СВЕТА и МАТЕРИИ оказываются полностью разъединёнными и, практически, точечными, а сам Квант Абсолюта будет иметь свои наибольшие изначальные бесконечные параметры. Это можно назвать началом эволюции Трансцендента. Оба Кванта, синхронно, будут иметь бесконечно малые параметры. Далее по мере схождения и уменьшения параметров центрального круга, их параметры постоянно будут расти. Получается, что центральный круг отдаёт нечто этим квантам, позволяя им расширяться и даже сближаться за счёт уменьшения своих параметров.

Другая крайность состоит в том, что в конце концов центральный круг, как бы, полностью исчезает, достигая в величине своих параметрах меньшей бесконечности и соединяя центра двух Квантов в единой центральной точке. Это позволяет им полностью соединиться и стать единым свето-материальным «Квантом Трансцендента». Это будет означать окончание процесса эволюции. И здесь мы имеем то, что исчезнувший Квант Абсолюта полностью отдаёт все своё нечто этим двум Квантам, а сам исчезает, превращаясь в подобие «математической точки»: первый Абсолют переходит во второго Абсолюта, оставаясь им же.

Сейчас мы описали глобальный процесс эволюции Абсолюта. Конечно, мы подозреваем, что вполне может существовать обратный ей процесс: процесс его глобальной инволюции, когда Кванты СВЕТА и МАТЕРИИ снова будут расходиться между собой и передавать это нечто обратно центральному кругу, расширяя его и сужаясь сами в своих параметрах. Мы вполне предполагаем, что должна существовать вторая такая ГСА, которая может работать зеркально первой. Но мы не станем исследовать этот вариант, а то мы можем не понять процесса формирования и структурирования Мироздания.

Но, тем не менее, снова возникает философский вопрос: а зачем такие сложности и такие круговороты Трансцендентов внутри Абсолюта, ведь эти три круга Он сам и есть? Зачем ему внутри себя «гонятся» туда-сюда? Чтобы ответить на этот вопрос, нам нужно понять Истину Жизни Абсолюта, которая нам пока недоступна.

ГСА рисунка 28 показала нам процесс «погружения» СВЕТА в МАТЕРИЮ и даже обозначила обратный процесс, но не более того. Мы пока не знаем критериев перехода из процесса эволюции в инволюцию. Мы, люди, как самые передовые формы МАТЕРИИ, видим только своё положительное пространство и его Материю, которая разделена у нас на саму материю и её энергию, и видеть даже материальную энергию мы не можем. Это подтверждает нам отсутствие контакта между СВЕТОМ и МАТЕРИЕЙ, а то бы мы увидели Свет.

Мы видим только малую часть из всего материального трансцендента: его тела и формы в материи на 4-ом положительном пространственном планетарном уровне *бо*льшего Пространства. А мы замахнулись в своих знаниях до самого Абсолюта. Даже то, что мы уже получили ЭСН, ЭСМ, ПСА, ТСА, ГСМ, ГСС и даже ГСА – это уже очень замечательное достижение. Но это только начало. Эти структуры помогут нам познать не только материального трансцендента, но и себя, ибо мы и есть он, только на своём планетарном уровне. Познав его, мы познаем себя!

Давайте пока остановимся на этой ГСА (рисунок 28) и оставим эту глобальную структуру такой, какой изобразили, для уточнения «механизмов» формирования и расформирования планетарных систем и самого Трансцендента.

Ранее, мы натолкнулись на мысль о матрице ЕСН (таблица 2), и не попытаться ли нам продолжить свои исследования Мироздания, переведя полученные структуры в матричное их выражение?

Давайте продолжим далее своё исследование уже в этом матричном ракурсе.

# Глава V.    Пространственно-временная    Матрица Мироздания

Мы вроде бы уже закрыли тему полной структуры Нави ПСНПр планетарного уровня (рисунок 22) и даже добрались до ГСМ, ГСС и ГСА, но совершенно неожиданно возникло новое знание, которое вернуло нас немного назад к модели ПСНПр. Как оказалось, мы ещё не совсем полностью определились с её структурой и остановились в своём исследовании где-то на полпути.

ПСНПр, по своей внутренней структуре, возможно, оказалась у нас на рисунке 22 не совсем верной или не совсем правильно отображённой, где мы её могли незначительно исказить. Нам далее предстоит это искажение в ней найти и более точно определиться сначала с её внутренними ЕСН, а затем и с самой моделью ПСНПр. Это в будущем позволит нам верно вычислить круговороты частиц внутри них.

Точно такая же картина обстоит и с другой полной структурой Нави ПСНВр (рисунок 23). Она также нами оказалась не до конца понятой и, точно так же, имеющей своё продолжение в круговоротах своих частиц Времени. Это понимание недосказанности в структурах пришло к нам тогда, когда мы попытались соединить их между собой, чтобы понять, как они взаимодействует внутри МАТЕРИИ. Возникло нечто большее их структуры, что подсказало нам возможное несовершенство структур ПСНПр и ПСНВр, которое нам необходимо проверить.

Они обе оказались, как её основные части, задействованными в некой большей структуре планетарного уровня, где и возникли сомнения относительно их точности. Для того, чтобы это понять и проверить, нам необходимо снова вернуться к ЕСН и более внимательно её исследовать.

*Фазирование матрицы ЕСН в ПСНПр*

Давайте снова вернёмся к рассмотрению модели ПСНПр рисунка 22. На нём мы видим две ЕСН Пространства разной полярности: +S и −S, которые мы посчитали основными для неё. В структуре ПСНПр должны обязательно присутствовать сектора Времени разной полярности; они здесь есть, только мы скрыли их за Пространством ЕСН. Сектора Времени получились у нас как проекции на их Пространство. Поэтому мы их, как бы, исключили из Простарнства и назвали эту структуру ПСНПр, как принадлежащую *бо*льшему Пространству.

Видимо, мы зря объединили по две ЭСН каждого полукруга в структуры ЕСН, обозначив их как принадлежащих Пространству. Нам не нужно было этого делать и необходимо было оставить сектора Времени и признать их также основными. Тогда мы получаем четыре разных сектора и четыре ЭСН (+S, –T, –S, +T), которые составляют единую ПСНПр (рисунок 22). Дело в том, что мы ранее их объединили в две ЕСН для того, чтобы описать динамику процесса формирования, так как их внутренние ЭСН, как мы предполагаем, работают попарно.

Теперь нам необходимо уточнить, как их правильно, в какой последовательности пространства и времени и с какими знаками состояния расположить внутри ПСНПр. Мы должны это уточнить. Давайте, на этой основе, снова исследуем ЕСН

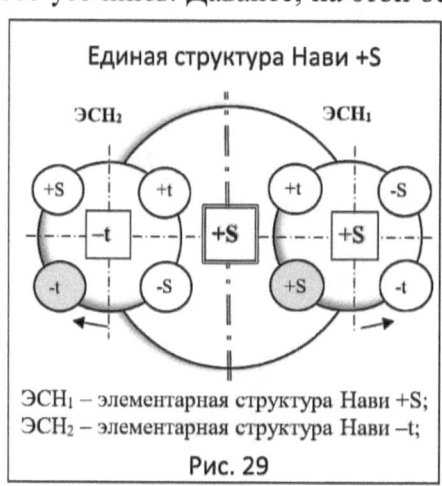

ЭСН₁ – элементарная структура Нави +S;
ЭСН₂ – элементарная структура Нави –t;

**Рис. 29**

и для этого заново изобразим её на рисунке 29, где мы пока показали только одну ЕСН положительного Пространства +S. Именно на ней мы рассмотрим взаимодействие между её двумя внутренними ЭСН.

Конечно, ЕСН должна иметь структуру подобную структуре, изображённой на рисунке 21. Здесь мы, для большей наглядности взаимодействия между ними, развернули их в плоскости рисунка, связав их между собой неким центральным кругом.

Он символически показывает нам их взаимодействие. Это сделано для того, чтобы нам было проще её исследовать.

На рисунке 29 мы разместили две ЭСН, одна их которых располагается в Пространстве +S (ЭСН$_1$), другая (ЭСН$_2$) – во внутреннем времени –t этого Пространства. В дополнение к самому рисунку, мы составили для неё в пространственно-временную матрицу, чего ранее не делали. Она отображена в отдельной таблице 3. Здесь, сектор матрицы +S, отмеченный серым фоном и имеющий выделенную границу, является начальной фазой состояния этой ЕСН. Естественно, эта начальная фаза ЕСН+S формирует Пространство S с разными знаками состояний и далее его внутреннее время t, также с разными знаками состояний. Их отношение S/t=C, где C – величина скорости света [1]. Мы пока оставим это так и уточним их значения позднее.

Таблица 3

| Матрица ЕСН+S: | | | | | |
|---|---|---|---|---|---|
| +S | -t | -S | +t | ЭСН$_1$ | ЕСН+S |
| -t | +S | +t | -S | ЭСН$_2$ | |

Далее, мы попытались соединить матрицы двух ЭСН в одной матрице ЕСН+S. Первая строчка матрицы у нас сложилась при последовательном расположении секторов ЭСН$_1$. Вторая строчка матрицы образовалась соответственно ЭСН$_2$. Она оказалась сдвинутой относительно ЭСН$_1$ по фазе состояния на $90^0$, поэтому она начинается с –t. Это довольно занимательное начало, которое может нас привести к некоей «Матрице Миров Мироздания».

Мы получаем здесь интересную картину: эти две строчки матрицы составляют ровно половину от четырёх ЭСН в ПСНПр, которые можно было бы расположить вертикально сверху внизу в этой матрице. Например, первый вертикальный столбик матрицы состоит из элементов +S и –t. Их можно считать двумя секторами новой «вертикальной» ЭСН и если к ним далее вниз добавить два сектора –S и +t, то тогда мы её и получим. Таким образом, эту матрицу таблицы 3 можно достроить с двух до четырёх строчек и получить полную матрицу ПСНПр.

Составляя новую четырёх строчную матрицу так, как мы описали выше, и дополняя её новыми строчками ЭСН, мы можем получить начальную фазу состояния второй ЕСН. Давайте такую попытку осуществим через таблицу 4, составив в ней полную матрицу для двух ЕСН ПСНПр.

Таблица 4

| Матрица ПСНПр | | | | | |
|---|---|---|---|---|---|
| +S | -t | -S | +t | ЭСН₁ | ЕСН₁ |
| -t | +S | +t | -S | ЭСН₂ | |
| -S | +t | +S | -t | ЭСН₃ | ЕСН₂ |
| +t | -S | -t | +S | ЭСН₄ | |
| ЭСН₁ | ЭСН₂ | ЭСН₃ | ЭСН₄ | | |
| ЕСН₁ | | ЕСН₂ | | | |

Мы ранее для исследования матрицы ЕСН таблицы 3 взяли только одну ЕСН+S, но у нас в левом полукруге ПСНПр рисунка 22 остаётся ещё одна ЕСН–S. Будет ли она той ЕСН, которая дополнит матрицу таблицы 3? Если первая из них имеет начальную фазу состояния +S, то какую начальную фазу состояния будет иметь в этой матрице ПСНПр левая ЕСН?

В таблице 4 мы дополнили ячейки и получили матрицу для двух пространственных разнополярных ЕСН, ячейки которой обозначены прямоугольником с двойной линией. Она получилась полностью симметричной по горизонтали и по вертикали, что косвенно доказывает нашу правоту. Практически, она оказывается полностью скомпенсированной и дающей в своём итоге «ноль» как по строкам и столбцам, так и по самой матрице. Это косвенно доказывает её верность.

Второй ЕСН в правом полукруге ПСНПр должна быть, как отображено на рисунке 22, ЕСН–S отрицательного Пространства. Мы уже переименовали матрицу таблицы 4 и назвали её как «Матрица ПСНПр». Она действительно объединила в себе две пространственных ЕСН ПСНПр. Рисунок 22 и матрица таблицы 4 оказались у нас верными, и мы пока оставим их таковыми.

## *Описание пространственной матрицы*

Итак, в таблице 4 мы получили плоскостную пространственную матрицу, состоящую из двух пространственных ЕСН. Она доказала нам верность модели ПСНПр рисунка 22 только в её пространственной плоскости. Давайте более подробно разберём её свойства.

Эта матрица с количеством ячеек «4×4» дала нам ещё один интересный результат: по двум её диагоналям мы имеем одну и ту же одинаковую фазу состояния. Это говорит нам о последовательном перемещении начальной и конечной фаз состояния, что также указывает нам на правильность построения матрицы.

Кроме этого, идёт чередование направления вращения ЭСН. На это указывает, например, разная полярность времени после пространственного сектора: +S/–t – одно направление вращения; +S/+t – другое направление вращения, противоположное первому. Теперь нам осталось попытаться определить размерность матрицы таблицы 4.

Итак, эта матрица имеет в себе 4-е строчные матрицы ЭСН, размерность которой нам и предстоит определить. Пространственно-временная размерность в ней будет для всех ячеек одинаковой, а вот угловая размерность их фазы состояния будет разной. Она указана нами на рисунке 29 и измеряется градусами. Давайте попробуем изобразить матрицу таблицы 4 с этой угловой размерностью, для чего составим таблицу 5.

Таблица 5

| Матрица ПСНПр | | | |
|---|---|---|---|
| | $0^0$ | $90^0$ | $180^0$ | $270^0$ |
| $0^0$ | +S | -t | -S | +t |
| $90^0$ | -t | +S | +t | -S |
| $180^0$ | -S | +t | +S | -t |
| $270^0$ | +t | -S | -t | +S |

Как мы видим в таблице 5 все сектора матрицы обозначены через угловые величины. Они означают начальную фазу столбца или строки и делятся на вертикальные и горизонтальные. Если вертикальные величины относятся к центральному кругу ПСНПр рисунка 22, то горизонтальные – к большому кругу каждой ЭСН. Естественно, протяжённость угловой размерности для ЭСН в матрице получается для каждой ячейки равной $90^0$.

Мы можем рассматривать матрицу симметричной как по вертикали, так и по горизонтали. Мы её ранее рассмотрели, как четыре горизонтальные ЭСН, соединённые вертикально в центральном круге ПСНПр, но мы можем её рассмотреть и как четыре вертикальные ЭСН, соединённые горизонтально в центральном круге ПСНПр. И так, и так будет верно.

А вот угловая скорость в матрице будет разной: в центральном круге ЭСН она будет одной, а в центральном круге ПСНПр – другой.

Мы может попытаться определить отношение в угловых скоростях между центральным и бо́льшим кругами. Давайте предположим, что если угловая скорость в ЭСН будет равна $\omega_э$, то тогда угловая скорость в ПСНПр $\omega_п$ должна быть, как минимум, в четыре раза ниже: $\omega_п=4\omega_э$, если ЭСН формируются последовательно, или $\omega_п=\omega_э$, если – параллельно (?). Мы не будем далее вникать в этот вопрос и оставим пока такими предположения о размерности матрицы таблицы 5.

Имея отношение между пространством и временем в этой матрице, мы вполне может представить её полностью через пространственные значения. Давайте для этого составим новую матрицу, где время заменим на пространство. Тогда она у нас станет полностью пространственной, а угловые величины выразим через $\pi$.

Таблица 6

| Матрица ПСНПр | | | |
|---|---|---|---|
| | 0 | $\pi/2$ | $\pi$ | $3\pi/2$ |
| 0 | +S | -S/C | -S | ±S/C |
| $\pi/2$ | -S/C | +S | ±S/C | -S |
| $\pi$ | -S | ±S/C | +S | -S/C |
| $3\pi/2$ | ±S/C | -S | -S/C | +S |

Матрица таблицы 6 полностью переведена нами в пространственную плоскость. Мы вполне уже можем найти для неё формулу, но не будем этого делать. Точно такую же матрицу мы можем составить для двух ЕСН Времени. Мы сделаем это несколько позднее.

## *Объединённая структура Нави*

Давайте вернёмся к пространственной матрице таблицы 4 и исследуем её в плане единой структуры. Итак, она имеет равное количество ячеек, как по горизонтали, так и по вертикали, 4×4. Мы здесь имеем четыре разных по начальной фазе состояния ЭСН, которые объединяются в этой матрице в единую структуру. А какая структура содержит в себе четыре разных по начальной фазе состояния ЭСН?

Она будет подобной элементарной структуре Мирра (рисунок 5). Мы в этой пространственной матрице (таблица 4) получаем подобную ей структуру, только она будет иметь фазы состояния ЭСН в градусах, а не в величине скорости света, как в ЭСМ. Мы, всё же, не будем переходить к названию «элементарная структура Мирра» (ЭСМ), которая связывает между собой планетарные уровни, а назовём её как «объединённая структура Нави» (ОСН), которая связывает нам структуры разных секторов внутри планетарного уровня.

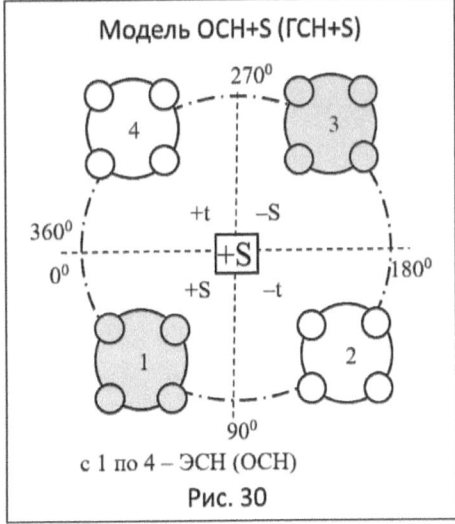

**Модель ОСН+S (ГСН+S)**

с 1 по 4 – ЭСН (ОСН)

Рис. 30

Давайте её изобразим заново на рисунке 30. Здесь мы её представили отдельными ЭСН, а не через ЕСН. Это позволило нам получить четыре сектора в ОСН, в отличие от двух секторов в ЕСН. Эта модель ОСН более полно раскрывает нам истину внутренней структуры ПСНПр. Пока мы оставим ОСН такой.

Теперь мы попытаемся понять, какая матрица будет соответствовать ОСН. Она в точности соответствует ПСНПр рисунка 22. Получается, что модель ПСНПр будет полностью соответствовать матрице ОСН. Если это так, то тогда мы

110

можем заменить всю матрицу таблицы 4 одной ячейкой **OCH+S** (таблица 7).

Таблица 7

| Матрица OCH+S | | | | | | |
|---|---|---|---|---|---|---|
| $0^0$ | $ЭCH_1$ | +S | -t | -S | +t | | |
| $90^0$ | $ЭCH_2$ | -t | +S | +t | -S | **=** | **OCH+S** |
| $180^0$ | $ЭCH_3$ | -S | +t | +S | -t | | |
| $270^0$ | $ЭCH_4$ | +t | -S | -t | +S | | |

Итак, в таблице 7 мы видим, как четыре ЭСН с разной начальной фазой состояния являются тождественными одной ОСН. Её начальную фазу мы определяем первой ячейкой ЭСН в матрице, которая у нас обозначена серым фоном. Весь рисунок 30 у нас вместился в одну ячейку матрицы OCH+S.

## Матрица глобальной структуры Нави

Мы пока получили только ОСН положительного Пространства +S. Чтобы составить матрицу планетарной глобальной структуры Нави для одного планетарного уровня (далее ГСН) нам нужно определиться с её остальными секторами (–S, +Т, –Т). Естественно, матрица отрицательного Пространства должна начинаться с начальной фазы состояния –S. Давайте её отразим в таблице 8. В ней мы видим полное соответствие с таблицей 7, только знаки Пространства здесь поменялись между собой местами. Более никаких отличий в матрицах между ними нет. Здесь имеют место точно такие же четыре ЭСН, которые объединяются в одну ОСН.

Таблица 8

| Матрица OCH–S | | | | | |
|---|---|---|---|---|---|
| -S | +t | +S | -t | | |
| +t | -S | -t | +S | **=** | **OCH–S** |
| +S | -t | -S | +t | | |
| -t | +S | +t | -S | | |

Теперь необходимо будет составить точно такую же матрицу для секторов Времени ПСНВр (рисунок 23). Первым из них будет сектор положительного Времени +Т. Давайте попробуем уложить эту матрицу в таблицу 9. Вот здесь мы, как раз, получаем матрицу Времени, которую ранее обещали получить позднее. Она выглядит так, как показана в таблице 9.

Таблица 9

| Матрица ОСН+Т | | | | | |
|---|---|---|---|---|---|
| +T | -s | -T | +s | = | ОСН+Т |
| -s | +T | +s | -T | | |
| -T | +s | +T | -s | | |
| +s | -T | -s | +T | | |

Матрица положительного Времени сдвинута относительно матрицы Пространства на $90^0$, что делает её зеркальной ей, как и должно быть. По горизонтали она оказалась структурно подобной матрице ОСН+S таблицы 7. Нам осталось составить только матрицу для отрицательного Времени –Т, которую нам уже легко себе представить.

Давайте покажем её в таблице 10. Она будет в точности соответствовать матрице положительного Времени, только её начальная фаза состояния будет отрицательной. Эта матрица будет последней для построения ГСН.

Таблица 10

| Матрица ОСН–Т | | | | | |
|---|---|---|---|---|---|
| -T | +s | +T | -s | = | ОСН–Т |
| +s | -T | -s | +T | | |
| +T | -s | -T | +s | | |
| -s | +T | +s | -T | | |

Таким образом, мы получили матрицы всех четырёх секторов ОСН будущей ГСН. Мы здесь пока не будем определяться с составом материй, которые будут сопровождать пространственно-временные параметры этих матриц. Мы пока пытаемся создать только их пространственно-временные структуры и не более того.

Итак, некая новая матрица ГСН, которая уже явно возникает на нашем горизонте, оказывается разбитой на четыре разнополярных плоскостных сектора ОСН с разными начальными фазами состояний. Нам осталось только объединить их все вместе и посмотреть, что у нас из этого получится?

Давайте попытаемся составить матрицу ГСН, основанную на четырёх матрицах ОСН, описанных нами ранее в таблицах 7-10, и соберём их в единую матрицу таблицы 11, расставив их там в соответствии с начальными фазами их состояний.

| Матрица ГСН+S | | | | | | | | | | |
|---|---|---|---|---|---|---|---|---|---|---|
| +S | -t | -S | +t | +T | -s | -T | +s | | OCH +S | OCH +T |
| -t | +S | +t | -S | -s | +T | +s | -T | | | |
| -S | +t | +S | -t | -T | +s | +T | -s | | | |
| +t | -S | -t | +S | +s | -T | -s | +T | = | | |
| -T | +s | +T | -s | -S | +t | +S | -t | | OCH -T | OCH -S |
| +s | -T | -s | +T | +t | -S | -t | +S | | | |
| +T | -s | -T | +s | +S | -t | -S | +t | | | |
| -s | +T | +s | -T | -t | +S | +t | -S | | | |

Итак, в правой части таблицы 11 мы видим четыре ОСН чередующихся между собой по начальной фазе состояния. Мы расставили и чередовали ОСН так, как они должны быть расположенными в ЭСН. В этом случае, эта новая матрица снова приводит нас к рисунку 30. От чего ушли, к тому же и пришли, только на более высоком пространственно-временном уровне. Мы уже получили матрицу ГСН+S с параметрами ячеек «8×8».

Здесь мы опять можем сказать, что начальной фазой ГСН будет *бо*льшее положительно Пространство+S и всё опять можно начинать сначала, но мы этого делать далее не будем. Мы допустим, что эта ГСН является самой *бо*льшей структурой планетарного уровня, самого *бо*льшего Пространства, а то мы так вершину структуры планетарного уровня и не найдём, ибо она будет бесконечной, каковой и является. Но нам придётся сделать главное допущение, что структура рисунка 30 и матрица ГСН таблицы 11 являются высшей структурой Нави для любого планетарного уровня.

Итак, мы уточнили структуру ПСНПр рисунка 22 и ПСНВр рисунка 23, превратив их в единую ГСН рисунка 30 и даже представили их в матричном исполнении. Матричная ГСН+S теперь получилась у нас более правдоподобной, но это ещё не окончательная матрица и не последняя структура Мироздания. Эта структура описывает нам только ГСН внутри планетарного уровня и, тем более, только пространственного и не более того. Мы её ещё не разделяли по свойствам МАТЕРИИ: Материи и Антиматерии.

Матрица ГСН+S объединила в себе две структуры: ПСНПр рисунка 22 (+S, –S) и ПСНВр рисунка 23 (+T, –T). Мы получили здесь четыре ОСН (+S, –S, +T, –T).

### *«Мистерия» Матрицы Мироздания*

Матрица ГСН+S, которую мы допустили как высшую структуру планетарного уровня, дала нам новые знания. Она, как мы указали, действует в пределах верхней границы параметров планетарного уровня. Ранее мы определили 8-емь планетарных уровней, которые зафиксировали в полной структуре Мирра рисунка 10. Каждому из этих восьми уровней будет соответствовать своя матрица ГСН со своим номером планетарного уровня. Их всего у нас в одном трансценденте получается восемь. Мы пока предполагаем, что их структуры, всё же, будут полностью тождественными, но начинаться они будут с разных начальных фаз состояния ГСН.

Матрица более высокого планетарного уровня будет вбирать в себя все матрицы нижних уровней. Отсюда мы получаем, что в матрице трансцендента будут содержаться матрицы всех низших для него планетарных уровней. Он будет у нас самым сложным по структуре матрицы.

Тогда у нас получается, как бы, восемь разноуровневых ГСП в одном трансценденте ЕСМ, причём, четыре из них будут принадлежать *большему* Пространству, а четыре других – *большему* Времени ПСМПр рисунка 10. Их пространственно-временные параметры, естественно, будут разными.

Давайте возьмём для примера наш земной 4-ый материальный планетарный уровень. Мы его ранее определили, как пространственный уровень с положительным знаком Пространства [1]. Матрица ГСН+S таблицы 11 должна полностью ему соответствовать. А теперь какими параметрами будут обладать самые меньшие ячейки этой матрицы и сама ГСН, если мы имеем уже конкретный планетарный уровень?

Этот планетарный уровень состоит их атомов 2-го планетарного уровня, размер которых нам более-менее известен. Они и будут пространственно-временными параметрами самых меньших ячеек этой матрицы. Большая ячейка подразумевается только одна, подобная рисунку 30 и правой части матрицы ГСН+S таблицы 11. Её параметры должны быть больше параметров меньших ячеек на квадрат величины скорости света $C^2$ [1]. Сколько тогда в такую огромную ячейку войдёт меньших ячеек матрицы?

Мы не будем высчитывать их количество, ибо нам и так понятно, что их будет достаточно, чтобы сотворить наш мир солнечной системы. Тем более, что матрица ГСН+S будет, явно, не плоская, как мы показали её в таблице 11, а многомерная. Это значительно увеличивает количество меньших ячеек матрицы.

Здесь можно сделать вывод: «сеть» меньших ячеек ГСН+S 4-го планетарного уровня опутывает всю солнечную систему от её центра, как меньшей её бесконечности (атома) до её границы, как большей её бесконечности. Наполняя определённые ячейки матрицы материей или энергией, можно сотворить любое материальное и нематериальное тело и даже целую планетарную систему.

Матрицу ГСН можно символически сравнить с матрицей современных экранов компьютеров. Ячейки матрицы экрана монитора, которых относительно небольшое количество, позволяют нам наблюдать в плоскости экрана движущиеся цветные изображения довольно высокого качества. Это изображение становится возможным через компьютерное управление ячейками матрицы экрана, которое или включает, или выключает определённые её ячейки, наполняя их энергией и создавая изображение.

Точно так же, меньшие ячейки матрицы ГСН или включаются, или выключаются, например, образуя наш мир. Включение мы здесь подразумеваем, как внутреннее наполнение ячеек структуры или материей пространства, или её энергией времени. Мы можем, например, наполнить только ячейки положительного пространства материей и создать нужную материальную форму положительного пространства.

А если, к ним добавить ещё ячейки положительного времени и наполнить их энергией Материи, то мы получим уже двойную разумно-материальную форму, например, разумного человека.

Если в компьютере мы используем двоичную систему исчисления, то ЭСН позволяет нам получить четверичную систему исчисления и более, что значительно усложняет нам понимание работы матрицы ГСН. Она у нас получается многомерной, а не плоской, как на наших рисунках.

Но далее становится ещё интереснее: если одинарная ячейка матрицы ЭСН будет определяться нами как $2^0$, то ЕСН рисунка 29 уже будет содержать в себе $2^1$ ячеек, ОСН – $2^2$. В таблице 11 матрицы ГСН мы уже видим по восемь ячеек в строке и получаем её размерность $2^3$.

Можно предположить, что мы получаем двоичную геометрическую прогрессию параметров ячеек внутри матрицы. Если принять ячейку $2^0$ как единичную по параметрам = 1, то в своём конечном варианте эта геометрическая прогрессия должна приблизиться по своей величине к квадрату скорости света $C^2$, ибо далее уже начинается более высокий по параметрам планетарный уровень, начальная фаза которого уже будет другой.

## Кто управляет миром?

Теперь остался, наверное, самый главный вопрос, а кто управляет, например, матрицей ГСН, её наполнением? Если экраном компьютера управляет программа, которую он выполняет и которую создал человек, то кто управляет сотворением миров посредством этой матрицы?

Если мы утверждаем, что все матрицы ГСН на любом планетарном уровне оказываются полностью тождественными, но имеющими только разные пространственно-временные параметры, то все миры у нас должны получиться тождественными. Здесь нужно учитывать, что ячейки, например, 2-го атомного уровня у нас будут гораздо меньших размеров (в $C^2$ раз), чем 4-го уровня. Естественно, они полностью войдёт в структуру 4-го уровня и их количество тогда будет во столько же раз больше.

Мы, в конечном итоге, получаем многомерную матрицу ГСН мироздания на каждом планетарном уровне, подобную таблице 11. Каждый последующий планетарный уровень вбирает в себя предыдущую ГСН. Тогда получается, что нулевой планетарный уровень [1] будет меньшей матрицей для всего мироздания, ибо он будет иметь самые минимальные по своим параметрам ячейки. Через его матрицу ГСН можно легко провести любое изменение в структурах Мироздания.

Но мы всё ещё не ответили на вопрос, а кто же управляет этой Матрицей Мироздания? Матрица Мироздания – это и есть сам Всевышний, который может при помощи её сотворить любой мир. Матрица – это не просто ячейки, а сознательная структура, которая во всей своей «массе» и есть полное Всевышнее Сознание. Мы конечно, очень сильно замахнулись на Всевышнего, но кто кроме него может творить миры?

Говоря о сознании человека, мы подразумеваем именно сознательность структур его формы и разума. В своём бо́льшем сознании он может осознавать всю структуру Мироздания, но для этого ему придётся сознательно соединиться со Всевышней Структурой, что мы ещё не умеем делать. Мы осознаём в Мироздании только то, что мы в себе открыли своим разумом и каким типом измерения обладает наше сознание? Чем более тонкая структура будет им использоваться, тем более сознательным будет человек.

Получается, что разум человека управляет его структурой, матрицей: чем более он сознателен, тем в бо́льших параметрах матрицы он это может осуществлять. Мы не будем далее философствовать в этом направлении, а то мы уйдём от своего главного вопроса об управлении Матрицей Мироздания.

Итак, если человек через свой разум может становиться всё более сознательным, что позволяет ему управлять своей индивидуальной матрицей, то Всевышний, обладающий Всемогуществом, Истиной и всем Знанием. Он точно знает, как это осуществлять.

Мы пришли к тому, что, всё же, должен существовать некий Всевышний, который осуществляет всё управление Матрицей Мироздания. Всё, что находится внутри матрицы и даже человек, управляется только Им! Случайности в нашем мире полностью исключены, ибо, обладая Истиной, Всезнанием и Всемогуществом, Всевышний никогда не ошибается и случайностей допустить не может!

Исключить Всевышнего из Матрицы Мироздания мы никак не можем, это как исключить человека, создающего компьютерные программы для управления матрицей экрана компьютера. Но и здесь получается довольно интересная картина: ведь компьютерные программы создаёт уже не сам человек, а через него создаёт их для нас сам Всевышний. Мы все – только малые части его Трансцендентной Матрицы Мироздания (далее ТММ), которой только Он один обладает и управляет. Все остальные элементы Матрицы – пока скрыто подчинены Ему и не могут произвести никакого действия без Его согласия. Даже не согласия, а Его же действия через нас, как Его исполнительного инструментария.

Уберите из человека душу, как частицу Сознания Всевышнего, и он тут же превратиться в прах. В этом даже нет никакого сомнения и доказывать это не имеет никакого смысла, ибо душа нашему пространственному миру не принадлежит и не имеет в себе ни пространства, ни времени, ни материи, ни энергии. Она и есть, возможно, сама «чистая» сознательная структура, которая эволюционируя в Материи, постепенно раскрывает в ней всё более тонкие структуры: минеральные, растительные, животные, человеческие и т.д.

### *Всемирная Матрица МАТЕРИИ*

Мы в плотную подошли к Всемирной Матрице МАТЕРИИ (далее ВММ). Часть её у нас уже показана: это матрица ГСН таблицы 11 и можно сказать, что она имеет начальную фазу состояния +S. Значит, должны ещё существовать другие матрицы ГСН с другими начальными фазами состояний. Если обратиться к рисунку 10, то одна ГСН является не чем иным, как одной из шестнадцати ЭСН в ПСМ. Тогда мы можем легко определиться с ВММ, если выстроим её в соответствие с ПСМ рисунка 10, объединив в ней между собой структуры Нави и Мирра.

Итак, сектор положительного Пространства ПСМ+S может быть обеспечен четырьмя ГСН таблицы 11, но с разными начальными фазами состояний. Мы их расставим так, как они показаны на рисунке 10. В соответствие с ним, далее у нас возникает сектор положительного Времени, который легко построить, если сделать начальной фазой +Т. То же самое можно проделать с остальными секторами ПСМ. Давайте представим её в виде Глобальной Матрицы Материи (далее ГММ) в таблице 12.

Таблица 12

| Глобальная Матрица Материи | | | | | | | |
|---|---|---|---|---|---|---|---|
| ГСН4 –Т | ГСН5 –S | ГСН6 +Т | ГСН7 +S | | ЭСМ –Т | | ЕСМ –S |
| ГСН4 –S | ГСН3 –Т | ГСН2 +S | ГСН1 +Т | = | ЭСМ –S | = | |
| ГСН4 +Т | ГСН5 +S | ГСН6 –Т | ГСН7 –S | | ЭСМ +Т | | ЕСМ +S |
| ГСН4 +S | ГСН3 +Т | ГСН2 –S | ГСН1 –Т | | ЭСМ +S | | |

Матриц ГСН в этой таблице имеется в количестве 16 шт., что полностью соответствует ПСМ рисунка 10. Они у нас складываются по четыре ЭСМ, которые располагаются в разных пространственно-временных секторах. Здесь мы не стали разносить знаки Пространства и Времени в разные половинки таблицы. Это подсказали нам сделать диагонали матрицы таблицы 12 (+S, –Т).

На самом деле, это не так важно. Их знаки скорее говорят о направлении вращения структур Нави и не более того. Мы сделали их такими, как представляли в матрицах ранее. Это несколько упростит понимание работы ГММ. В конечном итоге у нас получилось две разнополярные ЕСМ Пространства. Мы, всё-таки, обозначили их пространственными, потому что они имеют отношение к Материи. Эту ГММ мы обозначили как структуру пространственной Материи, которая напрямую связана с большим Пространством. Обе ЕСМ Пространства будет материальными и даже полностью тождественными, как два

119

электрона, один из которых повёрнут на $360^0$. Но если мы получили пока только две ЕСМ Пространства, то в соответствие с рисунком 26 мы должны иметь ещё одну матрицу, которая должна будет принадлежать?

Мы сейчас описали ГММ 4×4, и она полностью принадлежит Пространству. Но у МАТЕРИИ ещё есть большее Время, которое пока у нас выпало из поля зрения. Ранее мы МАТЕРИЮ поделили на саму Материю Пространства и её Антиматерию Времени. Если матрица таблицы 12 описывает нам пространственную Материю, то кто или что опишет нам Время? Естественно, две её ЕСМ должны будут иметь разнополярное Время. Тогда мы можем их будущую матрицу назвать как глобальная матрица Антиматерии (далее ГМАм). Давайте такую ГМАм обозначим в таблице 13.

Таблица 13

| Глобальная Матрица Антиматерии | | | | | | | |
|---|---|---|---|---|---|---|---|
| ГСН4 –S | ГСН5 –T | ГСН6 +S | ГСН7 +T | | ЭСМ –S | | ЕСМ –T |
| ГСН4 –T | ГСН3 –S | ГСН2 +T | ГСН1 +S | = | ЭСМ –T | = | |
| ГСН4 +S | ГСН5 +T | ГСН6 –S | ГСН7 –T | | ЭСМ +S | | ЕСМ +T |
| ГСН4 +T | ГСН3 +S | ГСН2 –T | ГСН1 –S | | ЭСМ +T | | |

ГМАм у нас получилась аналогичной ГММ, только её начальная фаза состояния сдвинута на $90^0$. На ней мы получили недостающие ЕСМ отрицательного и положительного Времени, которые мы отнесли к Антиматерии.

Если, по аналогии с МАТЕРИЕЙ, соединить Материю (+1) с Антиматерией (−1), то мы получим процесс аннигиляции, который даст нам изначальную МАТЕРИЮ, т.е. «0» [2]. Мы эти две матрицы обязательно соединим, но разведём в Пространстве и во Времени, чтобы аннигиляции не случилось. Давайте теперь объединим их в таблице 14.

Итак, мы имеем две матрицы и четыре ЕСМ, которые можно объединить в единую Всемирную Матрицу МАТЕРИИ. Она оказалась у нас очень простой, но тем не

Таблица 14

| Всемирная Матрица МАТЕРИИ | | | | | | | | | |
|---|---|---|---|---|---|---|---|---|---|
| ECM +S | ECM +T | = | ГСН4 +S | ГСН3 +T | ГСН2 −S | ГСН1 −T | ГСН4 +T | ГСН3 +S | ГСН2 −T | ГСН1 −S |
| | | | ГСН4 +T | ГСН5 +S | ГСН6 −T | ГСН7 −S | ГСН4 +S | ГСН5 +T | ГСН6 −S | ГСН7 −T |
| ECM −S | ECM −T | | ГСН4 −S | ГСН3 −T | ГСН2 +S | ГСН1 +T | ГСН4 −T | ГСН3 −S | ГСН2 +T | ГСН1 +S |
| | | | ГСН4 −T | ГСН5 −S | ГСН6 +T | ГСН7 +S | ГСН4 −S | ГСН5 −T | ГСН6 +S | ГСН7 +T |

$\rightarrow$

менее достойной своего названия. Здесь мы уже приходим к ранее составленной нами трансцендентной структуре Абсолюта (ТСА), которая полностью соответствует рисунку 20.

Матрица таблицы 14 показывает нам очень интересную картину: мы случайно не стали убирать номера планетарных уровней в ГСН. Они нам показали достоверность ранних наших предположений о тождественности планетарных уровней, которую мы описали в таблице 1. Например, мы получаем в ВММ 4 ГСН 4-ого планетарного уровня; по 4-е ГСН 5 и 3, 6 и 2, 7 и 1. Они в матрице, так же, получаются тождественными планетарными уровнями, как мы предполагали ранее. Они у нас все стоят в одинаковых колонках таблицы 14.

Матрица МАТЕРИИ получается размерностью 4×8, что явно требует ещё точно такую же матрицу для достижения её равносторонней размерности 8×8, только чего?

### *Всемирная Матрица СВЕТА*

Ранее нам удалось добраться в своём исследовании до ГСС (рисунок 27). Может быть, это и будет недостающая Матрица СВЕТА 4×8? Тем более, что у нас уже есть её пространственно-временная структура, которая отображена на рисунке 27. Давайте воспользуемся ей и попробуем составить на её основе «Всемирную Матрицу СВЕТА» (далее ВМС), подобную «Всемирной Матрице МАТЕРИИ».

Если ранее, при составлении матрицы МАТЕРИИ, мы начинали с матрицы ОСН+S, то эта матрица останется такой же, один к одному, и для матрицы СВЕТА. Здесь мы ничего нового не получим и оставим её точно такой же для него. Остальные матрицы ОСН для других секторов ГСС останутся такими же, как и для матриц ОСН МАТЕРИИ.

Мы определились с четырьмя ОСН СВЕТА и теперь можем пойти далее них. Они будут располагаться, естественно, в *больших* матрицах ГСН (таблица 12) аналогично ранее описанным матрицам ГСН МАТЕРИИ. Они все между собою будут полностью тождественными.

Здесь даже пока рано говорить о зеркальном смещении начальной фазы состояния матриц СВЕТА, ведь мы ещё не стали их объединять с матрицами МАТЕРИИ. Только в момент их объединения нам придётся столкнуться и определяться с их начальными фазами состояний. Мы даже ранее специально не стали связывать матрицы структур Нави с МАТЕРИЕЙ и СВЕТОМ. Они у нас пока будут связанными между собой только через пространственно-временные параметры. Все матрицы структур Нави и Мирра – это универсальные матрицы. Они подходят и под структуры МАТЕРИИ, и под структуры СВЕТА. Все их структуры и матрицы будут тождественными, но зеркальными относительно друг друга.

В таблицах 12-14 мы уже непосредственно перешли к матрицам Материи, Антиматерии и самой изначальной МАТЕРИИ, как второй основе всего Мироздания. Теперь нам необходимо получить точно такие же матрицы только уже для первой основы Мироздания: самого СВЕТА и его составляющих: Света и Тьмы. Тут же возникает вопрос, а какая начальная фаза структур СВЕТА будет соответствовать зеркальному отражению структур МАТЕРИИ ВММ?

Мы здесь не будем заморачиваться и легко, косвенно, определим эту начальную фазу, просто, подставив к левой стороне матрицы МАТЕРИИ обычное зеркало, а то как нам ещё и через чего получить зеркальное отображение? Это нам даст только зеркальное отображение номеров планетарных уровней ГСН, но не более того. Если мы говорим о зеркальном отражении СВЕТА от МАТЕРИИ, то что это для нас будет означать?

Зеркальное отражение создаётся и задаётся начальной фазой состояния одной структуры относительно другой. Какая начальная фаза состояния должна, например, создать зеркальное отражение положительного значения Пространства? Здесь нам на ум снова приходит обычное зеркало, ведь глядя в него мы видим своё зеркальное отражение, как бы, в отрицательном Пространстве, что на самом деле так и есть. Значит, зеркальным отражением для положительного значения Пространства будет его отрицательное значение.

Теперь, исходя из наших выводов по зеркальности, мы попытаемся составить Матрицу СВЕТА (таблица 15), как зеркальное отражение относительно матрицы МАТЕРИИ. Хотя мы этого можем и не делать, ведь начальная фаза для Матрицы СВЕТА, которая ещё не объединяется с МАТЕРИЕЙ, для нас пока не так важна. Но, всё равно, мы её будем пытаться составлять относительно начальной фазы матрицы МАТЕРИИ. Мы не будем составлять матрицы отдельно для Света и Тьмы, как двух составляющий СВЕТА, а составим её сразу же для него.

Такое зеркальное отражение матрицы ВМС представлено в таблице15. Здесь все матрицы ГСН у нас отразились зеркально, как по номерам планетарных уровней, так и по знакам их состояния. Их диагонали указывают нам

Таблица 15

| Всемирная Матрица СВЕТА | | | | | | | | | | |
|---|---|---|---|---|---|---|---|---|---|---|
| ЕСМ –T | ЕСМ –S | | ГСН1 +S | ГСН2 +T | ГСН3 –S | ГСН4 –T | ГСН1 +T | ГСН2 +S | ГСН3 –T | ГСН4 –S |
| | | = | ГСН7 +T | ГСН6 +S | ГСН5 –T | ГСН4 –S | ГСН7 +S | ГСН6 +T | ГСН5 –S | ГСН4 –T |
| ЕСМ +T | ЕСМ +S | | ГСН1 –S | ГСН2 –T | ГСН3 +S | ГСН4 +T | ГСН1 –T | ГСН2 –S | ГСН3 +T | ГСН4 +S |
| | | | ГСН7 –T | ГСН6 –S | ГСН5 +T | ГСН4 +S | ГСН7 –S | ГСН6 –T | ГСН5 +S | ГСН4 +T |
| | | | ← | | | | | | | |

начальные фазы состояния ЕСМ.

Здесь ничего нового для нас нет. Мы здесь имеем такую же матрицу 4×8, как и у МАТЕРИИ, которую нам, как раз, недоставало для создания Трансцендентной Матрицы

Мироздания (ТММ). Структурно, ВМС по своей структуре будет соответствовать тем же рисункам, что и ВММ (начальная фаза состояния (+S), только его начальная фаза состояния станет другой (–S). Начальная фаза состояния ВМС отличается от ВММ на величину $180^0$ в соответствии ГСА рисунка 28, потому что мы здесь уже имеем дело со структурой Абсолюта.

Все матрицы 4×4 практически соответствуют ПСМ (рисунок 10). Если мы внимательно рассмотрим ВММ, то мы в ней имеем две таких ПСМ (+S, +T); если обратиться к ВМС, то и здесь мы имеем две таких же ПСМ (–S, –T). Мы взяли начальные фазы состояния по серым ячейкам матриц 4×4 ВММ и матриц 4×4 ВМС, обведённых в таблицах двойной линией. Они имеют, как бы, разные зеркальные направления в структурах, отчего начальные фазы состояния в МАТЕРИИ и СВЕТЕ находятся в разных сторонах матриц.

Давайте проверим точность составления ВМС на ранее исследуемой нами модели ГСС (рисунок 27). На нём мы видим четыре ЕСМ с разными начальными фазами состояний. В ВМС (таблица 15) мы наблюдаем точно такую же картину: мы имеем в ней 4×4 матрицы ГСН в двух ЕСМ с разными знаками состояний (левая сторона таблицы 15). Они у нас в точности совпадают между собою, что подтверждает точность наших исследований структур Мироздания.

Только этот рисунок 27 ГСС вместе с рисунком 26 ГСМ нам не совсем подходит. Нам трудно будет объединить их в единый рисунок в Трансцендентную Матрицу Мироздания (ТММ).

### *Трансцендентная Матрица Мироздания*

Итого, чтобы составить, как бы, высшую и конечную «Трансцендентную Матрицу Мироздания» (ТММ), нам нужно сначала соединить между собою матрицы СВЕТА и МАТЕРИИ в единую матрицу. Для этого мы уже имеем две ПСМ (+S, +T) ВММ и точно такие же две ПСМ ВМС (–S, –T), которые образуют *бо*льшую ПСМ с объединёнными пространственно-временными параметрами (+S, +T, –S, –T).

Мы уже ранее составляли такую трансцендентную структуру и назвали её Глобальной Структурой Абсолюта (ГСА рисунка 28). На нём мы соединили ГСС и ГСМ между собой через центральный круг, но показали их разъединёнными и стоящими друг против друга. Тогда такой предварительный вариант представления их структур нас устроил. Теперь, после создания двух матриц ВМС и ВММ, которые уточники нам структуру Абсолюта, мы можем снова попробовать соединить ГСС и ГСМ в его единой структуре.

В своей сумме ГСС и ГММ содержат в себе 4-е ПСМ (рисунок 10) с разными знаками состояний или 8-мь ЕСМ, что полностью соответствуют ГСА рисунка 28. Теперь наша задача создания новой трансцендентной структуры Мироздания состоит в том, чтобы её составить уже из этих 4-

х ПСМ, которая бы нас устроила. Трансцендентная структура Мироздания чем-то оказалась у нас аналогичной рисунку 10. Здесь, на рисунке 31, мы её изобразили в новом исполнении через 4-е ПСМ, но не стали их объединять центральным кругом. Мы получили, как бы, две треугольных фигуры: ГСМ и ГСС, которые находятся напротив друг друга и которые расположены зеркально. Можно предположить, что каждая фигура образует внутри себя некую двухзвенную последовательную «цепь», которая «замкнута» в своих концах и имеет полный круговорот в $720^0$. Каждая ПСМ имеет протяжённость в $360^0$ и поэтому две ПСМ дают уже $720^0$.

ПСМ Времени взаимно-перпендикулярны ПСМ Пространства, что и создаёт между ними синхронные взаимосвязь и взаимодействие. Кроме этого, мы не стали обозначать начальные фазы состояния в величинах скорости света. Есть предположение, что это будет всё же структура

Нави, а не Мирра, ибо она уже описывает планетарный уровень Трансцендента. Структуры Мирра войдут в её единую структуру. Мы назовём её *Глобальной Структурой Нави Мироздания* (далее ГСНМ). Она является многогранной и восьми (десяти) уровневой структурой, грани и уровни которой соединены между собой структурами Мирра.

Два треугольника показывают нам направление эволюции ГСНМ в плане увеличения параметров системы до уровня Трансцендента. Ещё они говорят нам о последовательном единении МАТЕРИИ и СВЕТА, от точечного контакта до единения их Трансцендентов, и получения Единого Свето-Материального Абсолюта.

Мы оставим пока таким это предположение о ГСНМ, которое изображено на рисунке 31 и которое более устраивает нас. Итак, самая высшая структура Мироздания нами найдена и уточнена через матричные формы СВЕТА и МАТЕРИИ. Её можно оставить, как конечную структуру Мироздания, хотя она у нас может развиваться и далее.

Мы, теперь, уже спокойно можем составить ещё одну структуру, которую мы назвали «Глобальной Матрицей Мироздания». Для неё мы имеем матрицы ВМС и ВММ, которые нам и нужно далее соединить между собой. Давайте это осуществим в таблице 16. Эти две матрицы мы разделили

Таблица 16

| ГЛОБАЛЬНАЯ МАТРИЦА МИРОЗДАНИЯ | | | | | | | | | | | | | | | | | |
|---|---|---|---|---|---|---|---|---|---|---|---|---|---|---|---|---|---|
| СВЕТ | | | | | | | | | МАТЕРИЯ | | | | | | | | |
| Тьма | | | | Свет | | | | | Материя | | | | Антиматерия | | | | |
| ГСН1 +S | ГСН2 +T | ГСН3 -S | ГСН4 -T | ГСН1 +T | ГСН2 +S | ГСН3 -T | ГСН4 -S | | ГСН4 +S | ГСН3 +T | ГСН2 -S | ГСН1 -T | ГСН4 +T | ГСН3 +S | ГСН2 -T | ГСН1 -S | |
| ГСН7 +T | ГСН6 +S | ГСН5 -T | ГСН4 -S | ГСН7 +S | ГСН6 +T | ГСН5 -S | ГСН4 -T | Граница раздела | ГСН4 +T | ГСН5 +S | ГСН6 -T | ГСН7 -S | ГСН4 +S | ГСН5 +T | ГСН6 -S | ГСН7 -T | |
| ГСН1 -S | ГСН2 -T | ГСН3 +S | ГСН4 +T | ГСН1 -T | ГСН2 -S | ГСН3 +T | ГСН4 +S | | ГСН4 -S | ГСН3 -T | ГСН2 +S | ГСН1 +T | ГСН4 -T | ГСН3 -S | ГСН2 +T | ГСН1 +S | |
| ГСН7 -T | ГСН6 -S | ГСН5 +T | ГСН4 +S | ГСН7 -S | ГСН6 -T | ГСН5 +S | ГСН4 +T | | ГСН4 -T | ГСН5 -S | ГСН6 +T | ГСН7 +S | ГСН4 -S | ГСН5 -T | ГСН6 +S | ГСН7 +T | |
| ПСМ-Т | | | | ПСМ-S | | | | | ПСМ+S | | | | ПСМ+Т | | | | |
| ВМС | | | | | | | | | ВММ | | | | | | | | |
| ← | | | | | | | | | → | | | | | | | | |

между собою, чтобы показать границу раздела между СВЕТОМ и МАТЕРИЕЙ. На самом деле, эта граница уже становится «расплывчатой», потому что СВЕТ уже частично погружается в МАТЕРИЮ и частично материализован ею.

Давайте проанализируем таблицу 16 ГММ: ВММ и ВМС в ней изображены полностью зеркальные: одна матрица ВМС, как бы, отражается во второй матрице ВММ. Это на самом деле так и есть. СВЕТ отражается в МАТЕРИИ и своей силой заставляет её структурироваться под себя. Это и есть процесс материализации ВМС в ВММ.

Это очень напоминает работу РНК в клетке, когда она подбирает себе комплементарную пару. У нас происходит точно такая же работа между ВМС и ВММ. Например, крайний правый столбец ВМС – это пространственно-временные фазы состояния –S, –T, +S, +T. В столбце на против них, в ВММ, мы имеем полную их комплементарную зеркальную противоположность начальных фаз состояния +S, +T, –S, –T. Работу между ВМС и ВММ можно предположить следующую: ВММ постоянно подбирает для себя комплементарную пару от ВМС. Такие образом осуществляется построение материальных миров.

Таблица 17

| ГЛОБАЛЬНАЯ МАТРИЦА МИРОЗДАНИЯ | | |
|---|---|---|
| ПСМПр –S | ПСМВр –T | **Всемирная Матрица СВЕТА** |
| ПСМПр +S | ПСМВр +T | **Всемирная Матрица МАТЕРИИ** |

Чтобы нам лучше это понять, нужно будет значительно упростить две матрицы ВМС и ВММ. Мы заменим их внутренние матрицы 4×4 на их аналоги ПСМ.

Давайте составим такую упрощённую таблицу 17 «Глобальной Матрицы Мироздания». В ней мы сделали более явным разделение между ВМС и ВММ, как оно есть на самом деле. У нас получилось даже разделение по знакам Пространства и Времени, но на самом деле, это не так важно и знаки могут быть другими. Просто у нас так получилось в этих матрицах при их составлении.

Итак, мы составили ГММ и на этом пока можем остановиться. Далее неё нам идти не имеет смысла, и мы посчитаем её самой высшей Матрицей Мироздания. Нам ещё необходимо будет понять статику и динамику процессов, происходящих внутри неё: как происходит материализация СВЕТА в МАТЕРИИ?

# Часть 2. Статика и динамика структур и матриц Мироздания

*Когда приходит Мудрость, вот первый её урок: «Такого понятия, как знание, не существует; есть лишь проблески Бесконечного Божества».*

*Шри Ауробиндо*

Наше исследование уже привело нас к «Глобальной Матрице Мироздания» и «Глобальной Структуре Нави Мироздания». Мы их, соответственно, «назначили» конечными матрицей и структурой Мироздания, ибо они бесконечны как в бо́льшую, так и в меньшую стороны. Это накладывает на них определённые ограничения, которые мы вынуждены сделать: высшее – касается глобальных структур и матриц с наивысшими параметрами Трансцендента; низшее – мы ограничиваем минимальными параметрами ЭСН первого планетарного уровня. Только в этом случае наши структуры и матрицы могут иметь некоторый законченный вид.

Мы, конечно же, можем их расширять как в сторону бо́льших параметров, так и меньших, но этот вид, который мы установили, как законченный, будет оставаться тем же самым, только смещаться или в бо́льшую, или в меньшую сторону пространственно-временны́х параметров. То есть, мы действительно получили нечто трансцендентное и законченное в структуре и матрице Мироздания, которое, тем не менее, имеет право смещаться в любую сторону величин пространственно-временны́х параметров.

Теперь, когда мы с ними определились, мы можем подвести некоторый структурный итог и перейти к «частным» вопросам внутренней динамики структур и матриц

129

Мироздания. Мы ранее получили две основные матрицы ВМС и ВММ. Теперь нам необходимо понять, как они будут взаимодействовать между собой? Тем более, что духовные источники знаний утверждают, что МАТЕРИЯ и СВЕТ всё ещё разделены друг с другом и единения между их матрицами пока нет.

Но как между ними можем возникнуть единение, если они просто взаимно уничтожатся, ведь знаки их состояния полностью противоположные. Если матрицу МАТЕРИИ символически представить, как «+1», а матрицу СВЕТА – как «–1», то их единение даст нам «0». Тогда мы придём к тому же самому началу, с которого началась наша эволюция [2], к тому же самому «0». Но тогда получается, что их единение невозможно или, всё же, возможно?

Вчера, в двадцатом веке, это было невозможно, это как соединить две клеммы аккумулятора и получить в нём короткое замыкание, которое его просто убьёт. Сегодня это становится возможным, потому что появилась новая супраментальная сила, которая преобразует и трансформирует обе структуры и матрицы в нечто новое, в некое третье состояние, после чего будет возможно их единение [3].

Это уже и не такое далёкое будущее Мироздания, но мы пока не имеем знаний по такому «супраментальному механизму единения». Он уже существует, но только в некотором начальном виде, который пока нам явно невиден. Такой «супраментальный механизм» уже работает и скоро можно будет уверенно сказать, что мы должны будем, в ближайшем будущем, прийти к Трансцендентной Структуре Мироздания рисунка 41. Она, как раз, через свой Центр Единения соединит между собой МАТЕРИЮ и СВЕТ в единое целое.

Зачем нам нужно преобразовать и трансформировать структуры МАТЕРИИ? Структуры СВЕТА мы считаем идеальными и им это не нужно, а вот структуры МАТЕРИИ всё ещё несовершенны и не полностью соответствуют структурам СВЕТА. Если материальные структуры у нас получаются эволюционирующими, то есть динамически развивающимися, то структуры СВЕТА получаются статическими и, естественно, эталонными. Преобразование и трансформация структур МАТЕРИИ позволят сделать их совершенными и полностью тождественными структурам СВЕТА. Только это далее объединит их в Трансцендентной Структуре свето-материального Мироздания рисунка 31.

Чтобы лучше это понять, нам необходимо вычислить, как СВЕТ м МАТЕРИЯ взаимодействуют между собой? Только этого нам будет недостаточно, ибо ещё необходимо будет понять, как и зачем «вращаются» пространство и время, материя и энергия внутри Трансцендентов со всеми их планетарными мирами?

# Глава I. Структура сил кванта света

Наше исследование коснулось пока только некоторых основных структур МАТЕРИИ и СВЕТА. Оно вплотную подвело нас к тому, что весь наш материальный мир – это только часть некоего бо́льшего мира Абсолюта. Именно Он складывает все наши атомы, тела, планетарные системы, галактики и метагалактики в единое тело Трансцендента. Всё образовано его структурами, силами и частицами. Все материальные тела и формы, которые мы видим и которые не видим, являются не чем иным, как частицами МАТЕРИИ с разными параметрами пространства и времени, структурированными в формы, а по своей структуре и силе – даже самим СВЕТОМ.

Элементарные структуры Нави, Мирра и Абсолюта, которые мы обнаружили, помогли нам понять, как устроено абсолютное Мироздание. «Горизонтальные» структуры Нави, как обычные «кирпичики», строят нам планетарные миры; «вертикальные» структуры Мирра соединяют их все вместе в единый трансцендентный мир Абсолюта. Что нам ещё нужно найти в мире Знаний о Мироздании?

Вроде бы оно, единое, уже лежит поверженным перед нами, но ведь это только пока его структуры! Только, как они все работают в трансцендентном «теле» Абсолюта? Даже найденный нами круговорот частиц Материи, Антиматерии, Света и Тьмы не даёт нам полной картины действующих в Мироздании процессов и «механизмов». Какие ещё глобальные процессы и «механизмы» задействовал для своего «строительства» Абсолют?

## *Структура СВЕТА и Сила МАТЕРИИ*

Нам, конечно, уже вполне понятно, что в «механизмах» и процессах эволюции МАТЕРИИ были заложены некоторые «формулы», которые и создали их. Но изначально они имели место в СВЕТЕ, а МАТЕРИЯ лишь зеркально копирует их в себе иногда точно, а иногда нет, что и создаёт в нашем мире несовершенства.

СВЕТ обладает своими собственными силами как положительными (Свет), так и отрицательными (Тьма), которые уже имеют отношение к его собственным Пространству и Времени. Духовные источники говорят, что Дух Божий – это всё будущее Мироздание в Материи, то есть это «пустая» полная структура СВЕТА (ГСС) без наполнения её какими-либо материальными частицами.

Дух Божий (СВЕТ) в самом начале материальной эволюции будет свёрнутой и нематериальной структурой Абсолюта, которая не имеет в себе ни сил и ни частиц МАТЕРИИ. Но это не совсем так: если бы в нём не было бы некоей изначальной силы и частиц для его развёртывания, то как бы он заставил МАТЕРИЮ структурироваться под себя. Мы предполагаем, что в первоначальный момент он должен иметь в себе только их некоторый начальный уровень, нечто единое для МАТЕРИИ и СВЕТА, что должно быть достаточным для начала развёртывания Трансцендента. Например, это могут быть частицы эфира с изначальными параметрами пространства и времени 0-ого планетарного уровня (рисунок 1).

МАТЕРИЯ по тем же духовным источникам знаний, в отличие от Духа Божьего, наоборот, как спокойный океан, имеет в себе огромное Всемогущество Силы, но не имеет в себе структур, которые бы смогли организовать и задействовать её Силу. В ней, изначально, пока нет «формул» и «механизмов», которые необходимы для организации эволюционных процессов.

Существует некая изначальная позиция СВЕТА и МАТЕРИИ: в СВЕТЕ существует полная структура Абсолюта со всеми его Трансцендентами, только она пустая и не наполнена частицами; в МАТЕРИИ – нет никаких структур, но она обладает огромной Силой, которая пока её изначальным состоянием приведена в некое нейтральное состояние нуля. Даже малое нарушение равновесия в МАТЕРИИ выведет её Силу из нейтрального состояния и тогда она раздвоится на две свои знаковые противоположности, например, на $+1$ и $-1$.

Именно это позволило СВЕТУ начать эволюционное давление на МАТЕРИЮ. Он своей изначальной силой тут же заставил МАТЕРИЮ обрести такую же изначальную структуру. Такое изначальное соединение СВЕТА и МАТЕРИИ тут же даёт нам эволюционный «механизм» для формирования трансцендентного материального Абсолюта. Именно тогда «формулы» СВЕТА и его структуры начинают работать в МАТЕРИИ, заставляя её структурироваться под него. В конечном итоге *материально-световой* Трансцендент уже будет иметь в себе *световую* структуру Абсолюта и *материальное* Всемогущество его Сил.

Если мы уже определились со структурой Трансцендента и даже обозначили его круговорот в Материи и Антиматерии, то с Силами Абсолюта это ещё не сделано. Например, есть структура Света, которая далее давит своей силой на Материю и заставляет её структурироваться, то есть формировать частицы и наполняться ими. После наполнения, скопированных из СВЕТА, структур Материи частицами, она в этой области становится тождественной структурам Света, что позволяет ему соединиться с ней, наполняя его через материальные частицы своей Силой. Чем более будет пространственно-временные параметры Материи, тем более будет материальная Сила Света. Количество материальных частиц в его структурах указывает на величину его Силы.

Давайте обратимся к кванту обычного света, который уже и есть такая свето-материальная структура. В нём мы явно видим четыре качества его материальной силы, которые он получил от Материи:

- положительная магнитная сила пространства;
- положительная электрическая сила времени;
- отрицательная магнитная сила пространства;
- отрицательная электрическая сила времени.

Эти силы нам и предстоит исследовать, ибо они существуют везде, только могут называться по-разному. Например, предположительно, на 2-ом планетарном уровне – это будут силы слабого и сильного взаимодействия; на 3-ем – электромагнитные силы; на 4-ом – силы гравитации и т.п. Это, конечно, только предположение, но Сила, действительно, может быть одной и той же, но её качество будет разным на разных планетарных уровнях и то относительно нашего разума. На разных планетарных уровнях, имея разные пространственно-временные параметры, она может проявляться по-разному. Вернее, не совсем так, мы сами можем «видеть» её проявление по-разному, ведь мы имеем только пространственное «зрение» 4-го планетарного уровня.

Ранее, рассматривая пространственную планетарную систему 4-ого планетарного уровня [1], нам удалось смоделировать формирование четырёх однотипных планет этой системы, которые единожды сформированные, остаются существовать вечно при помощи некоторой «памяти» Материи. Они будут существовать до тех пор, пока на них не будет произведено обратное воздействие новой структурой Света. Мы получаем некоторую схему взаимодействия между СВЕТОМ и МАТЕРИЕЙ.

Итак, структура СВЕТА отражается в МАТЕРИИ, которая через его силовое воздействие запоминает её в себе, заполняя своими частицами. Именно заполнение, отражённой от СВЕТА, структуры материальными частицами позволяет ей более в МАТЕРИИ не распадаться и существовать далее вечно, до следующего силового воздействия на неё.

Мы предполагаем, что структура обладает некоторой силой и чем сложнее структура, тем более материальной силы (частиц) она может в себя вместить. Наши предположения о памяти Материи указывали нам на участие в этом процессе некоей внутренней силы её частиц. Материя обладает статикой, что способствует сохранению в отражённой структуре, через наполнение её частицами, этой памяти о воздействии на неё Силы Света. Только поэтому мы имеем планетарные тела, материальные формы и целые миры. Даже тело человека, не говоря о других телах, сохраняется благодаря памяти МАТЕРИИ.

Теперь мы начинаем понимать, что именно СВЕТ управляет структурами в МАТЕРИИ, раскрывая их сначала в себе, а затем воздействуя на неё и «переключая» в ней фазы их начального состояния. Но квант СВЕТА не может изменять в себе своих структур, которые в нём заложены изначально. Он уже будет стабильно структурированным, и можно даже сказать, навечно структурированным. Тогда получается, что каждый раз Трансцендент будет одним и тем же и его эволюция будет идти по одному и тому же закону?

Но это не совсем так, ведь кто-то заложил структуры в СВЕТ и сделал его таким структурированным. Мы понимаем, что трансцендентный Абсолют – это уже готовая структура СВЕТА (рисунок 27), который его и формирует. Вроде бы, выше Абсолюта ничего нет, а может ли он сам себя структурировать или он всё время формируется одним и тем же способом? А кто поможет нам ответить на этот вопрос?

Конечно, мы можем пофилософствовать далее и сказать, что существует ещё Всевышний, а Абсолют – это его собственное отражение в МАТЕРИИ, ведь где-то тот должен материально существовать, а не быть Абсолютом самим в себе и для самого себя. Мы уже ранее утверждали, что для Трансцендента 7-го планетарного уровня должен существовать 8-ой планетарный уровень, на котором тот может существовать. Именно во Всевышнем «живёт» и существует Трансцендент. Тогда мы приходим к пониманию, что именно Всевышний может изменять структуры СВЕТА или наделять такой возможностью кого-то ещё в своей божественной иерархии.

Конечный абсолютный Трансцендент мы получим только тогда, когда произойдёт полное единение структур СВЕТА и МАТЕРИИ. Это и будет критерием окончания его эволюции. И как мы понимаем, главная роль в его формировании принадлежит СВЕТУ и нам далее необходимо будет исследовать его более серьёзно.

## Единая сила фотона

Как мы указали ранее, квант света имеет в себе четыре типа сил и, естественно, свою структуру. Вернее, это будет всего одна его единая сила, которая в зависимости от плоскости своего приложения будет иметь четыре своих аспекта силы по количеству и полярности плоскостей в кванте света. Эти аспекты единой силы будут тогда обладать своими собственными характеристиками.

Самое интересный вывод можно сделать такой: все четыре части этой единой силы будут обладать одинаковыми характеристиками. Но этот вариант возникнет только тогда, когда мы выйдем за пределы пространства и времени. Мы же их наблюдаем только из плоскости своего положительного пространства, что делает все эти типы сил разными. Тогда, исходя из их полной тождественности, но разной знаковости как по пространству, так и по времени, мы можем предположить, что результат соединения всех этих четырёх аспектов в единую силу будет равен «0». Получается, что в любом кванте света будет «отсутствовать» единая сила, но тогда откуда берутся эти её четыре аспекта силы, ведь каждый аспект сам по себе будет обладать реальной величиной силы, например, электрической или магнитной? Откуда она тогда возьмётся, если они, суммарно, все в кванте дают «0»?

К чему мы ведём наше исследование? В структурно свёрнутом «пустом» кванте мы должны иметь как его структуру, так и его единую силу. А если он развёртывается в пространстве и времени, то эта единая сила распадается на четыре своих аспекта. Только квант обычного света не может быть «пустым». Это уже материализованный квант СВЕТА, где он уже обрёл частицы и пространство со временем. Здесь его единая сила уже распалась на четыре своих составляющих, в сумме дающих ноль.

Возникает вопрос, а может ли «пустой» квант, не имея в себе частиц, иметь силу? Мы уверены в том, что он имеет в себе структуру, а обладает ли она силой? Можем ли мы утверждать так же как о свёрнутой «пустой» структуре, как и о свёрнутой «пустой» силе? Давайте проведём опыт и свернём до «пустой» структуры квант обычного света, что мы тогда получим в нём?

Чтобы структура кванта стала «пустой» из неё необходимо «вынуть» все частицы. Только в этом случае она будет таковой. Но если мы вынем все частицы, то останется ли в нём единая сила? Тогда мы получим «0», как некую свёрнутую или сжатую силу, не имеющую в себе ни пространства, ни времени, ни частиц, наполняющих их. Можем ли мы тогда говорить о единой силе в кванте, если она будет равна нулю?

Тогда она для нас существовать не будет. А на самом деле, останется ли она в таком кванте в свёрнутом виде? Здесь мы полностью бессильны, ибо мыслим и видим всё только из своего положительного пространства. А увидеть или как-то измерить такую силу мы сможем, если только наполним квант света частицами, которые её нам тогда проявят. Только с их приобретением она становится реальной силой пространства или времени, наполненной соответственно материей или энергией.

Здесь мы приходим к некоторому открытию: только наполнение силы частицами материи или энергии, соответственно, в пространстве или во времени мы получаем реальную силу. Без них «пустая» сила кванта, как мы предполагаем, будет существовать, но для нас она будет «нулевой» силой.

Действительно, «нулевой» силы кванта света в нашем пространственном мире мы не увидим никогда и исследовать её не сможем. Здесь она уже будет развёрнута как в пространстве, так и во времени, наполненная их частицами. Мы можем даже добавить слово «материальный» к кванту обычного света, указывая на то, что его структура уже наполнена частицами материи и её энергией. Только в этом случае квант света обретает свою материальную силу. Получается, что частицы дают единой силе кванта обрести реальность и стать, действительно, материальной силой в четырёх своих аспектах. Получается, что именно частицы материализуют нам эту единую силу.

Возникает вопрос: а что тогда является единой силой в отсутствии частиц, пространства и времени? Что она собой будет представлять без них?

Давайте попытаемся на него ответить с нашей материальной позиции. Итак, отсутствие частиц в силе приводит нас к минимальной её величине: к минимальной бесконечности. Но в этом двойственном мире не может быть такого, чтобы при минимальной бесконечности отсутствовала максимальная бесконечность и всё было бы свёрнуто до нуля. Если мы имеем «пустую» силу, то она обязательно должна где-то иметь свою противоположность, как силу с максимальной величиной, с уровнем максимальной её бесконечности.

На рисунке 28, например, эту максимальную величину силы должен иметь центральный круг, а минимальную её величину – ГСС и ГСМ и, наоборот, когда ГСС и ГСМ имеют максимум силы, то центральный круг – её минимум. Из этого ответа нам становиться ясно, что сила кванта может иметь некую стабильную и постоянную величину. Динамика рисунка 28 показывает нам, что она может переходить то туда, то сюда, оставаясь при этом постоянной величиной.

Только тут же возникает новый вопрос: имеет ли влияние на эту величину силы эволюция Материи? Если «пустой» библейский Дух Божий носился над какой-то бесконечной Материей, то изначально можно утверждать, что силой обладала только Материя, которая была бесконечно большой, а Дух обладал минимумом силы, которая была бесконечно малой. А далее начинается процесс перехода единой силы из одной крайности в другую, меняя их «полярность».

Духовные источники подтверждают нам это, говоря, что Материя обладает Силой, а Дух – Сознанием, которое является только «пустой» структурой, не наполненной частицами, если только с их минимальными пространственно-временными параметрами, эфиром [2]. Далее Материя начинает делиться с Духом своими частицами, которые передают ему её Силу, а он с ней делится своими структурами, структурируя её частицы и разводя единую Силу от её нулевого уровня до необходимой величины по плоскостям пространства и времени. Тем самым Дух создаёт в МАТЕРИИ миры Трансцендента и, в итоге, структурированного свето-материального Абсолюта, обладающего всем Всемогуществом МАТЕРИИ.

### *Сколько аспектов единой силы в кванте?*

Мы рассмотрим силы обычного кванта света на примере его материализации и проведём дальнейшие исследования. Итак, Материя в каждой фазе кванта света образовала свои структуры, которые наполнила своими частицами. Как мы уже поняли, материализация кванта света – это наполнение его «пустой» структуры материальными частицами [1]. Чем более будут параметры материального кванта света, тем бо́льшее количество материальных частиц в нём будет находиться и тем более будет у него силы. Причина возникновения его силы есть ни что иное, как наполнение его структуры материальными частицами и распределение их по плоскостям.

В кванте света тогда мы должны иметь четыре разных по качеству частиц материи. В каждой фазе состояния кванта света образуется своя материальная частица, которая перенимает свойства той плоскости, в которой она находится. Четыре типа материальных частиц полностью определяют свойства кванта света и дают ему материальную силу в таком же четырёхчастном качестве.

Если идти далее, то ранее мы получили ЭСН, которая своей структурой описывает нам квант света и существует в одной из плоскостей бо́льшего Пространства или Времени. Мы пришли через неё к некой ЕСН рисунка 21, которая получилась у нас двойной и состоящей из двух взаимосвязанных ЭСН. ЕСН уже существует в двух плоскостях одновременно. Отсюда следует, что возможно подобное ей существование «единого кванта света», который уже будет содержать в себе как частицы Пространства, так и частицы Времени. Всего их тогда получится уже восемь типов и такое же количество свойств сил этого двойного кванта света. Если в нашем пространстве он является обычным светом, то во времени – тьмой.

Мы в ЕСН получаем 8-емь сил единого кванта света: 4-е – в плоскости Пространства, 4-е – во Времени. Теперь нас более интересует как частицы заполняют структуру кванта света, ведь мы их ранее подразумевали полностью нейтральными или однотипными, например, принадлежащих некоему бо́льшему Пространству, где работает этот квант света?

А что такое квант света?

Это одна ЭСН, заполненная частицами (рис. 18 [1]). Она имеет в себе центральный круг и четыре малых круга. Каждый малый круг у нас принадлежит своей плоскости состояния и имеет свою начальную фазу состояния. Вывод напрашивается сам собой: частицы в одной из плоскостей кванта света, как и в других плоскостях, объединяются внутри малого круга, заполняя собой его структуру. Именно он заполняется ими. Естественно, чем более будут его пространственно-временные параметры, тем бо́льшее количество частиц он готов будет в себя вместить или наоборот. От количества частиц в малых кругах ЭСН зависят параметры кванта света.

Физики давно отказались от понятия «корпускулы», но это название у нас опять просится в работу. Малый круг ЭСН мы можем уверенно назвать структурированной «корпускулой» кванта света, которая заполняется частицами, и которая заставляет их обретать свойства в соответствии с начальной фазой своего состояния. Она не будет являться частицей, а будет некой единой волновой и материальной структурой для них, которая заполняется ими. Именно параметры корпускулы определяют параметры кванта света.

Мы, всё же, снова вернём в квант света понятие корпускулы. Тогда в ЭСН мы будем иметь 4-е корпускулы: в каждой фазе состояния по одной такой структуре. Когда корпускулы заполняются частицами с различными характеристиками и параметрами, это и даёт кванту света силу.

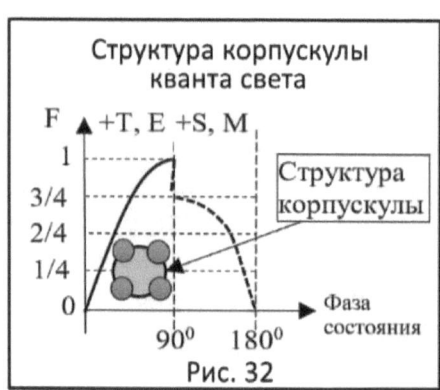

Рис. 32

Давайте рассмотрим это на примере электрической силы кванта света (рисунок 32). На нём мы взяли для рассмотрения положительный период электрической силы кванта света, которая имеет отношение к положительному времени. Левая координатная ось показывает нам пропорциональную величину силы. Вся сила обозначена на ней величиной равной «1». Каждый период кванта света для своей материализации расходует только ¼ часть этой силы. Мы это хорошо видим на нашем примере. Хотя электрическая сила достигает максимума силы равной

«1», но квант света расходует и материализует только ¼ её часть, формируя из энергетических частиц первую корпускулу. Остальные ¾ части силы передаётся остальным трём периодам, где формируются уже свои типы корпускул.

На этом рисунке 32 мы показали, что квант света уже имеет в себе единую силу, равную единице, хотя только-только формирует свои корпускулы, наполняя их частицами. Откуда в кванте взялась эта единая сила?

Здесь мы опять приходим к двойственному миру: если что-то где-то формируется, то обязательно что-то и где-то должно расформировываться. Получается, что какой-то другой квант света должен расформировываться и он уже должен был иметь эту силу в себе. Только с этим мы можем согласиться, говоря о наличии единой силы в кванте света. Он у нас получается уже даже не двойным, как в ЕСН на рисунке 21, а четвертным, с двумя ЕСН: одна из которых сворачивается, а вторая – формируется.

Итак, в каждом периоде кванта света мы получаем по одной корпускуле со своими характеристиками. Количество частиц во всех корпускулах будет одинаковым. Оно будет зависеть только от параметров силы в кванте света, от её величины. Она определяет его будущие параметры и сложность структур корпускул: количество частиц и их типы, которые они могут в себя вместить.

Давайте пойдём далее и посмотрим, как формируется, например, материальная корпускула в кванте света.

### Два центра кванта света

Корпускула, как нами указано ранее, имеет структуру малого круга ЭСН [1]. На предыдущем примере рисунка 32 мы показали её этой структурой, где взяли первую фазу кванта света, которая располагается в фазе положительного времени. Мы её здесь изобразили кругом с четырьмя малыми серыми кругами подобно структуре ЭСН.

Что нам даёт структура ЭСН для корпускулы? Она в модели ЭСН явно даст нам в этой фазе четыре своих планетарных тела-частицы, которые вращаются по орбите вокруг своего уделённого центра. Его ещё можно будет назвать центром приложения, в нашем случае, электрической силы. Все они вместе образуют единую корпускулу кванта света в этой фазе состояния.

Если пойти далее то, в плоскости пространства этого кванта мы будем иметь точно такую же структуру корпускулы (четыре планетарных тела) со своим центром приложения уже магнитной силы. Итого мы получаем в кванте света два взаимозависимых, но разнесённых как между собой, так и по плоскостям приложения силы, центра в соответствии с рисунком 21.

Давайте на примере нашей солнечной системы рассмотрим это, ведь она должна быть по своей структуре точно таким же квантом света. Естественно, корпускулы в ней уже имеют более сложный вид, который включает в себя несколько связанных между собой ЭСН, образующих сложную планетарную систему, состоящую из нескольких планет.

Так, в корпускулу положительного пространства гелиоцентрической системы Коперника входят все её пространственные планеты со всеми своими спутниками, вращающиеся вокруг Солнца. Оно здесь является центром магнитной силы этой пространственной системы, о чём мы говорили ранее. Другим типом корпускул этого фотона, расположенных в другой плоскости, будет являться геоцентрическая система Птолемея. Она уже располагается во времени и её центром является планета Земля [1], вокруг которой, по теории Птолемея, вращаются планеты времени. Мы получаем в нашей солнечной системе два разъединённых между собой, но взаимозависимых друг от друга центра и два разных типа корпускул. Как мы видим, строение солнечной системы полностью подтверждает нам раннее описание структуры кванта света.

Если идти далее, то здесь мы начинаем понимать, что эти корпускулы 4-го планетарного уровня имеет в себе более сложные и более тонкие структуры, вмещающие в себя низшие планетарные уровни с 1 по 3. Это позволяет их структурировать под любые планетарные системы, формы и тела. Мы видим перед собой мир планеты Земля созданный и структурированный именно таким образом.

Если рассматривать с этой же целью 2-ой атомный уровень, например, атом водорода, то он в точности, как нами было описано ранее [1], будет соответствовать ЕСН рисунка 21. Он так же будет состоять из, как минимум, двух различных систем, разнесённых между собой в пространстве и во времени: в системе пространства будет присутствовать протон (центр пространства) и электрон, вращающийся вокруг него по своей орбите; в системе времени – нейтрон (центр времени) и позитрон, вращающийся вокруг нейтрона по своей орбите.

На этих примерах мы подтвердили, что структура кванта света является двойной, разнесённой между пространством и временем, и может быть довольно сложной и состоящей из суммы многих меньших ЭСН. Самая бóльшая его структура будет являться бóльшей ЭСН (рисунок 18 [1]).

Теперь нам осталось выяснить, как «пустые» структуры корпускул в кванте света наполняются частицами Материи и обретают её силу? Как квант Света погружается в Материю, копируя в ней свою ЭСН и наполняя далее её материей и энергией? Как осуществляется процесс материализации кванта Света?

# Глава II. Материализация кванта Света

Знаний такого рода в академической науке найти довольно сложно. В ней процесса материализации кванта Света[6] не описано. Наука им не занимается, отдавая его на откуп духовным исследователям. Естественно, он скрыт от нас, и мы мало что о нём знаем, ведь мы сами живём только в материальной вселенной, где уже всё облачено в Материю и где такого нематериального Света, вроде бы, уже быть не должно. Для его исследования нам придётся обратиться к духовной философии [4], где такие духовные знания о мистическом и потустороннем Свете уже достаточно хорошо известны.

*Через эволюцию живых форм.*

Но как нам исследовать то, что явно познать мы не можем? Все наши материальные «щупальца», даже сильно усовершенствованные нашей наукой, нам вряд ли что дадут. Таких приборов, кроме как самого человека, мы пока не имеем. Человек, через свои духовные знания и практики, имеет некоторые знания о Свете, и мы вынуждены обратиться к этим духовным знаниям.

Совершенно неожиданно мы наталкиваемся на них через, описанный ими, процесс эволюции живых форм [2]. Их эволюция, практически, и есть процесс «погружения» структур нематериального Света в Материю, который и «творит» эти живые формы, материализуя свои структуры в ней. Процесс их эволюции является полностью тождественным процессу наполнения корпускул материальными частицами, то есть погружению Света в Материю.

---

[6] Мы здесь рассматриваем нематериальный Свет, который обозначаем с заглавной буквы. Он не принадлежит Материи и поэтому нами не изучается. Духовные источники знаний Его называют божественным Светом. Обычный свет – это уже материализованный свет, который, как раз, изучается академической наукой.

Корпускула – это и есть будущая структура формы, которая в Материи становится её материальным аналогом, входящей уже в состав, вновь образованного из кванта Света, кванта Материи. Квант Света, как бы, исчезает, а квант Материи проявляется, наполняясь частицами. Точно так же, например, человек после своего рождения в миру постепенно наполняется материей, растёт в теле и достигает взрослого состояния. Далее следует постепенное угасание, которое приводит его к смерти. Она уже есть процесс обратного перехода из кванта Материи в квант Света.

Конечно, мы немного утрируем этот процесс, но в целом он выглядит аналогично описанному. Как он проходит на самом деле, мы уточним позднее. Мы, всё же, уже можем эволюцию живых форм и процесс формирование корпускул при материализации Света признать тождественными процессами. Это говорит нам о том, что циклы эволюции живых форм и циклы формирования корпускул будут одними и теми же. Нас, конечно, более интересует не сам процесс, а его циклы формирования как живых форм при эволюции, так и корпускул при материализации кванта Света. Эта циклическая тождественность должна помочь нам понять процесс погружения Света в Материю и образование корпускул по протяжённости во времени.

Итак, в духовных источниках знаний мы находим описание такого циклического эволюционного процесса «погружения» кванта Света в Материю по времени [5]. По времени, единый цикл погружения-эволюции оказался поделённым на четыре части. Это уже не просто совпадение, ибо квант света также имеет четыре периода. Может быть, при их сравнении мы поймём, как квант Света обретает Материю и её силу?

Таблица 18

| Время продолжительности циклов в эволюции | | |
|---|---|---|
| Названия циклов | Время в годах (360 дней в году) | Количество периодов |
| Сатья-Юга | 1.728.000 | 4 |
| Трета-Юга | 1.296.000 | 3 |
| Двапара-Юга | 864.000 | 2 |
| Кали-Юга | 432.000 | 1 |
| **Итого:** Маха-Юга | 4.320.000 | 10 |

Полный цикл материализации кванта Света в духовных источниках назван Маха-Югой. Его протяжённость по времени и разбивку на дополнительные четыре цикла мы отразили в таблице 18. Он занимает по продолжительности 10 периодов[7]. Эти периоды мы вычислили относительно общего времени единого цикла. Например, корпускулы с параметрами земного 4-го планетарного уровня формируются за четыре цикла, за эти десять периодов и, как мы понимаем, последовательно. Получается, что планета Земля и есть материальная форма, включающая в себя все четыре материализованных корпускулы[8].

Итак, единый цикл Маха-Юга, который и есть по времени продолжительность «погружения» кванта Света в Материю, включает в себя четыре основных цикла: Сатья-Юга; Трета-Юга; Двапара-Юга; Кали-Юга. Эти четыре цикла, по тем же духовным источникам знаний, занимают согласно таблицы 18 своё количество периодов в одной фазе кванта Света.

Что это за цифры периодов и почему они от цикла к циклу так чётко уменьшаются в размерах на один период? Сейчас возникло ощущение того, что мы снова где-то ошиблись или что-то прозевали, когда описывали формирование планетарного тела в Материи из кванта Света? Тут нам приходят мысли о том, а что, если эти четыре цикла говорят нам об энергиях в фазах кванта Света? Может быть из-за этого мы получаем разную протяжённость циклов по периодам?

Давайте для ответа на эти вопросы мы составим таблицу 19. В ней мы добавим фазы кванта Света и количество энергии в фазах при его погружении в Материю.

К чему мы здесь тогда придём?

---

[7] Мы не будем далее указывать время как этого цикла, так и других циклов, а будем использовать вместо него количество периодов в них, что для нас будет более интересным.

[8] Позднее мы опишем строение Земли в соответствие с этими четырьмя корпускулами.

Таблица 19

| Изменение параметров кванта Света при погружении в Материю | | | |
|---|---|---|---|
| Фаза кванта Света | Название цикла | «Время» в периодах | Кол-во энергии в % в конце цикла |
| $0^0$-$90^0$ | Сатья-Юга | 4 | 75% |
| $90^0$-$180^0$ | Трета-Юга | 3 | 50% |
| $180^0$-$270^0$ | Двапара-Юга | 2 | 25% |
| $270^0$-$360^0$ | Кали-Юга | 1 | 0% |
| Итого: Маха-Юга, $0^0$-$360^0$ | | 10 | от 100% до 0% |

Итак, восточная философия подвела нас к другому энергетическому толкованию формирования планетарной материи из кванта Света (таблица 19). Это сильно дополняет наш предыдущий вывод о том, что количество периодов в фазах кванта Света зависит от наличия в нём количества энергии. Тогда становиться понятным, почему периоды циклов так различаются друг от друга по продолжительности.

Начало первой фаза кванта Света в таблице 19 содержит в себе 100% энергии. Она, поэтому, будет самой продолжительной по времени (4-е периода). Вторая фаза начинается уже с 75% энергии кванта Света и, естественно, её период сократится на 25% от длительности первого (3-и периода). Третья фаза кванта Света – 50% энергии, и она уменьшилась по продолжительности на 50% относительно первой фазы (2-а периода). Четвёртая фаза укоротилась на 75% от продолжительности первой (остался всего один период). Теперь всё встало на свои места. Мистерии Востока через эволюцию живых форм помогли нам частично понять процесс формирования планетарной материи из кванта Света.

## Погружение кванта Света в Материю

Мы определились по времени протяжённости материализации кванта Света и с его энергией-силой в каждой фазе. Силы у нас получаются равными: в каждой фазе остаётся только 25% силы кванта Света, а длительность в периодах мы указали в таблице 18. Естественно, работает в фазах вся наличествующая на этот момент сила: в первой фазе – 100%; во второй – 75%; в третьей – 50% и в четвёртой – всего 25%. Только вот остаётся в сформированной корпускуле в каждой фазе только 25% силы, а остальная сила возвращается обратно в квант Света. Давайте попытаемся изобразить этот процесс погружения кванта Света в Материю на графике рисунка 33.

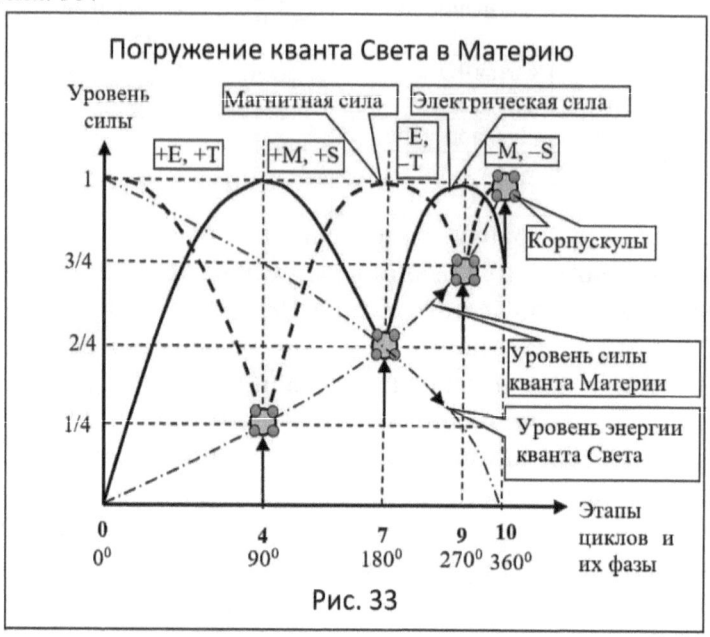

Рис. 33

На рисунке 33 мы все силы для наглядности и простоты понимания показали в одной плоскости и с одними и теми же знаками состояний. На нём видно, как постепенно от цикла к циклу уменьшается количество энергии фотона ровно на одну четвёртую часть. Период его колебания так же уменьшается от цикла к циклу на ту же величину: одну четвёртую часть от первого периода. В принципе, в нашей планетарной модели ЭСН [1] ничего не изменилось, мы просто уточнили этот процесс в динамике и более точно его описали.

На рисунке 33 видно, что появилось серьёзное отличие от результатов наших предыдущих исследований. Раньше мы предположили, что планетарная материя развивается по возрастающей кривой сил кванта Света равномерно и прямолинейно с одинаковыми по длительности периодами и величинами сил. Теперь же оказалось, что это не так и что погружение кванта Света в Материю осуществляется нелинейно по периоду следования, но линейно по силе.

Восточная философия подтвердила правильность наших размышлений о том, что формирование корпускул по времени будет иметь разную протяжённость в фазах кванта Света. В своих структурах и формах они будут все одинаковыми и иметь равное количество частиц, но будут находиться в четырёх разных плоскостях (плюс-минус пространства, плюс-минус времени). Продолжительность формирования корпускулы соответствует длительности возрастающей части периода кванта Света (рисунок 33).

В конце времени эволюции циклов (точка 10 рисунка 33) силы кванта Света полностью переходят в Материю: квант Света, как бы, исчезает, а квант Материи (назовём его так) проявляется. Он будет по своей структуре полностью подобным кванту Света. Он, как мы видим, образует полную материальную структуру, состоящую их четырёх корпускул, только в конце четвёртого цикла. До начала погружения Света в Материю, она в своём составе не имела ни структуры кванта, ни корпускул. Затем произошёл процесс формирования структуры кванта и наполнение его частицами Материи. Естественно, такой процесс не мог существовать без обратного процесса инволюции кванта Света. Один из них – эволюционирует, а другой – обязательно инволюционирует.

Точка 10 – это точка окончания формирования кванта Материи, где он полностью развернулся и обрёл частицы и их силу. Другие точки горизонтальной оси рисунка 33 указывают нам на окончание четырёх циклов: 0-4 – цикл Сатья-Юги: 4-7 – цикл Трета-Юги: 7-9 – цикл Двапара-Юги; 9-10 – цикл Кали-Юги. Теперь мы можем составить таблицу 20, которая поможет нам обобщить полученное знание о плоскостях и типах сил, действующий во время материализации кванта Света.

В таблице 20 мы видим, что плоскости и силы полностью соответствуют ЭСН [1], только здесь мы имеем разные по длительности периоды формирования корпускул. Кроме этого мы получаем последовательное формирование корпускул кванта Материи с запоминанием предыдущих материализаций по фазам состояния. Получается, что корпускулы являются некоей памятью Материи, которая должна сохраняться до нового силового воздействия кванта Света на неё.

| Плоскости и силы кванта Материи | | | |
|---|---|---|---|
| Фаза кванта Материи | Плоскость, кол-во периодов | Наименование сил | Энергии в % в конце цикла |
| $0^0$-$90^0$ | +T, 4 | Электрическая + | 25% |
| $90^0$-$180^0$ | +S, 3 | Магнитная + | 50% |
| $180^0$-$270^0$ | –T, 2 | Электрическая – | 75% |
| $270^0$-$360^0$ | –S, 1 | Магнитная – | 100% |

Итак, в каждом цикле в Материю «погружается» 1\4 часть энергии кванта Света. Если провести кривую погружения его сил в Материю, то получится кривая, очень похожая на нисходящую часть 1/4 части синусоиды (рисунок 33). Там же находится ещё одна интересующая нас кривая – уровня восходящей материальной силы формирующегося кванта Материи. Она развивается зеркально и тождественно погружению сил Света в Материю. Материализация энергии кванта Света ведёт к росту количества частиц в корпускуле. От величины его энергии, как раз, зависит количество частиц в ней.

Совершенно неожиданно нам удалось установить некоторую закономерность материализации кванта Света: длительность его периодов и количество частиц в корпускуле напрямую зависит от величины его энергии. В динамике формирования корпускул участвуют электрические и магнитные силы кванта Света. Только почему после прекращения действия сил кванта Света, и, как бы, с его исчезновением из Материи, не происходит обратных расформирований кванта Материи, или мы неверно смоделировали этот процесс?

Допустим, возникло действие одной из сил кванта Света, и она произвела изменения в Материи, создав, как корпускулу, некое планетарное тело, вращающееся вокруг удалённого центра. Затем какая-то часть силы остаётся в полученном теле, а другая часть силы уходит (рисунок 33). Именно эта одна четвёртая часть силы кванта Света, которая осталась в Материи, как это мы поняли ранее, не позволяет сформированному телу распадаться. Вернее, образованная в этой фазе состояния, корпускула не позволяет этой части силы уйти, каким-то образом удерживая её своей формой. Благодаря этому, восстановления прежнего состояния не происходит и планетарное тело в виде корпускулы остаётся существовать вечно до воздействия какой-то новой силы.

Корпускула (планетарное тело) теперь остаётся такой же, какой получилась при воздействии силы. У нас возникает понятие «памяти» Материи. Без него эволюция планетарных тел и систем была бы невозможна: её движения при создании миров некому было бы запоминать. Именно материальная форма запоминает любое внешнее действие силы на неё, забирая часть силы кванта Света и оставляя её себе.

Как действует память Матери, запоминая воздействие внешней силы и что является её памятью?

### *Круговороты частиц*

Ранее, мы рассмотрели вопрос последовательной материализации кванта Света (рисунок 33): единая сила, воздействуя на Материю, оставляет в каждой её фазе 25% своей энергии. Все вместе они тогда будут иметь полную энергию кванта Света, всю его силу. Далее она перестаёт действовать, так как вся «зашла» в бесформенную материю, образовав квант Материи. Она остаётся в нём, образуя форму четырёх корпускул кванта Материи, параметры которого будут зависеть от величины силы кванта Света.

Здесь мы подразумеваем, что ЭСН, как квант Материи, может получить только по одной корпускуле в каждой фазе своего состояния. В своей сумме, в процессе эволюции, они образуют ЭСН уже наполненную частицами. Она уже будет представлять собой квант Материи, а квант Света, который в неё погружался, как бы, исчезает, о чём мы говорили ранее. Но на самом деле он продолжает существовать только уже в виде «пустой», свёрнутой к минимальным параметрам, структуры.

Здесь явно напрашивается интересный вывод о материализации кванта Света. Например, у нас есть планетарное тело, вращающееся по удалённой орбите, которое уже является материальным и, вроде бы, полным отражением структуры кванта Света или, точнее сказать, его ЭСН, и получается, что она до погружения была чем-то наполнена. Только в этом случае квант Материи мог обрести свои параметры: параметры кванта Света становятся параметрами кванта Материи (рисунок 33).

Здесь мы оказались немного в ступоре: получается, что квант Света должен был быть наполнен какими-то частицами, а то бы он не имел никаких параметров. Невольно возникает вопрос, а каким образом частицы ранее заполнили собой структуры кванта Света?

Здесь мы приходим к пониманию того, что должен существовать некий круговорот между квантом Света и квантом Материи. Это должен быть не просто круговорот их вращения в одних и тех же параметрах, а эволюционный или инволюционный круговорот, с приобретением частиц или с их потерей.

Что произойдёт с квантом Света, если он материализуется в соответствии с рисунком 33? В этом случае, он в Материи останется навсегда уже её квантом и никакого круговорота мы между ними не увидим. Должно возникнуть некое новое воздействие на квант Материи, чтобы он развоплотился обратно в квант Света. Здесь возникает некая третья сила, которая должна управлять этим процессом.

Мы уже ранее говорили о том, что процесс переключения с эволюции на инволюцию осуществляется простой сменой фазы состояния кванта. Он, при этом, переходит границу сектора некоей бо́льшей ЭСН, которая и будет управлять его состоянием.

Можно утверждать, что, материализуясь, ЭСН кванта Света превращается в материальную ЭСН кванта Материи, корпускулы которого уже будут наполнены материальными частицами. Наполнение частицами Материи означает, что полученные корпускулы, как структуры ЭСН, становятся материальными. Они заполняются частицами материального пространственного сектора бо́льшей ЭСН Материи. То есть, при переходе границы её сектора, частицы Света меньшей ЭСН, которая инволюционирует, заменяются частицами Материи, образуя меньшую материальную ЭСН, которая эволюционирует.

Здесь нам необходимо разобраться более подробно: как корпускулы Света исчезают в одном секторе Времени бо́льшей ЭСН и становятся материальными в другом её секторе Пространства? Для этого давайте рассмотрим другой формат подобного круговорота между ЭСН пространства и ЭСН времени, которые обе принадлежат Материи и имеют в себе её частицы. Нам здесь будет проще понять, как осуществляется такой круговорот?

Мы, действительно, здесь можем увидеть, что, например, энергетические корпускулы ЭСН времени инволюционируют, уменьшаясь в своих параметрах и освобождаясь от энергетических частиц, а материальные корпускулы ЭСН пространства, наоборот, эволюционируют, увеличиваясь в своих параметрах, набирая в себя материальные частицы. Не нужно забывать, что мы здесь имеем две разные ЭСН.

Как тут не признать, что мы, вроде бы, получаем следующую динамику перехода: ЭСН Времени переходит из одного сектора бо́льшей ЭСН в другой, становясь ЭСН Пространства. Эта ложная видимость процесса реально может нас запутать. Дело в том, как мы определились ранее, переноса частиц из одного сектора в другой не происходит: частицы и корпускулы не должны переходить границы секторов ЭСН, а развоплощаются и остаются в бо́льшем Пространстве или Времени. Например, при инволюции ЭСН времени, как бы, освобождается от частиц, сжимаясь в своей структуре в своём секторе бо́льшей ЭСН. Как только частицы «выпадают» из этой ЭСН, то они попадают в …

Куда они попадают?

Если они «выжимаются» из одной структуры ЭСН, то обязательно должны попасть в другую структуру ЭСН, которая эволюционирует. Ни одна частица не может оказаться не структурированной. Она никак не может выпасть из Глобальной Структуры Абсолюта (ГСА). У неё всегда найдётся своё место внутри ГСА.

Например, при смерти в нашем мире материальное тело разлагается, но только до атомов. Дальнейшего их развоплощения не происходит. Они остаются структурированы как атомные структуры. Они получаются для 4-го планетарного уровня материальными частицами и могут находиться в свободном состоянии и использоваться другими структурами этого же мира. Получается, что частицы должны остаться внутри своей бо́льшей структуры, с соответствующими ей параметрами.

Получаются, что, на нашем примере, атомы не переходят границу Пространства нашего мира и остаются здесь даже при инволюции его структур. Частицы материи не покидают своего Пространства и не переходят в частицы Времени. Тут же возникает законный вопрос, а что же тогда переходит из одного сектора бо́льшей ЭСН в другой, если не частицы, то что?

## Процесс перехода границ секторов

Давайте теперь попробуем разобраться в том, могут ли частицы, действительно, переходить из ЭСН Времени в ЭСН Пространства? Для этого исследования составим рисунок 34. Здесь, слева, мы имеем энергетическую частицу ЭСН Времени, которая имеет скорость $C^2$. Переходя через границу сектора

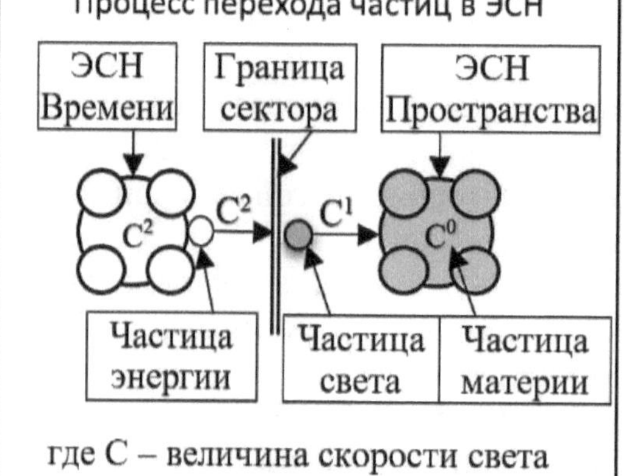

Процесс перехода частиц в ЭСН

| ЭСН Времени | Граница сектора | ЭСН Пространства |

$C^2$        $C^1$        $C^0$

Частица энергии | Частица света | Частица материи

где С — величина скорости света

Рис. 34

бо́льшей ЭСН между Пространством и Временем, эта частица теряет скорость до величины $C^1$, оставляя на его границе часть своей энергии. Мы её здесь уже можем назвать частицей обычного материального света, имеющего скорость равную С. Далее, переходя в ЭСН Пространства, частица света снова теряет свою скорость, которая становится равной $C^0$. Это уже будет соответствовать материальной частице, скорость которой в Материи будет равна «1» и которая заполнит собой

ЭСН Пространства. Получается, что частица энергии Времени здесь, всё же, переходит в материю Пространства и становится его частицей.

У нас есть реальный пример такого перехода, который мы можем проверить на уровне солнечной системы. Солнце имеет внутри себя энергетические частицы Времени, которые обладают скоростью $C^2$. Мы здесь подразумеваем, что в его внутренней структуре есть нечто инволюционирующее, что отдаёт энергетические частицы Времени во вне. Проходя его термоядерный слой, который, как раз, является одной из сторон границы сектора большей ЭСН, они теряют скорость до $C^1$. Это «подсвечивает» нам термоядерный слой Солнца, который даёт нам уже обычный материальный свет. Мы его явно видим. Далее световые частицы, попадая на планету Земля и переходя уже её границу, теряют скорость до величины $C^0$. Это уже будет вторая часть границы сектора и, как мы видим, она получается довольно внушительной. Практически, частицы света полностью останавливаются и делаются материальными, пополняя общее количество частиц на эволюционирующей планете Земля. Тогда Солнце мы получаем инволюционирующей структурой ЭСН Времени, теряющей частицы, а планету Земля – эволюционирующей ЭСН Пространства. Эта потеря частиц, в конце концов, приведёт его к полной их потере, из-за чего термоядерный слой Солнца может и даже должен будет погаснуть, что будет означать конец его инволюции и конец земной эволюции.

Далее может начаться процесс эволюции ЭСН Солнца и инволюции ЭСН Земли, который был уже описан нами ранее [1]. Нас более интересует, сможем ли мы из частицы ЭСН Пространства снова получить новую энергетическую частицу ЭСН Времени (рисунок 35)?

При обратном переходе границы между ними, начинается обратный процесс перехода материальной частицы в частицу энергии. Как мы видим на рисунке 35, всё происходит в обратной последовательность от скорости частицы $C^0$ до $C^2$. Его описывать не имеет смысла, и мы вполне можем утверждать, что такой процесс имеет право на существование, но мы его, на примере планеты Земля рассматривать пока не будем, ибо делали это ранее [1].

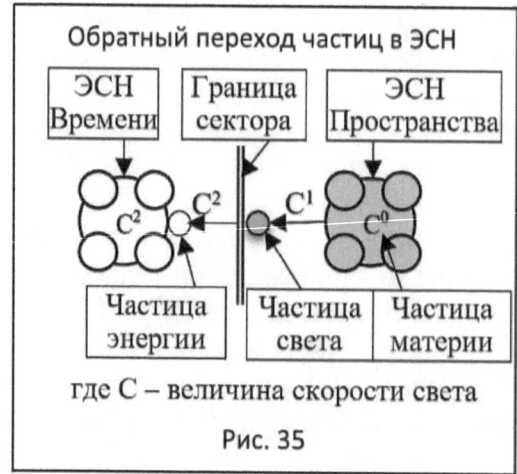

Обратный переход частиц в ЭСН

| ЭСН Времени | Граница сектора | ЭСН Пространства |

| Частица энергии | Частица света | Частица материи |

где С – величина скорости света

Рис. 35

Мы получили два разнонаправленных процесса перехода частиц из одной ЭСН в другую. Мы получили, вроде бы, переход частиц из одного сектора большей ЭСН в другой, но будет ли это верным? Конечно, на примере солнечной системы мы даже доказали реальность такого перехода частиц из одного сектора большей ЭСН в другой. Но с другой стороны, как быть с атомами, которые всегда остаются на планете Земля и с неё никуда не переходят?

На самом деле, и то и это будет верным: круговорот с передачей частиц между сектора большей ЭСН действительно существует и отрицать его мы не можем. Это будет внешний круговорот частиц в большей ЭСН. Атомы, как частицы, будут принадлежать внутреннему круговороту ЭСН Пространства, которая уже сама станет для них большей. Атомов на планете Земля становится всё больше, так как она эволюционирует и обретает всё большее количество частиц.

Ранее, на примере энергетических частиц ЭСН Солнца (рисунок 34) мы описали её инволюцию. Но это будет не расформирование «планеты» Солнце, которая формируется и эволюционирует аналогично и тождественно планете Земля. Мы имели в виду другое «Солнце»[9], которое к нашей материальной солнечной системе отношение не имеет. Мы описали «Солнце» как ЭСН Времени, которая инволюционирует, а не наше материальное Солнце. Именно оно передаёт свои энергетические частицы в материю планеты Земля.

---

[9] В кавычках мы будем указывать «Солнце», которое инволюционирует, а не наше Солнце солнечной системы, которое эволюционирует вместе с планетой Земля.

Итак, при переходе частиц из ЭСН Времени в ЭСН Пространства, они будут накапливаться в ней, позволяя внутренним телам и формам эволюционировать. Например, на планете Земля мы эволюционируем за счёт всё большего накопления материальных частиц на поверхности планеты. При этом её размеры постоянно увеличиваются. Это будет происходить до тех пор, пока «Солнце» себя полностью не исчерпает.

Вся его структура вместе с энергетическими частицами должна будет полностью перейти на планету Земля, которая запомнит это состояние до нового силового воздействия на неё. Память Материи Земли сохранится до тех пор, пока на неё не станут воздействовать другие внешние силы.

Вывод напрашивается таким, что если на материальную ЭСН не действует более никаких сил, то она может существовать вечно и будет служить памятью Материи для фиксации ранее оказанного на неё воздействия. Таким образом, о каждом периоде центрального круга ЭСН, которые формируют материальные корпускулы, можно говорить, что внутри них, в пределах их границы действия, существует нечто, что удерживает их от распада.

Если квант Света материализовался в квант Материи, то обратного действия не произойдёт до тех пор, пока не появится противоположная по действию новая сила или не изменится начальная фаза состояния кванта Материи, что будет одним и тем же. Если рассмотреть только первую фазу погружения кванта Света в Материю (рисунок 33), то здесь мы видим, что он сразу же формирует первую материальную корпускулу. Уже о ней можно говорить, как о памяти Материи. После прекращения в первой фазе действия силы кванта Света, созданная ей материальная корпускула, как планетарное тело, уже не распадается. Она будет удерживаться этой материализованной $\frac{1}{4}$ частью силы Света, которая уже будет принадлежать кванту Материи. Все четыре периода идёт запоминание в структурах корпускул в кванте Материи воздействия на неё силы кванта Света.

Мы получили процесс некоторого вращения частиц между Светом и Материей, Временем и Пространством, который мы явно наблюдаем в своей природе. Его мы отрицать уже не можем, и он имеет право на существование. Ещё мы пришли к пониманию того, что материальные частицы могут служить памятью Материи. Но они ли на самом деле является ею?

## *Двойной круговорот*

Перед нами возникают новые условия задачи: что запоминает все эти фазы состояния ЭСН; как частицы могут являться памятью Материи; почему сила кванта Света, материализованная в корпускулах кванта Материи, остаётся в нём существовать до нового силового воздействия на него?

Сила Света сама себя запоминать не может: она пришла, произвела воздействие на Материю и уменьшилась до нуля, сформировав корпускулы. Далее, она просто прекратила своё действие. Материя, как пластилин, получила воздействие Силы кванта Света на себя и создала в Материи подобную ему структуру, наполнив её ...

Вот здесь нам необходимо остановиться, ведь ранее мы утверждали на примере «Солнца», что частицы переходят из ЭСН Времени в ЭСН Пространства и наоборот. Тогда возникает вопрос, а что они передают друг другу?

Мы уже и знаем ответ на этот вопрос, и не знаем его. Пока мы утверждаем, что частицы «Солнца» передаются материи пространственной планеты Земля посредством магнитной силы через известные нам магнитные бури. Далее они становятся материальными, наполняя собой планету (рисунок 34). Обратный процесс нам пока неизвестен, но он вполне возможен и показан на рисунке 35. Это «Солнце» принадлежит плоскости Времени ЭСН *бо*льшего Пространства, во внутреннем положительном Пространстве которого располагается наша солнечная система.

Здесь нам необходимо будет более полно разобраться с круговоротом частиц внутри солнечной системы. Без этого исследования нам не удастся вникнуть в процессы передачи частиц между этими двумя ЭСН и их секторами. Частично, этот процесс мы уже описывали и тогда мы получили полный замкнутый круговорот частицы между Пространством и Временем [1]. Сейчас нем необходимо его уточнить и понять, как частицы переходят из пространства в плоскость времени и наоборот?

Итак, наша солнечная система уже дала нам некие знания о круговороте частиц внутри неё. Мы попытались это отразить в двух рисунках 34, 35. Они нам показали два перехода частиц: первый переход (рисунок 34) – из времени в пространство; второй переход (рисунок 35) – из пространства во время. Попытки объединить их в единый круговорот у нас пока не было и нам ещё предстоит это сделать.

Первый переход частицы, изображённый на рисунке 34, переводит частицу через границу между секторами из Времени в Пространство. Получается, что частица Материи, всё же, переходит границу между секторами *большей* ЭСН. Сначала она была энергетической частицей, а после перехода границы сектора она становится уже материальной частицей. Здесь нам относительно всё ясно, и мы ещё имеем среднее состояние частицы как обычный свет.

Второй переход частицы, изображённый на рисунке 35, переводит частицу через границу между секторами *большей* ЭСН из Пространства во Время. Если первый переход нами ещё как-то изучается, то второй переход для нас представляет некоторую тайну. Получается, что должна бы существовать ещё одна «Земля»[10], которая должна инволюционировать, отдавая свои частицы эволюционирующей планете Солнце. К сожалению, эту планету Солнце мы видеть никак не можем, ибо она находится внутри, за термоядерным поясом и она нам явно невидна.

Давайте попытаемся описать такой переход частицы от «Земли» к планете Солнце. Если от «Солнца» мы получаем частицы на Земле через его магнитную силу (магнитные бури), то, вероятно, от «Земли» к Солнцу частицы будут переноситься уже электрической силой (электрическими бурями), которая полностью подобна магнитной силе, но находится во взаимно-перпендикулярной плоскости. В своём пространстве мы не можем наблюдать действия

---

[10] Инволюционирующую «Землю» мы будем обозначать в кавычках, в отличие от нашей эволюционирующей планеты Земля.

электрической силы, если только через её проекцию на пространство, что имеет небольшую величину.

Источником обратного круговорота должна служить планета «Земля», которая развоплощается. Если мы живём на эволюционирующей планете Земля, то где и как располагается где-то внутри неё инволюционирующая планета «Земля»? Мы ответим на этот вопрос позднее, а сейчас мы попытаемся описать, как материальная частица становится энергетической (планета «Земля» так же должна быть материальной).

Электрическая сила «Земли» действует перпендикулярно магнитной силе «Солнца». Они получаются у нас зависимыми друг от друга и образующими общий круговорот частиц в их «солнечной системе». Материальная частица на «Земле», которая инволюционирует, имеет скорость равную $C^0$. Она электрической силой далее должна разогнаться до величины скорости света $C^1$. Этот разгон должен как-то энергетически обеспечиваться (рисунок 35).

По Птолемею вокруг нашей планеты Земля, подобно термоядерному поясу Солнца, существует пояс с «кристаллической водой». Это название пояса говорит нам о том, что «вода» превратилась не просто в лёд, а стала кристаллическим льдом, который должен иметь очень низкие отрицательные температуры. Вокруг нашей планеты Земля в ближнем космосе действительно существуют очень низкие температуры. Например, на тёмной стороне Луны она достигает -170°C.

Откуда вдруг в космосе могла взяться отрицательная температура, если Солнце так ярко светит и обеспечивает своей энергией всю солнечную систему? Это низкотемпературное явление подтверждает нам энергетическое обеспечение разгона электрической силой материальных частиц до скорости света.

Только здесь речь мы уже можем вести не об обычном свете, а о его полной противоположности – тьме. Материальные частицы здесь разгоняются до скорости тьмы, которая равна скорости света. Эти частицы тьмы будут иметь фазу состояния противоположную частицам света. Мы можем уверенно утверждать, что в околоземном пространстве идёт отбор энергии для разгона частиц.

Здесь же, в этой же околоземной области, происходит торможение энергетических частиц в первом переходе (рисунок 34). При торможении частиц в эту область отдаётся энергия, а при их обратном разгоне (рисунок 35) она снова отбирается. В околоземном пространстве материальные частицы должны разогнаться до величины скорости света. Мы привели этот пример для того, чтобы показать, откуда берётся энергия в околоземном пространстве для обратного разгона материальных частиц до скорости света.

Далее, эти тёмные частицы устремляются теперь к эволюционирующему Солнцу, ибо оно должно их получить. Эта эволюционирующая планета Времени формируется из энергетических частиц. Значит, в области термоядерного слоя эти частицы тьмы должны разогнаться до величины квадрата скорости света $C^2$. Это для них очень удобно, ведь здесь же тормозятся энергетические частицы инволюционирующего «Солнца», которые отдают ему свою энергию. Возможно поэтому термоядерный слой не расширяется и остаётся довольно стабильным: получил энергию от торможения – отдал энергию для обратного разгона.

Разогнанные частицы тьмы до величины $C^2$, далее опять становятся энергетическими и попадают на планету Солнце, которая формируется из них. Наш круговорот замкнулся, но пока он действует только в одну сторону от «Солнца» к Земле, от «Земли» к Солнцу.

Если его более внимательно исследовать, то мы получаем две его эволюционирующие части: ЭСН Земли и ЭСН Солнца. Кроме них мы получаем ещё две инволюционирующие части: ЭСН «Солнца» и ЭСН «Земли». Мы явно здесь видим, что у нас образовались две ЕСН, одна их которых – эволюционирующая, другая – инволюционирующая. Они имеют круговорот частиц между собой, как в одну, так и в другую сторону, как мы это описали ранее.

Вывод можно сделать такой: частицы переходят границу секторов в бо́льшей ЭСН. Между её внутренними меньшими ЭСН существуют круговороты, которые объединены в две ЕСН, как мы определились ранее.

Если вернуться назад от уровня солнечной системы к атомам, где, вроде бы, нет такого круговорота, то нам его необходимо будет отыскать. Материальные тела и формы состоят из атомов, как из некоей первичной материи. Эволюционируя, они получают материю от «поедания» других тел или форм, то есть в готовом виде. Это нам мало, что даёт и касается только материальных тел и форм.

Если теперь перейти на 3-ий планетарный уровень Души человека, то здесь мы найдём планетарную систему Времени, которая эволюционирует за счёт такого же круговорота, который мы описали в солнечной системе. Мы здесь вполне можем говорить о подобном круговороте частиц времени и во Времени, а не в Пространстве, как это мы проделали ранее в солнечной системе.

Итак, мы будем утверждать, что частицы, всё же, переходят через границу секторов внутри ЭСН. Чтобы нам более полно с этим определиться, нам необходимо понять, что собой представляет Материя?

### *Что такое Материя?*

Она в своём изначальном состоянии должна представлять собой бесформенный сгусток материальных частиц, которые каким-то образом связаны между собой? Материя – это тот же Свет, только имеющей параметры своего состояния отличные от него. Она может иметь частицы в некоем изначальном бесконечно большем ...

Тут даже нельзя сказать Пространстве или Времени, ибо это будет уже нечто выше их. Возможен и другой вариант: это будет сгусток множества бесконечно малых пространств и времён, которые в итоге дают пространственно-временной «0», но все частицы трансцендентной Материи должны в нём существовать.

По Библии Материя описывается довольно внушительных размеров, что Дух Божий, который и есть структурированный, но нематериальный Свет, носится над ней. Если Дух Божий «пустой» и не имеет в себе частиц, то

163

Материя имеет в себе множество частиц, а это означает, что она не должна быть структурированной, что говорит об отсутствие в ней изначальных Пространства и Времени.

Нашим умом это невозможно себе представить: если есть частицы, то они должны располагаться как в изначальном разнополярном Пространстве, так и изначальном разнополярном Времени. А это уже будет ни что иное, как ГСМ. Но ниже этой изначальной Структуры структур более не должно быть. На этом мы и остановимся в описании изначальной МАТЕРИИ.

Мы уже разбирали вопрос состояний частиц Материи и к нему более возвращаться не будем. Как мы указывали ранее, частицы некой совсем изначальной МАТЕРИИ должны быть полностью нейтральными – эфиром. Без воздействия на них сил кванта СВЕТА (Духа Божьего), они не несут в себе никакой зарядовой и никакой плоскостной информаций, кроме изначальной. Изначально мы имеем нечто, что даёт изначальные свойства частицам МАТЕРИИ. Истинный «заряд» у них появляется только при их попадании в какой-либо сектор даже самой малой ЭСН, например, 1-го планетарного уровня, которая сразу же их структурирует под себя, заполняя её частицами.

Получается, что изначально мы не можем иметь даже ГСМ, но при воздействии на МАТЕРИЮ квантом СВЕТА она начинает своё внутреннее структурирование, формируя под него Трансцендента. Первой структурой, как раз, появляется ГСМ. Её структура по мере эволюционирования будет становиться всё более сложной и более многомерной.

Сейчас наступает самое интересное: дело в том, что материальные частицы и частицы энергии к обычному свету имеют одинаковое, но зеркальное, отношение по скорости света: и там, и там оно равно скорости света. Частицы материи в пространстве и энергии во времени могут являться памятью Материи. Но если материальные частицы можно считать неподвижными и статичными ($V_м=1$), то энергетические частицы обладают невероятной подвижностью и динамизмом ($V_e=C^2$), что, всё же, не позволяет им являться памятью Материи.

Здесь можно привести символический пример компьютера, который обладает двойной памятью: оперативной (динамической) и постоянной (статической). Оперативную память можно легко изменять, но она не может долго хранить информацию: если у компьютера отключается питание (исчезла сила квант Света), то эта память просто стирается. Постоянная память сохраняет информацию более продолжительное время, и она сохраняется даже при отключении питания компьютера (появился квант Материи).

Изначально, частицы МАТЕРИИ сами по себе полностью «нейтральные», пока не обретут одно из зарядовых свойств Материи. Обретая «заряд», они, как бы, запоминают его и остаются «заряженными» до окончания цикла того периода ЭСН, в котором они находятся. Когда они из «нейтрального» состояния переходят в «заряженное» состояние, то полученный ими «заряд» силы заставляет их действовать в соответствие со своим «зарядом», например, создавая планетарные тела. Это может быть планетарные тела Пространства или Времени.

Пока они будут находиться в таком «заряженном» состоянии, они будут удерживать созданное планетарное тело от распада. Как только произойдёт смена «заряда», то частицы тут же поменяют свой индивидуальный «заряд» и планетарное тело тут же потеряет устойчивость и будет распадаться. Но энергия, которая его ранее формировала, должна сохраниться и одновременно перейти в новое тело, создаваемое посредством нового типа «заряда». Вот такой своеобразный круговорот частиц внутри Материи мы получаем.

Что значит, например, изменить заряд нейтрино? Это практически сделать невозможно, и этого не происходит потому, что мы считаем нейтрино стабильными нейтральными частицами. Мы ранее [1] рассматривали тот вариант, когда нейтрино, попадая в ЭСН, при смене плоскости состояния становились электроном или позитроном. Не происходит ли, в этом случае, материализации нейтрино с образованием частиц материи или энергии? Не являются ли нейтрино той изначальной частицей Материи, из которой всё возникает, ведь они не имеют отношения ни к материи, ни к энергии, ни даже к обычному свету? Возможно, они получаются у нас ещё не структурированными, не вошедшими ни в одну из структур Нави.

Нейтрино, «попавшее» в «сети» ЭСН, как бы, обретает «заряд» в соответствие с параметрами её периода. Тогда получается, что если любую частицу вывести из ЭСН, то, вполне возможно, что она полностью потеряет «заряд» и снова станет нейтральной. Только «захваченную» эволюционирующей структурой Нави частицу, вывести из неё будет уже невозможно, пока она не опрокинется и не станет инволюционирующей, то есть освобождающейся от материальных частиц. Но эти частицы тут же будут захвачены другой частью структуры Абсолюта, потому что они будут все вращаться внутри него. Однажды получившая «заряд» нейтральная частица навечно остаётся в структуре Абсолюта и выйти из неё уже не сможет. Тогда мы получаем вечную жизнь частиц в Абсолюте.

Мы пришли к пониманию того, что в структуре Абсолюта все частицы оказываются «заряженными». Они могут изменять тип «заряда», но всегда будут его иметь. Все они задействованы в круговороте Материи внутри структуры Абсолюта. Даже те нейтрино, о которых мы говорили, как о нейтральных частицах, имеют (пока открыты) 6 своих типов, но исходя из свойств ЭСН, их должно быть не менее 8 типов (два типа их ещё не открыты). Получается, что даже нейтрино уже изначально имеют свои «заряды». Может они и есть те изначальные частицы МАТЕРИИ? Только всё дело в том, что мы их уже наблюдаем в Пространстве, где они уже должны быть изначально «заряженными».

Мы не можем у себя на планете и даже во вселенной обнаружить, действительно, нейтральных частиц. Вселенная уже структурирована и все частицы, находящиеся внутри неё, уже обладают определённым типом «заряда». Можно сделать интересный вывод, что все заряженные частицы Материи являются структурированными элементами её трансцендентной Памяти!

# Глава III. Четверичное настоящее

Совершенно неожиданно нам удалось обнаружить и исследовать то, что составляет память Материи. По мере нисхождения кванта Света в Материю, её частицы обретают свой тип «заряда». Этот «заряд» частицы и является памятью Материи. Он позволяет им формировать корпускулы и, в целом, квант Материи. Эти корпускулы, встраиваясь в структуры и уже формируют тела и формы. Можно даже сказать по количеству типов плоскостей, что мы получаем память Материи в четверичном (восьмеричном, если не более) исполнении, а не в двоичном, как в обычном компьютере.

Итак, памятью Материи обладают частицы, которые являются «заряженными». Возникает своеобразный вопрос: почему частицы разных типов «зарядов» не влияют друг на друга? Чтобы ответить на этот вопрос, нам снова необходимо обратиться к структуре кванта Света. Мы уже начинаем понимать, что он всегда и во всём будет «виноватым»!

## *Образование настоящего*

Итак, в кванте Света действуют четыре силы, которые формируют в Материи следующее:

- положительную электрическую силу, образующую энергетические частицы положительного времени +E;
- отрицательную электрическую силу, образующую энергетические частицы отрицательного времени –E;
- положительную магнитную силу, образующую материальные частицы положительного пространства +M;
- отрицательную магнитную силу, образующую материальные частицы отрицательного пространства –M.

Действие сил осуществляется в разных плоскостях: электрическая сила действует в плоскости времени, а магнитная – в плоскости пространства. Естественно, эти плоскости пространства и времени взаимно-перпендикулярные. Они оказывают слабое влияние друг на друга и только в виде своей линейной проекции.

167

Сами плоскости пространства и времени могут иметь разные знаки состояния: положительные и отрицательные. Например, плоскость времени разделена на две плоскости, которые не пересекаются между собой: положительного и отрицательного времени. Точно такую же картину мы наблюдаем с пространственной плоскостью: положительное и отрицательное пространство. Все эти четыре плоскости получаются у нас разъединёнными между собой и действуют друг на друга, как мы это сказали ранее, только через свои проекции или места соприкосновения (точки, линии, объёмы и т.п.).

Но и это ещё не всё. Мы указали только силы кванта Материи, находящегося в *большем* Пространстве (ПСНПр). Как показали нам исследование ЕСН, существует ещё и *большее* Время, где квант Материи имеет ещё четыре силы, аналогично описанным выше (ПСНВр). Всего получается восемь типов «зарядов» частиц Материи: четыре – в Пространстве и четыре – во Времени. Давайте попробуем вычислить влияние четырёх сил кванта Материи, пока только *большего* Пространства, между собой, ибо влияние сил во Времени будет им аналогичным.

Итак, мы начнём поиск с внутреннего положительного пространства *большего* Пространства, которое образуется положительной магнитной силой кванта Материи. Эта сила заставляет частицы и тела вращаться вокруг оси её действия, образуя положительное пространство, знак состояния которого определяется направлением его вращения. Все частицы этого положительного пространства оказываются материальными и положительно «заряженными» пространством. Здесь нам вроде бы всё ясно.

Теперь давайте точно так же определим действие положительной электрической силы в этом же кванте Материи. Эта сила образует положительную плоскость внутреннего времени *большего* Пространства, в которой уже оказываются энергетические частицы. Во времени электрическая сила действует точно так же как магнитная сила в пространстве. Все энергетические частицы у нас будут вращаться вокруг центра действия электрической силы.

Полярность частиц определяет направлением их вращения вокруг своего центра.

Как мы видим, по отдельности они у нас очень хорошо работают. Теперь давайте усложним задачу и точку отсчёта

Проекция Времени на Пространство

Линия проекции

+S (+T) — — — — +T (+S)

Рис. 36

оставим только одну, например, бо*льшее* положительное Пространство (рисунок 36). Как плоскость внутреннего времени со своими положительно заряженными частицами энергии впишется в это Пространство?

Здесь сказывается другая плоскость воздействия силы, так как в плоскость внутреннего пространства электрическая сила проецируется из его внутреннего времени линейно. А вот, чем она, с какими свойствами явится нам в своей проекции в это внутреннее положительное пространство пока остаётся вопросом? Это уже будет не электрическая сила в её истинном качестве, которая она имеет в плоскости внутреннего положительного времени, а нечто совсем другое, но что?

Электрическая сила во времени является аналогичной магнитной силе в пространстве, но проецируясь в пространство, электрическая сила уже не будет вращающейся вокруг своего центра времени, потому что для пространства проекция на него плоскости времени – это будет уже линия, а не плоскость (рисунок 36). Действие электрической силы внутреннего времени кванта Материи в пространстве уже получается *линейной*.

Подведём итог действия электрической силы во времени и в пространстве:

- во времени – это сила действует в плоскости времени и является замкнутой и вращающейся вокруг собственной оси;

- в пространстве – её проекция из времени будет линейным действием, которое проецируется в пространство линейно.

Теперь можно сказать о влиянии энергетических частиц времени на пространственные частицы. Если все частицы времени в пространстве оказываются линейными, а не плоскостными, то действие их здесь будет сильно ограничено. Можно сказать, что никакого сильного влияния на материальные частицы пространства они оказывать не могут, что нам и требовалось доказать.

Точно такая же ситуация возникает при рассмотрении действия пространственной магнитной силы в плоскости Времени (рисунок 36, в скобках). Если в пространстве магнитная сила действует в плоскости и является замкнутой и вращающейся вокруг собственной оси, то во времени она будет проецироваться уже линейной силой и будет действовать там, как электрическая сила в пространстве – линейно. Здесь так же мы видим минимальное влияние частиц пространства на плоскость Времени. Нам осталось выяснить вопрос о влияние между собой частиц положительного и отрицательного пространства и положительного и отрицательного времени.

Как мы ранее утверждали, что плоскости, например, положительного и отрицательного пространства не пересекаются между собой. Они могут пересекаться между собой, только точечно «b» (рисунок 37). На этом рисунке 37

Рис. 37

мы видим, что плоскости пространства или времени разной полярности в точке соприкосновения едва касаются друг друга.

Давайте приведём символический пример: положительная плоскость пространства вращается из прошлого в будущее, а отрицательная плоскость пространства вращается из будущего в прошлое. Как вы думаете, где они пересекаются?

Это будет настоящее Пространства. Они пересекаются там, где пересекаются центра плоскости времени «b». Как мы понимаем, плоскости с разной полярностью не накладываются друг на друга, а имеют соприкосновение друг с другом в настоящем. Оно явно будет не выше линейного соприкосновения, если не точечного. Естественно влияние материальных частиц с разным «зарядом» друг на друга будет таким же минимальным.

Тоже самое мы имеем во времени (рисунок 37 в скобках). Его плоскости так же вращаются в разном направлении и соприкасаются только в точке настоящего Времени. Если положительное время идёт из прошлого в будущее, то отрицательное – из будущего в прошлое. Точка их соприкосновения – настоящее.

Тут нам, вдруг, с новой стороны открывается наше настоящее. Оно у нас получается двойным и пространственно-временным. Настоящее является тем местом, где осуществляется переход из прошлого в будущее и наоборот. Только в нём частицы могут менять свой «заряд». На самом деле настоящее – полностью нейтрально и оно не содержит в себе ни пространства, ни времени, или, если только, их минимальные параметры для своего планетарного уровня.

В настоящем, как мы предполагаем, есть нечто, что позволяет частицам изменять свой «заряд». В момент нахождения частицы в настоящем, она полностью становится нейтральной, ведь в нём нет ни пространства, ни времени, а далее они, попадая в новую плоскость состояния Материи, уже обретают новый «заряд». Настоящее по своим внутренним свойствам у нас получается каким-то очень интересным «стирателем» «заряда» частицы: оно переводит их с одного типа «заряда» на другой. Только, как и чем оно это осуществляет?

### «Управление» структурами

Совершенно неожиданно мы наткнулись в настоящем, внутри него, на переходы частиц со сменой их типа «заряда». Это пока есть наше предположение, и мы ещё должны будем его доказать. Ранее, рассматривая динамику развёртывания модели ЭСН [1], мы пришли к пониманию, что все четыре малых круга (рисунок 18 [1]) параллельно и одновременно расширяются, наполняясь своим типом частиц материи и энергии. Это одновременное наполнение частицами должно иметь свой источник. Нам теперь важно понять, откуда частицы «приходят» в расширяющуюся ЭСН, ведь не на пустом месте она расширяется?

Давайте попытаемся это вычислить через настоящее, где частицы могут менять свой знак состояния. Например, в секторе внутреннего положительного пространства ЭСН у этих переходящих частиц должно быть своё настоящее, которое двигается обычным для нас путём, из будущего в прошлое. Вернее, мы видим только одну из сторон настоящего как движение частиц из будущего (от источника) к настоящему сектора внутреннего положительного пространства ЭСН. Тогда возникает вопрос, а откуда берутся частицы Материи для расширения всех четырёх секторов ЭСН находящейся, например, в плоскости *большего* Пространства, в будущем? Расширяется ли она за счёт свёртывания ЭСН какой-то другой *большей* плоскости?

Если проводить такой анализ далее на реальном примере, то атом водорода, состоящий из двух взаимно-перпендикулярных ЭСН (Пространства и Времени), которые мы назвали ЕСН (рисунок 21), является стабильным. Получается, что обе ЭСН Пространства и Времени сумели расшириться одновременно до конечных параметров атома водорода, иначе бы тогда этого стабильного атома мы не имели.

Если атом водорода стабилен, то его опрокидывание в другую плоскость, например, из *большего* Пространства в *большее* Время, должно оставить его в том же состоянии, только фаза его состояния тогда изменится и станет другой: из материального атома водорода он тогда должен будет превратиться в атом водорода из энергии, хотя его структура останется такой же ЕСН (рисунок 21). Он не должен при переходе границы, обладая стабильной и законченной структурой, разрушиться, или должен?

Мы точно можем сказать, что его структура ЕСН не изменится. Она будет сначала расформирована в своей плоскости, которую мы уже сможем отнести к прошлому, а затем, одновременно, снова будет сформирована уже в другой плоскости, которая для него будет настоящим действием эволюции.

Но чтобы возникло его настоящее там, где-то уже должно существовать его же будущее. Это говорит нам о том, что в новой плоскости состояния атом водорода уже должен был бы изначально существовать в своей структуре ЕСН, которая могла бы быть там «пустой» без наполнения частицами. Когда атом водорода перейдёт в новую плоскость состояния, то в прошлой плоскости он так же может остаться существовать в виде такой же «пустой» структуры ЕСН.

Здесь мы можем предположить, что через настоящее будут переходить только частицы, а сами структуры остаются на своём «фиксированном» месте в свёрнутом «пустом» состоянии. Но если первая из них потеряет свои частицы и окажется свёрнутой до «точки», то вторая – их обретёт и расширится до своих «установленных» параметров.

Мы принимаем то, что изначально структура уже существует в готовом виде. Поэтому мы можем утверждать, что сами структуры неизменны, а вот их формирование или расформирование частицами уже зависит от того, какой «высший закон» и как с ними в этом плане работает. Мы указали ранее на существование матрицы миров, которая и всегда остаётся неизменной. Наполнение её ячеек частицами и есть результат структуризации МАТЕРИИ.

Здесь мы упираемся в нечто пока нам непонятое: что или кто заставляет эти частицы или формировать, или расформировывать тела и формы в мирах? Если структуры имеют подобие сетевой матрицы со своими параметрами ячеек, то какая сила заставляет её структурировать и наполнять тела и формы частицами?

Наша наука утверждает, что это делает Природа. Именно на неё возложили всю ответственность за нашу эволюцию. Видимо, действительно, она сегодня правит нашим миром через механические законы эволюции. Но если Природа в своём высшем качестве – это разумный человек, вернее, вся цивилизация в своём единстве, то как она через нас управляет миром?

173

Сегодня мы наблюдаем, что человек пытается изменять природу планеты и мы явно уже видим результаты такого труда. Тогда мы снова возвращаемся к вопросу: а как Природа через человека управляет структурами окружающего мира или не управляет ими? Но раз они изменяются, значит она управляет через нас миром. Но как она это делает и что есть в нас такого, что мы как-то можем это делать?

Мы пришли к тому, что должны отыскать в себе нечто, что позволяет нам изменять структуры внешнего мира и даже свои собственные структуры разума и тела. Природа пока осуществляет это управление миром скрыто через наш разум, который даже не подозревает об этом. Именно через него мы воздействуем на свой внешний мир и пока умолчим о внутреннем мире.

Внешний мир является только инструментальным звеном Природы, когда в ответ на некоторое воздействие в нём в человеке «механически» появляются уже готовые мысли, желания или чувства. Через мысль человек воздействует как на внешний мир, так и на себя. Мысль обладает силой. Эта сила, конечно, способна осуществлять «изменения» структур, но не их самих, а их наполнение. Мысль – это своеобразная программа по наполнению структур ЭСН частицами.

Тогда мы приходим к вопросу о том, а кто создаёт эти мыслительные программы? Мы немного «зашли» в философию, но нам необходимо вычислить источник «закона» по наполнению структур частицами: кто его создаёт? Что есть ещё такого в человеке, что он может это осуществлять?

Здесь мы приходим к своему сознанию! А сознание – это и есть сама структура [2]. И чем более сложная структура имеется в форме или теле, тем бо́льшим сознанием она или он обладает. Но даже сознание не меняет саму структуру, а только может изменить начальную фазу её состояния. Оно может изменить только начальную фазу ЭСН и, например, перевести её из плоскости бо́льшего Пространства ($0^0$) в плоскость бо́льшего Времени ($90^0$), или в плоскость отрицательного бо́льшего Пространства ($180^0$), или отрицательного б*о*льшего Времени ($270^0$). Более того, как изменить начальную фазу состояния ЭСН, человеческое сознание ничего сделать не может. Только «наше» сознание нам вовсе и не принадлежит, а является некой частью Высшего Сознания, некой б*о*льшей его структуры и так до структуры трансцендента (ТСА) или даже Абсолюта (ГСА).

Мы полную структуру миров получаем как Глобальную структуру Абсолюта, которая неизменна. Здесь мы даже начальную фазу поменять не сможем. Это уже будет называться управлением Абсолютом, что для нас будет уже нереально. Мы можем осуществлять такое управление начальной фазой состояния ЭСН только в пределах своего 3-го планетарного уровня, в пределах своего человеческого мира.

Кстати, наш разум является производным от соединения сознания-структуры с частицами энергии и материи. Их единение в структурах и даёт нам разум физического тела (газообразная структура), жизненную силу для движения (жидкостная структура) и ум (органическая структура) [2].

## *Круговороты настоящего*

Если, например, атом водорода состоит из ЕСН б*о*льшего Пространства (рисунок 21) то, когда мы переводим его в б*о*льшее Время, то его основной структурой здесь также останется ЕСН, только уже б*о*льшего Времени. Мы здесь просто изменяем начальную фазу состояния ЕСН. Как видим, структура атома измениться не может, а вот её наполнение тогда станет совсем другим. Естественно, свойства такого атома б*о*льшего Времени сильно изменятся.

Атомы 2-го уровня являются «кирпичиками» для создания планетарных систем 4-ого планетарного уровня. Они будут неизменными пока планетарная система 4-го уровня не изменит свою фазу начального состояния и не перейдёт в другую б*о*льшую плоскость из Пространства во Время. Пока эта система не опрокинется, с атомом ничего не произойдёт. Это говорит нам о том, что на этом уровне эволюции он уже законченный эволюционный продукт.

Получается, что 2-ой планетарный уровень уже полностью сформирован и его эволюция уже закончена. Сегодня новые атомные структуры возникают только синтетическим путём при помощи человека. Можно предположить, что атомы уже не имеют настоящего, так как они уже достигли пределов своего будущего, и время их жизни – вечность, в нашем понимании, пока не опрокинется сам трансцендент.

Получается, что настоящее должно быть тесно связано только с эволюционирующими планетарными уровнями и системами. Его можно будет исследовать только через них. Следующий за атомным, 3-ий планетарный уровень для нас составляет «тайну за семью печатями». Он нам ни в какие наши приборы не виден и нам его трудно наблюдать и исследовать. Для понимания в нём процесса настоящего нам нужно перейти на 4-ый планетарный уровень, где располагаются планета Земля и Солнце и у нас уже есть по ним необходимые знания.

Рассматривая геоцентрическую и гелиоцентрическую планетарные системы, мы понимаем, что они до сих пор, эволюционируют вместе с нами, причём, обе сразу. Они представляют собой такую же ЕСН (рисунок 21), которая продолжает наполняться частицами Материи и расширяться в пространстве и времени *большего* положительного, для нас, Пространства (это всё относительно). Здесь возникает вопрос: откуда обе эти планетарные взаимно-перпендикулярные системы ЭСН для своего расширения получают новые частицы материи и энергии?

Если где-то что-то разворачивается, то где-то и что-то должно сворачиваться. Должен существовать некий «механизм», который наполняет эту ЕСН частицами. К тому же, она не только должна наполняться частицами, но её эволюция подсказывает нам, что она должна каким-то образом расширяться в своих плоскостях, постоянно увеличивая в себе количество частиц.

Расширение этих систем 4-ого уровня нам зафиксировать не так сложно. Речь в науке идёт даже о расширении вселенной, что позволяет нам утверждать о продолжающемся расширении её внутренних систем.

Совместно с вселенной эволюционирует и наш 4-ый планетарный уровень.

Если структура ЕСН эволюционирует, то она должна откуда-то постоянно обретать всё большее количество частиц Материи. Критерием окончания эволюции любого планетарного уровня будет достижение им параметров его «квантованной» бесконечности [1], иначе это будет не эволюция. Только тогда планетарная система окажется стабильной и вечно живущей. Она в этом случае достигает во времени «точки» окончания своего будущего и её настоящее, как бы, «исчезает», превращаясь уже в вечное статическо-динамическое Настоящее без прошлого и будущего.

Планетарная система, не сумевшая достичь своей уровневой бесконечности, обречена на разрушение и новый цикл эволюции. Здесь мы можем подразумевать некий «механизм» самонаполнения частицами ЕСН, который нам ещё предстоит вычислить. Если достижение квантовой бесконечности планетарного уровня не будет достигнуто, то ЕСН меняет фазу своего начального состояния. Тогда процесс её эволюции опрокидывается в процесс инволюции с развоплощением до минимальных параметров этого уровня и далее всё начинается заново.

Но здесь, как мы подразумеваем, ЕСН каким-то образом оставляет полученные ранее частицы себе и не отдаёт их обратно трансценденту. Она, вроде бы, должна сама становится источником частиц для наполнения другой ЕСН, и это так и есть. Только другая ЕСН работает в комплексе с первой. Поэтому частицы никак не могут «выпасть» из этих двух ЕСН, составляющих, например, ПСНПр. Частицы обязательно остаются в внутри неё, совершают круговорот в плоскостях ЕСН и снова возвращаются обратно, заново начиная эволюцию.

## *Исследование настоящего*

Ранее мы говорили о двух взаимно-перпендикулярных разнополярных ЕСН Пространства или Времени, как о единой структуре – ПСНПр (рисунок 22) или ПСНВр (рисунок 23). Они, судя по атому водорода, оказываются настолько жёстко связанными друг с другом, что эволюционируют и инволюционируют тождественно и взаимосвязано. Поэтому мы были бы в праве исследовать этот процесс настоящего одновременно в этих полных структурах Нави. Но мы не будем этого делать, ибо мы тогда получим очень сложный процесс многогранного, многоуровневого и т.п. Настоящего, в котором просто можем запутаться.

Давайте, для простоты понимания, возьмём для исследования только две раздельные ЭСН: одну, *бо*льшего положительного Времени +T; другую, *бо*льшего положительного Пространства +S. Это мы сделаем для того, чтобы упростить исследование перехода частиц через настоящее из плоскости положительного Времени первой ЭСН+T в плоскость положительного Пространства второй ЭСН+S. Не нужно забывать, что такой процесс перехода характерен только при передаче частиц внутри Материи. Мы рассмотрим пока структуры внутри ГСА, как подобие ЭСН. Нам так проще будет понять далее смысл перехода частиц из кванта Света в квант Материи.

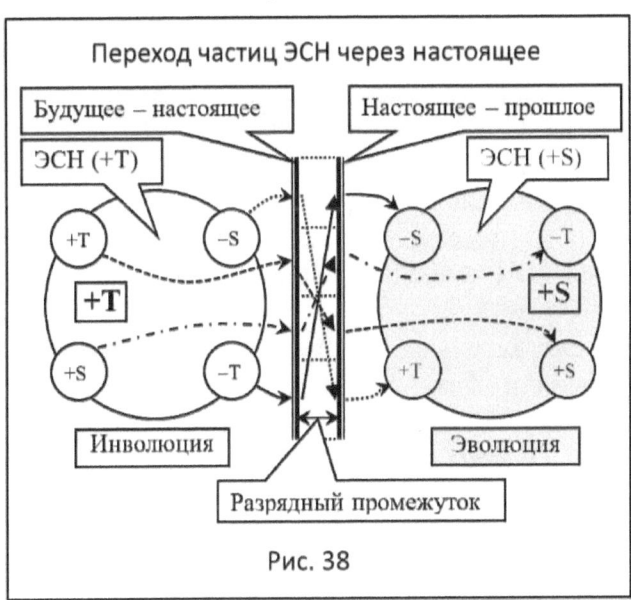

Рис. 38

Такой переход частиц через «настоящее» схематически представлен на рисунке 38. На нём показан переход через двойное настоящее: будущее-настоящее ЭСН положительного Времени (инволюция) и настоящее-прошлое ЭСН положительного Пространства (эволюция). Естественно, будущее и прошлое мы рассматриваем с позиции ЭСН положительного Пространства.

Такое двойное настоящее напоминает нам по своей структуре обычный конденсатор с двумя обкладками разделённых диэлектриком, в нашем случае «пустотой». Мы не знаем, что располагается между этими двумя настоящими: настоящим, приходящим из будущего (инволюция), от развоплощения ЭСН+T и настоящем, переходящим в прошлое (эволюция), от формирования ЭСН+S. Мы уверены в том, что в настоящем нет ни времени, ни пространства, ни энергии, ни материи. Хотя, мы на рисунке 38 показали, что частицы переходят в новую структуру, как бы, через настоящее, меняя в нём свою фазу состояния на $90^0$, но, возможно, в нём они сначала становятся полностью нейтральными или остаются с каким-то очень малым «зарядом» для своего планетарного уровня. Только когда они, переходя из настоящего, попадают в новую структуру то, только тогда они обретают новый «заряд».

Двойное настоящее мы обозначили двумя двойными линиями, разделёнными между собой «разрядным промежутком». Смещение фазы частиц на $90^0$ происходит не внутри настоящего, а на границе сектора ЭСН. Мы эти две ЭСН показали на рисунке 38 смещёнными на границе фазы $90^0$. Поэтому мы имеем, как бы, перераспределение частиц, между двумя ЭСН, смещёнными на такую же величину в $90^0$.

На самом деле, нам трудно сказать остались ли частицы, действительно, с предыдущего сектора ЭСН и только изменили фазу своего состояния на $90^0$ или это совершенно другие частицы, с других секторов. Мы этого просто не сможем узнать, ведь здесь оказываются задействованными частицы сразу же четырёх секторов и какие из них куда переходят нам трудно определить. Но мы будем считать, для простоты понимания, что частицы передаются смещёнными на $90^0$ в сектора ЭСН, полностью изменяя свои свойства:

- +S … –T;
- +T … +S;

179

- $-S \ldots +T$;
- $-T \ldots -S$.

На этом рисунке 38 мы отразили только передачу частиц от ЭСН *бо*льшего отрицательного Времени в ЭСН *бо*льшего положительного Пространства. Здесь мы практически получили четыре частных настоящих в соответствие с количеством секторов в одной ЭСН. Мы взяли пока только две ЭСН, но у нас в этой модели ГСА рисунка 28 существуют ещё другие ЭСН. Всего мы получим по четыре настоящих для каждой из четырёх пар ЭСН. Мы получаем в настоящим точно такие же аналогичные комплементарные парные структуры, как в обычной ДНК [2].

Теперь, если перейти к трансценденту то, например, трансцендент Пространства $+S$ эволюционирует, как мы поняли это ранее, за счёт другого трансцендента Пространства $-S$ через трансцендента Времени, как это показано для ЭСН на рисунке 37. Он инволюционирует, передавая первому свои материальные частицы. Это говорит нам о том, что все планетарные уровни первого трансцендента эволюционируют параллельно-последовательно за счёт планетарных уровней второго трансцендента. Между ними, внутри Абсолюта, существует постоянный круговорот частиц через настоящее.

Как мы можем понять, настоящее существует только на эволюционирующем планетарном уровне между структурами Нави. В структурах Мирра мы этого не наблюдаем. Они обеспечивают нам только переключение фазы настоящего на планетарных уровнях и связывают их между собой. Получается, что структуры Нави обеспечивают наполнение себя материей и энергией за счёт управления ими структурами Мирра. Они обе, в комплексе, создают «механизм» эволюции и инволюции форм, тел и миров трансцендента для наполнения его структур МАТЕРИЕЙ.

Мы исследовали передачу частиц через настоящее от одной ЭСН$+T$ к другой ЭСН$+S$ (рисунок 38). Пока нашему исследованию подверглись только две ЭСН. Это всего один из этапов перехода через границу сектора ЭСН$+S$ *бо*льшего Пространства. Всего в нём имеется четыре таких сектора и четыре их границы. *Бо*льшая ЭСН$+S$ получает частицы от

180

ЭСН+**Т** большего Времени. У нас образуются четыре подобных перехода границы секторов, как мы это указали на рисунке 38. Давайте их определим:

- +S ... –Т ... –S ... +Т;
- +Т ... +S ... –Т ... –S;
- –S ... +Т ... +S ... –Т;
- –Т ... –S ... +Т ... +S;

Мы снова получили подобие матрицы между столбцами-секторами, которые существуют при последовательном от сектора к сектору изменении фазы состояния плоскостей на $90^0$.

После того, как мы немного определились с множественным настоящих, давайте теперь исследуем динамику перехода будущего через настоящее в прошлое. Только будущее, настоящее и прошлое уже будут у нас двойными, если не более. Их будет столько, сколько мы имеем плоскостей в ЭСН.

## *Типы круговоротов в Мироздании*

Процесс формирования систем Мироздания тесно связан с «погружением» СВЕТА в МАТЕРИЮ, из инволюции первого и эволюции второго соответственно. Только в этом случае формы и тела могут эволюционировать или инволюционировать; только здесь может происходить процесс «захвата» (во время эволюции) или «выноса» (во время инволюции) частиц из какой-либо структуры.

Этот основной процесс «погружения» можно разделить на три разных процесса: первый, глобальный процесс погружения Трансцендента СВЕТА в МАТЕРИЮ (ГСА), который осуществляет основной «захват» частиц МАТЕРИИ и обеспечивает её глобальное структурное расширение; второй, «космический» процесс формирования планетарных уровней-миров; третий, индивидуальный процесс «наращивания» количества частиц в различных телах и формах внутри миров.

Нас пока более интересует процесс формирования трансцендентной ЭСН внутри МАТЕРИИ. Мы пока его отделим от СВЕТА (ГСС) и исследуем только ГСМ. СВЕТ обязательно будет здесь присутствовать, ибо без его Силы сама по себе МАТЕРИЯ с места не стронется, но мы его присутствие будем пока только подразумевать. Давайте это исследование начнём с индивидуального человека, как модели ЕСН, ведь он является эволюционирующей материальной структурой и явно должен участвовать во всех круговоротах МАТЕРИИ. Мы начнём исследование с индивидуального уровня формирования тел и форм внутри МАТЕРИИ.

Итак, обычный материальный человек имеет в себе «глобальную» (для человека) структуру ЕСН, которая заполнена разными типами частиц. Естественно, его структура имеет в себе некий «механический» закон, который заставляет её эволюционировать. Сегодня процесс эволюции человека направлен на ЭСН его разума в плоскости Времени, но, структурно, он жёстко связан с материальным телом (ЭСН Пространства), которое так же эволюционирует за счёт разума. Между ними существует жёсткая структурная связь: любые изменения в структуре разума влекут за собой обязательные изменения тождественной структуры в материальном теле, но в нём присутствует закон инерции, который требует для этого некоторого времени. Мы вполне можем представить человека как ЕСН+S, потому что местом его обитания является положительное Пространство в большей ЭСН+S (планета Земля).

Когда человек заканчивает свою жизнь, то он должен умереть и из ЕСН+S большего Пространства ЭСН+S (планеты Земля) перейти в ЕСН, например, –T (планеты …) той же большей ЭСН+S. Практически, умирая, мы, как бы, «переселяемся» с пространственной планеты Земля ЕСН+S на планету Времени Солнце ЕСН–T [2]. Нас этот процесс «переселения» очень сильно интересует, ибо он равнозначен переходу через границу секторов большей ЭСН+S между ЕСН+S и ЕСН–T. Давайте его рассмотрим подробнее.

Если ЕСН+S у нас становится инволюционирующей, то тогда этот процесс будет проходить уже на инволюционирующей планете «Солнце», как ЕСН–T. Получается, что пространственная ЕСН должна будет сменить начальную фазу состояния и стать инволюционирующей ЕСН Времени.

Давайте поднимемся на уровень нашей солнечной системы. Здесь мы имеем две ЕСН: ЕСН Пространства (гелиоцентрическая ЭСН плюс геоцентрическая ЭСН), которые эволюционируют; ЕСН Времени, так же состоящая из двух подобных планетарных систем (ЭСН «Земли» и ЭСН «Солнца»), которые инволюционируют. Они передают частицы между собой и, как мы понимаем, эти частицы за пределы солнечной системы не переходят.

Если теперь перейти к человеку, как к ЕСН то, после своей смерти его ЭСН тела и ЭСН разума тождественно развоплощаются. На 3-ем планетарном уровне всё проходит точно так же, как мы ранее описали для солнечной системы, только в бо́льшем Времени. Мы явно видим, что никакие материальные частицы его физического тела никуда не передаются, а остаются на Земле. Из духовных источников мы выясняем, что и разумное тело времени «разлагается» в своих «земных разумных мирах», о которых мы мало пока что знаем, так же без передачи каких-либо частиц времени и перехода ими какой-либо границы секторов.

Вывод напрашивается совершенно неожиданный: внутри уже структурированной и эволюционирующей Материи, например, планеты Земля, никакие частицы низших планетарных уровней (в нашем случае, атомы) никуда не передаются, а, развоплощаясь, остаются существовать в своих секторах бо́льшей ЭСН. Например, атомы 2- уровня остаются на планете Земля 4-го уровня. Этот вывод повторил нам наше утверждение о том, что частицы внутри Материи никуда не передаются. Тут же возникает новый вопрос: если – не частицы, то что тогда передаётся через границу секторов ЭСН внутри Материи?

Итак, судя по человеку, материальные частицы пространства (его тело) и энергетические частицы времени (его разум) остаются в своих секторах, только полностью «развоплощаясь» из своих бо́льших структур. Например, материальное тело человека разлагается до атомных структур, которые являются элементарными структурами для 4-го планетарного уровня.

Если частицы и даже элементарные структуры не передаются то, что же тогда переходит через границу сектора ЭСН, ведь такой круговорот явно должен существовать? Здесь необходимы уточнения: структура атомов действительно остаётся прежней, и она даже будет наполнена частицами; они так и останутся атомами. А вот в секторе большего Пространства «глобальная» структура человека, до самой последней его клеточки, после его смерти распадётся или нет?

Кроме структуры человека у нас уже ничего не остаётся, ни атомов, которые уже будут принадлежать Земле, ни энергетических частиц, которые останутся частицами в своих энергетических мирах времени. Мы можем предположить, что структура человека, развоплощаясь от атомов и энергетических частиц, должна полностью свернуться в «точку», не распадаясь на свои элементарные ЭСН или, всё же, распадаясь? А что тогда останется от человека? А нам очень хочется бы, чтобы от нас нечто осталось, а то как же можно говорить о вечной потусторонней жизни, о которой нам говорят духовные источники знаний.

Структура человека полностью распадётся до множества «пустых» ЭСН, которые ранее были им. Такое состояние структуры человека мы называем его Душой, которая существует вечно. Только не вся структура остаётся в этом множестве, ибо структура структуре – рознь! Есть светлые и гармоничные Мирозданию структуры, а есть «тёмные» и негармоничные ему структуры. Они отличаются друг от друга начальной фазой своего состояния: если фаза соответствует Идеалу Души, то она остаётся и объединяется со структурой Души; Если начальная фаза не соответствует Идеалу, то такую структуру Душа не принимает и, скорее всего, развоплощает до более низкого уровня, как бы, отказываясь от неё.

Мы здесь вправе предположить, что остаются вечно существовать в Мироздании только светлые гармоничные структуры, соответствующие Идеалу Абсолюта. Если они уже получены в Материи, то зачем их тогда развоплощать, чтобы потом всё начинать сначала? Они явно должны остаться существовать или мы получаем слишком энергетически затратную эволюцию. А вот все «тёмные» структуры, полученные в процессе жизни формы, вполне могут распадаться, как не верно сформированные. Зачем их «тащить» на себе, если они не получились на этом этапе эволюции!

Мы исходим их того, что если Душой произошёл такой отбор светлых структур, то они тогда должны как-то сохраняться, или тогда это действие Природы будет совершенно напрасным, что маловероятно. Она более умна, чем мы, и напрасные и ненужные процессы в мире не осуществляет. Значит, мы можем смело утверждать, что их первичные структуры, подобные атомным, которые соответствуют Идеалу, остаются существовать в своих секторах ЭСН, как первичная материя для своего планетарного уровня, а *большие* структуры пока за счёт «механизмов» эволюции совершенствуются и подгоняются к нему.

Что же останется от структуры, если из неё вычленить структуры, например, атомные?

*Большая* структура расставляет атомные структуры по своим местам в некоем глобальном теле, например, человека, формируя из них более крупные структуры, чем атомные, например, молекулы, клетки, ткани, органы, системы и само тело человека. Именно эта *большая* структура (ЕСН человека), по нашему предположению, должна сохраниться, переходя в новую плоскость, хотя и в сильно сжатом виде «пустой» структуры Души. Здесь даже можно утверждать, что Душа не относится к тому месту, например, планете Земля, где она эволюционирует, и …

Мы не будем более философствовать в этом плане, ибо это уведёт нас в сторону от целей нашего исследования. Давайте остановимся на этом и перейдём к тому, что теперь нам необходимо выяснить, что такое Структура, из чего она сделана и почему только она может или эволюционировать, или инволюционировать? Без её Силы Материя не пошевелиться и человека заново не возродит.

*Между рождением и смертью*

Как мы поняли, круговорот человека в Природе, как структурированной материальной формы, реально существует, и мы вполне его можем исследовать «на себе». На его примере, нам необходимо будет окончательно понять, что же на самом деле переходит от одной ЭСН к другой, из одной её плоскости в другую?

Круговорот человека мы получаем со следующими циклами:

- рождение, как переход нечто в плоскость материального пространства;
- жизнь, как эволюция материально-разумной, пространственно-временной формы;
- смерть, как оставление формы и переход в новое состояние, если оно существует.

Эти три циклических процесса находятся у нас на виду, и мы их можем изучать и исследовать.

Круговорот пока у нас получается не замкнутым, что в Природе не может быть. Действительно, у нас ещё нет знаний о том, а что же происходит с человеком в промежутке времени или невремени между смертью и рождением? Без этого скрытого процесса мы не сможем получить в Природе, как материальной, так и нематериальной, полный цикл круговорота человека. Существует ли для человека процесс «жизни после смерти» в промежутке времени между смертью и новым рождением, аналогичный его жизни?

Естественно, если такой процесс существует, то он протекает уже не в материальной Природе и не в Пространстве, а то бы мы его увидели. Его можно будет отнести к энергетическому потустороннему процессу Времени: ибо, или здесь в Пространстве, или там во Времени. Если человека нет в Пространстве, то он должен быть во Времени, ибо исчезнуть совсем на современном этапе эволюции он пока, как мы предполагаем, не может.

Ранее мы установили, что ничего не исчезает бесследно, а во что-то обязательно переходит и даже в тех же параметрах качества и количества. Если человек, умирая, исчезает из Пространства, то он обязательно должен проявиться во Времени с теми же параметрами структуры, которые он имел в Пространстве. Это означает, что вполне вероятно его существование после смерти в плоскости Времени в энергетическом теле. Давайте это попытаемся отразить на рисунке 39, хотя он всё равно не отражает нам полной картины такого круговорота.

Рис. 39

Мы рисунок 39 поделили на два полукруга. Верхний полукруг мы развернули на $180^0$ для того, чтобы показательней изобразить переход человека между рождением и смертью. Каждый полукруг представляет собой «полную» структуру человека: его внутреннее пространство «S» – это физическое тело; внутреннее время «Т» – это его разум. Мы получаем в двух полукругах, как бы, два разных человека, но на самом деле это один человек, который переходит из одного своего состояния в другое. Это один из процессов перерождения. Стрелки с белым кругом – это обозначение процесса рождения, а с тёмным кругом – процесса смерти.

Давайте попробуем описать круговорот человека между рождением и смертью. Итак, если в пространстве +S ECH+S (нижний полукруг) рождается человек в физическом пространственном теле (левая стрелка «а»), то параллельно ему он обретает и разум во времени –Т (правая стрелка «а»). Они взаимосвязаны и эволюционируют синхронно (стрелка «б»). Она же нам показывает процесс жизни человека. Он будет протекать до тех пор, пока не достигнет необходимых параметров жизни. После их достижения человек умирает (стрелки «в») синхронно в двух телах (стрелка «г»). Он тогда должен, вроде бы, перейти в верхний полукруг в ECH+T.

Двойная линия, разделяющая два полукруга, показывает нам переход в плоскость Времени, перпендикулярную плоскости Пространства, где и происходит развоплощение человека как в материи (в физическом теле), так и в энергии (в разуме). Если физическое разложение тела мы можем наблюдать в своём внутреннем пространстве, то развоплощение разумных структур с выделением энергии во внутренней плоскости времени Пространства мы наблюдать не можем. В плоскости Времени человек инволюционирует, как бы, развоплощаясь до эмбрионального состояния, если не менее. Мы не можем этого определить, но так как человек обретает себя только после физического рождения эмбриона, то мы можем предположить, что именно это эмбриональное состояние будет окончанием его развоплощения.

Учёные взвешивали то, что отделяется от физического тела человека во время его смерти. Оно весит всего несколько граммов. Но это не будет, как они утверждают, Душа человека, ибо она не имеет в себе ни пространства, ни времени, ни материи, ни энергии, а значит и никакого веса. Как оказывается, они взвесили разумное энергетическое «тело» человека, которое и отделяется из физического тела в момент смерти. Оно вполне, обладая энергией времени, может весить несколько граммов.

После смерти человека нечто, что от него остаётся, попадает в плоскость Времени, где он развоплощается до структуры эмбриона. Здесь можно предположить, что именно эта «пустая» структура и называется Душой человека. Она не будет иметь в себе ни пространства, ни времени, ни материи, ни энергии или будет иметь их минимальные для своего планетарного уровня параметры.

Во Времени мы, вдруг, обнаруживаем обратный процесс противоположный нашей жизни: от взрослого человека – к эмбриону. Его мы назвали «жизнью после смерти». После его окончания человек может рождаться снова. Но это всё с позиции нашего обычного разума.

Новое рождение согласно рисунку 39 проходит в противоположных по знаку внутренних плоскостях пространства и времени бо́льшего Пространства, которые расположены в верхнем полукруге. Процесс рождения в нём обозначен стрелками с тёмными кругами «в». В плоскости Времени у нас произошла смена фазы состояния на $180^0$, которая теперь будет соответствовать фазе верхнего полукруга. Если точку наблюдения перенести в эту плоскость, то здесь процесс рождения, жизни и смерти будет аналогичен рассмотренному нами ранее в нижнем полукруге.

Нам удалось «нащупать» некий круговорот материальной разумной формы внутри планетарного уровня. Мы можем предположить, что, аналогично ему, все эволюционирующие формы, тела и даже планетарные системы должны иметь подобные круговороты. Мы здесь не будем рассматривать цели круговоротов, но можем сказать, что именно они способствуют расширению и структуризации Материи в своих параметрах. Они будут протекать до тех пор, пока параметры планетарного уровня не достигнут своего максимума. Тогда они все зафиксируются в этих параметрах и станут стабильными. Например, на 2-ом планетарном уровне атомы – уже стабильные и мы здесь можем предположить наличие круговорота, только обеспечивающего поддержание их стабильного, вечного существования.

Пока с таким круговоротом человека между Пространством и Временем, как частицы Материи, мы можем согласиться. К тому же, об этом говорят некоторые источники духовных знаний, имея в виду реинкарнацию человека из Времени в Пространство [2]. Откуда-то ведь он должен реинкарнироваться? Они подтверждают нам реальность такого круговорота человека.

Итак, мы получаем следующие процессы в этом круговороте:

- рождение, как переход из плоскости Времени в плоскость Пространства. Его внутренние плоскости при этом могут изменить знак состояния с «плюса» на «минус»;
- жизнь в плоскости Пространства, где происходит формирование человека и его структурное совершенствование в Материи;

189

- смерть, как переход «я» (нам трудно уже назвать это человеком в нашем обычном понимании) из плоскости Пространства в плоскость Времени;

- жизнь после смерти в плоскости Времени, где идёт процесс обратный жизни: человек из взрослого состояния возвращается обратно в эмбрионное состояние. Этот процесс можно назвать разложением. Если при смерти мы обычно имеем в виду только материальное тело (ЭСН+S), то ещё умирает и разлагается энергетическое тело (ЭСН–T). Эти две плоскости у нас сильно взаимосвязанные и процессы в них идут тождественные (ЕСН+S). В плоскости Времени жизнь будет идти, как бы, в обратную нам сторону, поэтому некоторые люди в своих видениях видят недавно умерших родственников во взрослом состоянии.

О чём нам это говорит? В двух плоскостях ЕСН+S человек формируется и совершенствуется, набираясь частиц материи и энергии и структурируя их в себе. После смерти он должен из неё перейти в некую другую, например, ЕСН+T и снова родиться уже там. Поэтому мы вправе утверждать, что обе внутренние плоскости ЕСН+S этой формы сворачиваются до минимальных параметров своей структуры.

Как разлагается материальное тело нам известно. Оно разлагается до атомов. Во внутреннем времени –T ЕСН+S, как мы это описали выше, проходит подобный процесс разложения до «энергетических атомов», естественно, с выделением энергии, а иначе свернуть энергетическую разумную структуру человека не получится. Их нужно будет из неё изъять. Только тогда она сможет свернуться и стать «пустой». Она вполне может представлять собой «математическую точку», потому что время и пространство там будут минимальными для своего планетарного уровня.

После рождения человека в Пространстве этот готовый энергетический эмбрион соединяется с его материальным эмбрионом, о чём оповещается, например, с первым криком младенца. Если такого соединения нет, то младенец умирает. В родившемся младенце эта структура, ранее свёрнутая, начинает снова разворачиваться и набирать материю и энергию. За счёт них она будет расти и структурно совершенствоваться далее до взрослого человека.

Нам более-менее стал понятен процесс круговорота частиц между рождением и смертью, но нас в его сюжете более заинтересовала скрытая «механика» настоящего жизни. Как и откуда в нашей обычной жизни возникает настоящее с его переходами через пространство и время, позволяющая нам эволюционировать?

Здесь мы пока так и не ответили на вопрос, а может ли сама структура переходить через границы секторов, создавая настоящее? Тем более, что ранее мы убедились, что частицы материи и энергии со смертью человека не переходят никаких границ секторов, а остаются в том секторе ЭСН *большего* Пространства, в котором они существовали ранее. Внутри этого *большего* сектора они имеют круговороты между секторами меньшей ЭСН, естественно, как мы это поняли ранее, со сменой типа частиц.

Получается, что частицы формируют через настоящее только прошлое, которое наполняют собою. А вот откуда берётся наше будущее, переходящее в настоящее, нам пока не совсем ясно. Откуда возникает ЭСН в настоящем, которая, например, должна эволюционировать, наращивая в себе количество частиц? Нам необходимо понять какая сила заставляет ЭСН эволюционировать и инволюционировать?

### Сила структуры

Итак, при помощи какой силы ЭСН заставляет частицы себя расширять, заполняя ими свои структуры, или сжимать, освобождаясь от них? Ведь не могут сами частицы быть настолько разумными, чтобы заполнять собой какие-либо структуры, да ещё такие сложные как человек? Значит, их кто-то или что-то заставляет это делать. Поэтому и возникает такое предположение о существовании силы структуры. Только давайте сначала разберёмся с настоящим, которое должно будет вывести нас к силе структуры.

С этой целью мы исследуем будущее, настоящее и прошлое некоей формы для положительного пространства $+S$

ЭСН+S (рисунок 38 правая ЭСН). Естественно, её будущим будет то, что передаёт структуры её же настоящему, через которое оно далее тут же становятся прошлым. Для положительного пространства +S ЭСН+S рисунка 38 мы получаем структуру будущего из положительного времени +T ЭСН+T. Как мы предполагаем, плоскость +T формы будет структурно сворачиваться и возвращать в бо́льшую структуру Времени её частицы, а плоскость формы +S ЭСН+S уже через свою структуру наполнит её частицами, полученными из бо́льшего Пространства +S. Получается, что будущее этой пространственной формы +S ЭСН+S, вроде бы, располагается в секторе времени +T ЭСН+T.

Аналогично мы получим соответствующий результат, если рассмотрим отрицательную плоскость времени –T ЭСН+S, которая получает структуру из своего будущего, находящегося в плоскости –S ЭСН+T. Здесь мы получаем, что будущее для формы плоскости времени уже будет находится в плоскости пространства бо́льшего Времени +T.

Мы сейчас получили два разных будущих из ЭСН+T: +T и –S, которые взаимосвязанные между собой и соответствуют ЕСН+T, и два прошлых: +S и –T, которые соответствуют ЕСН+S. Получаются, что они ещё должны синхронно взаимодействовать внутри своих ЕСН, о чём мы говорили ранее (рисунок 39).

У нас, вроде бы, всё сошлось, но если не передаются частицы из будущего в прошлое через настоящее, то как передаётся сама структура формы и передаётся ли она? Но возникает ещё более щепетильный вопрос, а откуда берётся сама структура формы, всё это множество ЭСН, связанных между собой?

На рисунке 39 мы показали, как бы, переход структуры из одного полукруга в другой и указали на то, что она ещё «проворачивается» в плоскости Времени, позволяя одной форме разлагаться, а другой – тождественно и синхронно формироваться. Но если мы говорим о том, что ни материальные, ни энергетические частицы через настоящее не передаются, то как «пустая» структура развернёт новую форму, не имея в себе ни материи, ни её энергии? Кто и как её заставит это сделать?

А что собою представляет плоскость Времени? Она будет, как нами описано ранее, аналогична плоскости Пространства, но будет иметь в себе другой тип частиц. Получается, что в плоскости Времени структура также будет «пустой», но только для взгляда из плоскости Пространства, а на самом деле она будет наполнена своими частицами, которые для нас не существуют и нами не определяются, если только косвенно.

Опять, вроде бы, они должны дать силу для нового рождения в Пространстве, но мы здесь получаем новый блеф: частицы остаются в *большей* плоскости Времени и никуда не передаются. Получается, что сила остаётся в плоскости Времени и никак не может развернуть форму в плоскости Пространства. Тогда, какая посторонняя Сила, не входящая во Время и в Пространство, заставляет структуру наполнять себя частицами?

Чтобы сформировать нечто из МАТЕРИИ, нам обязательно будет необходима Сила, которая её заставит «шевелиться». Без неё ни о каком формировании речи быть не может. Кто тогда будет расставлять частицы Материи в форме, ими наполняя её?

Структура формы «знает», как их внутри себя и на какие места расставить и не более того. Обязательно должна существовать Сила, которая заставит её наполняться частицами или развоплощаться от них. По-другому никак у нас не получается: сама себя структура наполнять частицами или развоплощаться от них не будет. Совершенно неожиданно мы приходим к некой Силе, которая заставляет нас эволюционировать и инволюционировать.

Но даже здесь существует довольно приличный «подводный камень»: МАТЕРИЯ не пошевелиться сама по себе, как мы это определили ранее. Материальная структура и её Сила не будут сами собой работать: им будет необходимо какое-либо воздействие извне. Даже Антиматерия – это составляющая часть МАТЕРИИ. И она нам здесь не поможет, ибо она также не «пошевелиться» без внешнего воздействия. Тогда, что должно оказать воздействие на МАТЕРИЮ, чтобы она, например, поменяла фазу своего начального состояния, чтобы она как-то «пошевелилась»?

Получается, что будущее не принадлежит МАТЕРИИ и создаётся не ей. Нам ничего не остаётся делать, как «свалить» его наличие на квант СВЕТА, о котором мы говорили ранее (рисунок 27). Только в этом случае, мы сможем получить реальную картину будущего.

На рисунке 39 мы описали круговорот жизни человека и его мы теперь должны дополнить световой структурой.

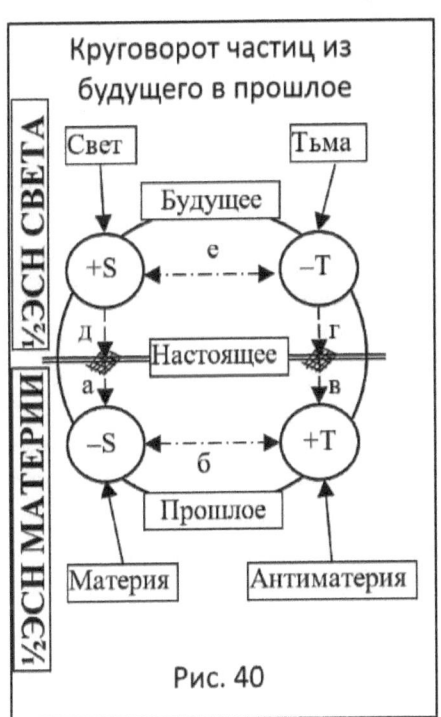

Рис. 40

Давайте попытаемся это изобразить на рисунке 40.

На этом рисунке мы изобразили два полукруга: верхний полукруг – СВЕТА; нижний – МАТЕРИИ. Мы взяли только половину их больших структур ЭСН, ибо мы здесь имеем дело уже не с трансцендентом, а с 3-им планетарным уровнем человека. Как мы видим, что даже на этом уровне всё работает только под давлением Силы СВЕТА.

Ранее мы рассмотрели вопрос погружения кванта Света в Материю (рисунок 33), где он полностью материализовался, обретя её частицы и став квантом Материи. В нашем случае, такой полной материализации кванта Света на уровне человека мы пока не получаем. Это может произойти только тогда, когда человек достигнет своего совершенства и максимума в своих планетарных параметрах. Этот процесс подготовки Материи к полному принятию кванта Света называется эволюцией.

На рисунке 40 мы предполагаем противостояние на некотором «расстоянии» кванта СВЕТА «над» МАТЕРИЕЙ. В этом случае, СВЕТ уже может давлением своей Силы влиять на структурирование МАТЕРИИ и даже управлять этим процессом. Чем «расстояние» между ними будет меньше, тем бо́льшая Сила СВЕТА может влиять на МАТЕРИЮ. Именно он даёт команды на переключение фазы состояния структур, наполнения или развоплощения форм. Смертью человека и его переходом в новое состояние в МАТЕРИИ, как и его будущим, управляет квант СВЕТА.

Если квант СВЕТА мы представляем себе полностью структурированным Трансцендентом со всеми его множественными формами, то МАТЕРИЯ представляет собой подобие глины: нажали на неё появилась вмятина, которая так и будет существовать до нового воздействия силы на неё. Это воздействие на МАТЕРИЮ осуществляет Сила СВЕТА. Мы даже подразумеваем, что в световом Трансценденте существует собственный квант Света человека, который его формирует, совершенствует и даже заставляет умирать или снова рождаться. Именно он определяет его будущее и настоящее, исходя из прошлого. Его мы называем Душой, Духом человека.

Мы ранее, описывая рисунок 40, утверждали, что наше будущее приходит из плоскости Времени, перпендикулярной плоскости Пространства, но на самом деле, оно к нам приходит от кванта СВЕТА. Все «механизмы» МАТЕРИИ – это отражение работы «механизмов» внутри кванта СВЕТА и без него они работать в ней не будут. Если убрать СВЕТ, то МАТЕРИЯ тут же придёт в своё изначальное состояние «бесформенного куска глины».

Итак, СВЕТ, воздействуя на МАТЕРИЮ, заставляет её структурироваться и наполняться частицами. На рисунке 40 мы разорвали линии передачи структуры из верхнего полукруга в нижний и даже нарисовали на линии настоящего нечто подобное матрице, посредством которой структурируется МАТЕРИЯ. Получается, что настоящее в кванте СВЕТА двигается, как бы, в обратную сторону относительно МАТЕРИИ. Давайте это отобразим на рисунке 41.

Итак, центральная (нулевая) точка настоящего МАТЕРИИ (рисунок 41) содержит в себе два полюса: «а» и «б», которые будут иметь разный знак заряда ($90^0$) и разные плоскости состояния: материальную и энергетическую. Мы

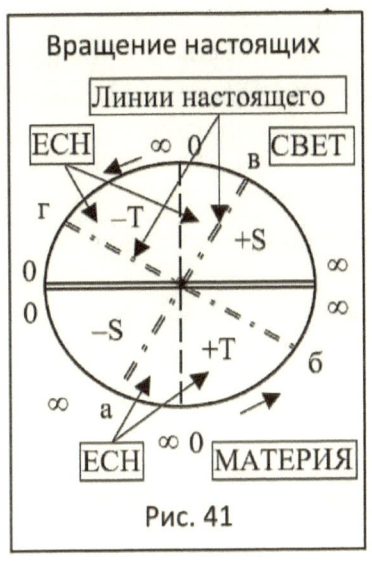

Рис. 41

получаем четыре (две ЕСН содержат 4 ЭСН) настоящих, между которым происходит зеркальное отражение структур СВЕТА в МАТЕРИИ. Мы получаем четыре полюса-линии настоящего (а, б, в, г), через которые и происходит это зеркальное отражение 2-х ЕСН СВЕТА с созданием тождественных, но обращённых 2-х ЕСН в МАТЕРИИ. Как бы, передача структуры с одного полукруга на другой идёт со сменой её «зарядовых» свойств. На самом деле, структуры в МАТЕРИИ создаются через процесс отражения их от световых структур.

На рисунке 41 мы видим, что все настоящие плоскостей пространства и времени МАТЕРИИ двигаются от 0 к бесконечности «∞» своих параметров. Материальная структура получается у нас эволюционирующей. Настоящие кванта СВЕТА (в, г) двигаются от «∞» к своим «нулевым» значениям. Его структура будет развоплощаться и инволюционировать, отдавая свою Силу. Все линии настоящего как СВЕТА (в, г), так и МАТЕРИИ (а, б) двигаются синхронно. Как только настоящие достигнут границ своих секторов, то произойдёт, возможно, стабилизация структуры. Тогда МАТЕРИЯ будет готова принять в себя без искажения квант СВЕТА. Только тогда может произойти их полное единение и получение некоего третьего состояния кванта «одухотворённой МАТЕРИИ».

В целом мы получаем все настоящие нечто подобные сдвоенному конденсатору с некими взаимно-перпендикулярными обкладками, который оказался довольно сложным по своей многогранной и многоуровневой структуре. Даже «механизм» управления структурами будет подобен работе такого «матричного конденсатора». Мы это показали на рисунке 40 в виде двух «решёток-матриц».

196

Нам здесь удалось в процессе исследования настоящего «нащупать» матричную структуру настоящего СВЕТА и, тождественно ему, МАТЕРИИ. Через неё происходит их постепенное единение. Но оно осуществляется только тогда, когда структуры станут полностью тождественными даже в малом.

Давайте попробуем её более подробно исследовать.

# Глава IV. Статика структур и матриц Мироздания

Мы не будем развивать далее тему единения структур и матриц СВЕТА и МАТЕРИИ, ибо это отстоит от нас так далеко, что своими полузнаниями нам до неё не дотянуться. Давайте обратимся к нашему обычному двойственному состоянию Материи, которое нам легче всего исследовать. Оно будет по своему внутреннему двойственному закону полностью тождественным и аналогичным такому же «двойственному» отношению между СВЕТОМ и МАТЕРИЕЙ. Здесь нам будет необходимо понять, а как пространство и время, будучи полностью разделёнными между собой как СВЕТ и МАТЕРИЯ, работают друг с другом внутри Материи? Это поможет нам далее более полнее понять их высокие Истины.

## *Типы частиц структур и матриц*

Разбирая круговороты частиц в структурах Нави и Мирра и составляя их пространственно-временные матрицы, мы пришли к пониманию того, что получили совершенно разные по свойствам частицы, заполняющие их. Свойства частиц зависят от того в каких секторах структуры или ячейках матрицы они находятся. Мы для понимания их свойств возьмём самые *большие* параметры Пространства и Времени, чтобы спуститься от них к низшим планетарным уровням. Итак, ГСМ и ГСС (рисунок 31) имеют в своём составе следующие сектора высшего уровня частиц:

— сектор положительного Пространства (МАТЕРИЯ);

— сектор положительного Времени (МАТЕРИЯ);

— сектор отрицательного Пространства (СВЕТ);

— сектор отрицательного Времени (СВЕТ).

Мы указали высшие типы основных частиц соответственно таблице 17. Все они связаны между собой и имеют в системе Мироздания своё место. Это самый высокий уровень частиц. Теперь давайте попробуем связать их с типами частиц внутри МАТЕРИИ и СВЕТА. Самый низший уровень частиц можно назвать, единым для всех их состояний, Эфиром, как его назвал в своей оригинальной Таблице Д.И. Менделеев. Пусть это будет нулевое изначальное состояние всех «частиц», когда ещё в них нет разделения на частицы.

Если опускаться далее, то МАТЕРИЯ, как мы указали ранее, имеет в своём составе саму Материю Пространства (ПСМПр) и Антиматерию Времени (ПСМВр), как её противоположность, находящуюся в другой плоскости. Тогда мы можем глобально развести между собой самые крупные частицы Пространства и Времени. Первые будут иметь в себе частицы Материи, а вторые – частицы Антиматерии.

СВЕТ, как мы утверждали ранее, имеет в своём составе частицы самого Света Пространства (ПСМПр) и Тьмы Времени (ПСМВр), как его противоположность, находящуюся в другой плоскости состояния. Конечно, мы точно не знаем к какой плоскости отнести частицы Света, и мы закрепили их, тождественно частицам Материи, за его Пространством. Мы здесь можем ошибиться в названии плоскостей, но оставим их пока такими. Тогда частицы Пространства мы обозначим как частицы Света, а Времени – как частицы Тьмы.

В итоге, мы получаем уже более точное описание частиц второго уровня (таблица 16):

- частицы положительного Пространства (Материя, $0^0$);
- частицы положительного Времени (Антиматерия, $90^0$);
- частицы отрицательного Пространства (Свет, $180^0$);
- частицы отрицательного Времени (Тьма, $270^0$).

Здесь мы уже видим конкретное разделение частиц по знакам состояния, как они обозначены на рисунке 31. Получается интересный вывод: мы их можем взаимно заменить между собой, например, Материя – это Свет с отрицательными параметрами в плоскости Пространства; Тьма – это тот же Свет, только лежащий во взаимно-перпендикулярной плоскости; тогда Антиматерия – это тот же отрицательный, относительно Тьмы, Свет плоскости Времени.

Мы получаем везде только один Свет, имеющий разные фазы своего начального состояния. Можно точно так же описать их все относительно Материи. Тогда мы получаем полное тождество между Светом и Материей, которая получается противоположной ему только по знаку состояния.

Давайте теперь попробуем опуститься ещё на один уровень частиц ниже. Тогда мы получим третий уровень разделения частиц по их типам. Теперь нам будет необходимо рассмотреть каждую начальную фазу состояния рисунка 31 и понять, какой тип частиц ей соответствует?

Итак, положительное Пространство должно иметь в себе, в соответствие с ВММ два типа Материи, которые мы имеем в этой матрице (Пространство и его внутреннее время). Самому Пространству будет соответствовать *частицы материи*, а его внутреннему времени – *частицы материальной энергии*. Здесь у нас всё относительно просто и понятно, ибо с этими понятиями частиц мы уже сталкивались. Положительному Времени с его внутренним пространством будут соответствовать *частицы энергии* и *частицы энергетической материи* соответственно. Мы дали им эти названия ранее, чтобы не путать их с частицами Материи. И оставим их таковыми.

Далее, наступает самое интересное, мы теперь будем должны определиться с частицами Света и Тьмы, чего ранее никто не делал. Дело в том, что это не наш обычный свет, который мы хорошо знаем, а это Свет, который духовные знания определяют, как *божественный СВЕТ*, характеристики которого мы не знаем и который нашими приборами не регистрируется. Нам придётся самим назначить ему частицы.

Итак, Свет нам нужно разделить на частицы отрицательного Пространства и частицы его внутреннего времени. Что это будут за частицы? Они должны иметь противоположный частицам Материи знак и, естественно, быть им тождественными. Пространственные частицы мы можем назвать *частицами света*, а вот частицы его внутреннего времени …, как назвать? Слово энергия у нас уже присутствует, хотя это и будет энергия только с противоположным знаком состояния. Синонимом слова энергия можно применить слово сила, которое используют духовные источники знаний: сила света. Давайте назовём эти частицы внутреннего времени отрицательного Пространства *частицами силы света*.

Наступает самый сложный момент, ибо нам придётся определиться с частицами Тьмы. Мы сделаем это проще и тождественно Свету. Частицы отрицательного Времени Тьмы мы назовём *частицами тьмы*, в частицы его внутреннего пространства – *частицами силы тьмы*. Мы дадим названия остальным частицами Света подобными названиям частиц Материи.

Давайте обозначим все частицы участвующие в структуре ГСМ рисунка 31 и поместим в таблицу 21:

Таблица 21

| Типы частиц, заполняющие структуры и матрицы | | | |
|---|---|---|---|
| *1-ый уровень* | *2-ой уровень* | *3-ий уровень* | |
| МАТЕРИЯ | Материя | материя | материальная энергия |
| | | энергия | энергетическая материя |
| | Антиматерия | антиматерия | антиматериальная энергия |
| | | антиэнергия | антиэнергетическая материя |
| СВЕТ | Свет | свет | светлая сила |
| | | сила света | энергетический свет |
| | Тьма | тьма | тёмная сила |
| | | сила тьмы | энергетическая тьма |

Не нужно забывать, что частицы третьего уровня могут иметь разную полярность. В этом случае, их получиться по типам в два раза больше. Тут же возникает вопрос, а будут ли материя тождественна свету, а энергия – силе света?

Действительно, они могут быть тождественными и будут отличаться друг от друга на величину начальной фазы состояния в $180^0$. Это говорит нам о полной их зеркальной противоположности по знаку состояния, хотя они и так находятся в одних и тех же плоскостях, так же имеющих разные знаки состояния.

Мы уже говорили о том, что это только названия одних и тех же частиц, которые матрицы и структуры Нави и Мирра располагают в разных ячейках пространства или времени. Только размещая частицы в разных ячейках матриц и секторах структур, мы получаем в них зарядовое пространственно-временное различие, хотя частицы будут одними и теми же.

Как мы понимаем, эти новые для нас понятия типов Материи, Антиматерии, Света и Тьмы пока полностью предположительные и мы не будем далее в них углубляться. На основании полученных типов частиц мы попытаемся исследовать и смоделировать круговороты их взаимодействия внутри полученных структур.

### *«Источник» формирования ЭСН*

Мы, ранее, уже рассмотрели один из таких круговоротов через настоящее между двумя ЭСН (рисунок 38). Теперь нам необходимо вернуться к нему снова, чтобы более полно понять процесс наполнения ЭСН частицами через настоящее. Для этого нового исследования мы возьмём те же самые ЭСН рисунка 38.

Мы возьмём для нашего исследования пока формирование только одной ЭСН положительного Пространства +S, как это показано на рисунке 38. К тому же, нам совершенно неважно на каком планетарном уровне это будет происходить, ибо «механизм» формирования ЭСН будет везде одинаковым. Мы пока не будем трогать вопрос её расширения: нам бы более глубоко понять сам процесс формирования ЭСН и наполнения её частицами от источника, который нам предстоит отыскать и который нам пока неизвестен. Мы предположили, что источником послужит вторая ЭСН+Т рисунка 38, но так ли это будет на самом деле?

Ранее мы утверждали, что частицы переходят с одной ЭСН в другую только при погружении кванта Света в Материю. Только тогда частицы Света становятся частицами Материи (рисунок 33). Только это может быть неверным. На рисунке 33 мы показали погружение кванта Света в Материю, а не переход его частиц. Именно Сила Света сформировала квант Материи, а сам квант Света, как бы, исчез, перейдя в квант Материи. На самом деле он не исчез, а просто, потеряв Силу, превратился в «нуль», в «пустую» структуру, которая существует вечно даже в таком виде.

Итак, вывод можно сделать такой, что через настоящее переходит Сила, но что она собой тогда представляет? Ранее мы говорили, что Сила Материи обретается за счёт количества частиц, которые наполняют её квант: чем их будет более, тем больше будет величина Силы. Что мы можем сказать о Силе? Что она собой представляет при отсутствии частиц?

Давайте для примера обратимся к обычному конденсатору. Он имеет две обкладки, разъединённые между собой диэлектриком. Они символически представляют собой настоящее рисунка 38, только в единственном варианте. Если к нему приложить постоянное напряжение, то ничего происходить не будет. В этом случае конденсатор зарядится и не более того. Других процессов в нём происходить не будет. Получается, что «статическая» Сила через него проходить не будет, но он будет ей наполнен.

Если же к нему приложить переменное напряжение, то через него начнёт проходить ток. Здесь мы уже будем, вроде бы, наблюдать процесс протекания потока электронов через конденсатор. Он действительно будет проходить, что легко фиксируется простыми измерениями переменного тока в этой цепи. На самом деле, ни один электрон через конденсатор не пройдёт, ведь внутри него цепь получается разорванной. Они никак не смогут перескочить через диэлектрик, который не проводит электрический ток. Здесь передачи частиц через конденсатор не существует. Получается, что «динамическая» Сила через конденсатор, как бы, «переходит», образуя через него ток, а сами электроны нет. Как это так?

Мы не будем далее описывать физику работы конденсатора, но она у нас явно совпадает с работой настоящего рисунка 38. Можно только отметить, что конденсатор при переменно напряжении сам становится, как бы, «квази» источником Силы, дублируя собой истинную Силу. В этом случае он, как бы, переносит «динамическую» Силу с одной пластины на другую, хотя цепь внутри него будет разорвана. Естественно, величина ёмкости конденсатора скажется на величине переходящей Силы, передаваемой через него: чем более раздвинуты обкладки конденсатора друг от друга, тем меньше будет величина Силы; чем ближе будут они друг к другу, тем более Силы будет через него передаваться.

Точно такие же процессы происходят в настоящем рисунка 38. Передаются через его «обкладки» не частицы, а Сила одной ЭСН+Т – в другую ЭСН+S. Естественно, Сила, появившаяся в «пустой» структуре, тут же начинает притягивать к себе частицы, заставляя их структурироваться в ЭСН, формируя её. Нам же кажется, что переходят частицы, хотя на самом деле это не так.

Чем более будет Сила, тем больше частиц она притянет к ЭСН, тем *бо*льшими параметрами та будет обладать. Тогда получается, что ЭСН+Т не должна расформировываться, а остаётся всё той же самой, заставляя силой своих частиц наполнять структуру другой ЭСН+S.

Наконец-то нам удалось обнаружит «пассивный источник» формирования ЭСН+S рисунка 38 и наполнения её частицами. Всё получилось довольно просто: частицы берутся уже готовыми из той *бо*льшей плоскости в которой формируется ЭСН. В нашем случае, это будет плоскость положительного Пространства **+S**.

Тогда инволюционирующая ЭСН+Т, которая должна передать свою Силу ЭСН+S, будет терять частицы, оставляя их в своей плоскости положительного Времени и никуда их не передавая? А то, как же она сможет обеспечить динамику передачи Силы. Ведь Сила передаётся только при переменных её величинах, в динамике.

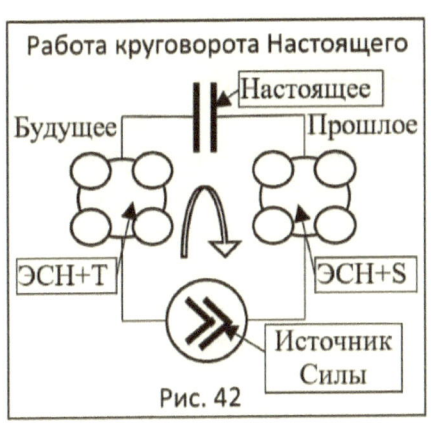

Рис. 42

А почему мы утверждаем, что ЭСН+Т будет инволюционировать, а может она будет работать последовательно с ЭСН+S? Сейчас у нас возникает вывод, что должен существовать некий внешний источник Силы. Давайте попробуем этот процесс представить схемой рисунка 42.

Итак, предположительно, на рисунке 42 мы изобразили две разноплоскостных «ЭСН», их «настоящее» и некий «Источник Силы», который должен обеспечивать круговорот частиц между ними. Между всеми элементами схемы, вроде бы, осуществляется последовательный круговорот частиц, но на самом деле этот процесс полностью подобен работе конденсатора, описанной нами ранее. Исходя из этого, мы ещё должны утверждать, что Источник Силы здесь будет переменным, в противном случае перехода Силы из одной ЭСН в другую не произойдёт. Давайте пока оставим эту схему такой и далее проверим её.

Итак, в настоящем происходит накопление силы за счёт расформирования ЭСН+Т и потерей ей частиц и за счёт формирования второй ЭСН+S за счёт накопления ей частиц. Мы получаем в настоящем некую «разность потенциалов» между этими двумя ЭСН. Далее «Источник Силы» изменяет свою полярность и процесс обретает противоположный характер, что приводит к смене знака силы в настоящем. У нас получился довольно интересный процесс вращения ЭСН, но что он нам даёт?

Если подходить с человеческой точки зрения, то сам человек, как формирующаяся структура ЭСН получает свои частицы из *большего* Пространства планеты. Земля. Она может для него являться таким источником Силы. Это даже сомнению не подлежит. Его формирующаяся структура наполняется атомами посредством «механизмов» Природы, вложенных в человека, как, например, системы пищеварения, дыхания. Благодаря им мы получаем необходимые частицы для своего существования и эволюционирования.

Говорить о развоплощении других структур мы, конечно, можем, ведь человек использует в пищу другие структуры, например, растения, животных и т.п. Он их сам расформировывает в своём пищеварительном тракте до необходимых ему простых структур, которые использует далее для себя. Все структуры он использует материальные и пространственные, аналогичные структурам его формы и все они находятся внутри некой *большей* структуры планеты Земля.

Естественно, используемые им структуры, будут уже, как бы, «умершими», а это нам говорит о том, что они уже перешли в другую плоскость состояния и их структуры стали «мёртвыми», то есть теми, которые начали распадаться, отдавая свои частицы. Развоплощаясь, они из себя выделяют Силу, которую частицы удерживали в их структуре. Она уже более не будет принадлежать старой структуре. Выделяя Силу, они освобождаются в своей структуре от частиц. Далее их Сила уже будет использоваться для формирования других, эволюционирующих структур.

Здесь у нас всё подтвердилось: человек для своего формирования и эволюции материального тела использует уже готовые частицы, находящиеся в его *бóльшем* Пространстве на поверхности планеты Земля. Можно сказать, что вопрос передачи частиц через настоящее мы при формировании материальной формы можем закрыть. Никакой передачи частиц через настоящее здесь не существует, через него передаётся Сила.

### *«Пустота» Силы*

Мы рассмотрели передачу Силы из одной ЭСН рисунка 38 в другую со сменой плоскостей. Теперь нам необходимо вычислить, а как же сама Сила передаётся из одной плоскости в другую? А как энергия источника с переменной ЭДС передаётся через конденсатор? Эта область физики нам хорошо известна. Мы на ней останавливаться не будем, и обратимся за ответом к планетарным системам, к планетарному «конденсатору» настоящего.

С этой целью мы обратимся к проверенным наукой данным и возьмём для примера нашу двойную солнечную систему: гелиоцентрическую и геоцентрическую системы. Они образуют две разноплоскостные системы: Пространства (гелиоцентрическая) и Времени (геоцентрическая). Конечно, они формируются и эволюционируют обе одновременно и не должны бы передавать Силу друг другу.

На самом деле так и есть, но за ними должны стоять точно такие же системы, которые отдают им свою Силу, а сами расформировываются. Мы уже ранее предположили, что они располагаются где-то внутри Солнца и Земли. Мы возьмём для исследования одно из таких расформируемых систем внутри Солнца и нашу планету Земля, как центр геоцентрической планетарной системы.

Нам известно, что Земля получает свои новые частицы от «Солнца», которые к нам приносят солнечные магнитные бури. Значит, всё-таки, частицы переносятся из одной системы в другую? Нет, Земля получает частицы из той области бо́льшего Пространства, в котором она находится [1], а переносит их к ней Сила, развоплощающейся планетарной системы. А вот между «Солнцем» и Землёю передачи частиц не должно существовать. В нашем случае, передаваться будет магнитная сила, а частицы она может захватывать из бо́льшего Пространства внутренней солнечной системы. Нам пока трудно предполагать, откуда возникают частицы, переносимые магнитной силой, но здесь можно явно сказать, что они принадлежат солнечной системе.

Точно такая же картина возникает и в обратном исполнении, ведь и наше Солнце должно формироваться, получая уже свои частицы из плоскости Времени этого же бо́льшего Пространства. Значит, где-то внутри Земли должна существовать планетарная система, которая должна развоплощаться, отдавая свою Силу гелиоцентрической системе Солнца. Мы уже вполне можем сказать, что это будет электрическая Сила, которая будет направлена от «Земли» в сторону Солнца.

Вот такой своеобразный круговорот Силы внутри нашей солнечной системы мы получили. Давайте этот конкретный пример мы рассмотрим теперь с более общих позиций и переложим его в структуры ЭСН.

Явно, что при переходе Силы через любую границу настоящего какой-либо структуры, например, из ЭСН+Т у нас обращается в ЭСН+S и наоборот. Значит, для ЭСН положительного Пространства Силу для его формирования может дать только ЭСН Времени, развоплощаясь. Давайте разберём этот процесс передачи Силы из ЭСН+Т к ЭСН+S по рисунку 42, для чего графически изобразим его на рисунке 43.

Если обратиться к ГММ, то мы здесь видим, что ВМС имеет противоположные знаки относительно ВММ. Вроде бы, отрицательное Пространство должно формировать положительное Пространство, но это будет не совсем так. Мы всё-таки предполагаем, что круговорот частиц в ГММ между ПСМ будет проходить последовательно: +S, +T, –S, –T. Тогда

**График передачи частиц из -T в +S**

Элементарная структура Нави +S, +M

Фаза состояния

Элементарная структура Нави −T, −E

Рис. 43

мы принимаем, что ПСМ положительного Пространства будет формировать ПСМ отрицательного Времени, но это может быть и положительное Время. Их знаки определяют только направление «вращения» матриц. Мы пока оставим для нашего исследования формирование ЭСН положительного Пространства +S через развоплощение ЭСН отрицательного Времени −T.

Итак, мы определились с двумя исследуемыми структурами: ЭСН положительного Пространства +S, которая формируется и ЭСН отрицательного Времени −T, которая развоплощается. Переход силы между ними на рисунке 43 обозначен двойной стрелкой. Ранее, мы разбирали процесс погружения кванта Света в Материю. Он отображён на графиках рисунков 32, 33. На них мы видим, что весь процесс погружения кванта (ЭСН) Света в Материю имеет четыре основных периода и занимает протяжённость в $360^0$. По уровню материализации, вся Сила кванта Света преобразовалась в Силу ЭСН Материи, которая и удерживает частицы внутри этой новой структуры. Мы приняли её равной единице, но на самом деле, различие между начальной и конечной величиной Силы в ЭСН, при таком переходе, должно иметь отношение равной скорости света C [1].

На рисунке 43 мы это отразили и видим, что для передачи Силы должна существовать ЭСН отрицательного Времени −T. Эта система должна сворачиваться во Времени, тем самым обеспечивая высвобождавшейся Силой новую формирующуюся материальную ЭСН положительного Пространства +S. Получается, что эта ЭСН отрицательного времени −T, должна сворачиваться от максимальных параметров «бесконечности» времени − $\infty_t$ до своего начального уровня, нуля – $0_t$. Их отношение так же будет равно величине скорости света C. Это мы, как раз, и наблюдаем на графике. В ней обязательно должен остаться начальный уровень частиц, с которого начиналось её формирование ранее.

Нули этих ЭСН, положительного Пространства и отрицательного Времени, у нас будут разными: $0_t$ и $0_s$ [1]. Эти разные нули и обеспечивают между собой тот разрядный промежуток двойного настоящего, о котором мы говорили ранее. Они вроде бы нули, но на самом деле между ними существует разрядный промежуток, который имеет протяжённость от $0_t$ до $0_s$. Их отношение между собой будет равно величине скорости света C. Именно «переходя» через него, как через обкладки конденсатора, энергетические частицы Времени $-T$ становятся материальными частицами Пространства $+S$; энергия Времени $-E$ становится материей Пространства $+M$.

Давайте определимся с бесконечностями этих двух ЭСН. Во Времени $-T$ уровень его бесконечности отличается от уровня $0_t$ на величину скорости света C. Тоже самое мы видим и в пространственном секторе – та же величина C. Переход Силы через нули не просто перепрограммирует фазу состояния частиц, а или тормозит их на величину скорости C, или разгоняет их на эту же величину. Если ранее эти частицы были энергетическими и создавали отрицательное Время, то, переходя через нули, они «затормаживаются» и, далее, обращаются в материальные частицы, которые складывают собой положительное Пространство ЭСН. Их количество, как раз, образует пространственно-временные параметры данной ЭСН.

Итого смещение начальной фазы в частице при её «переходе» через нуль Времени будет равно C. Если энергетические частицы Времени имеют величину своей скорости $C^2$, то частицы материи должны будут иметь своей скоростью величину равную единице, то есть $C^0$. Мы же пока получаем скорость частиц в нулевой точке Времени $0_t$, погашенной или заторможенной только на величину $C^1$.

У нас возникает интересная позиция в скорости частиц на уровне нулей. Частицы энергии, попадая в нуль времени $0_t$, должны погасить свою скорость до величины $C^1$. С другой скоростью они туда просто не попадут, ибо переход между двумя нулями осуществляется только при величине скорости частиц $C^1$.

Далее, с этой же скоростью $C^1$ частицы переходят в нуль Пространства $0_s$. Тогда мы получаем внутри этих нулей, как бы, обычный свет со скоростью $C^1$. Он будет направлен в сторону Пространства, ибо его направление имеет для нас определённый смысл. Такой свет мы называем обычным для нас светом. Теперь, обычный свет проходит через нуль Пространства $0_s$ и тормозится ещё на величину $C^1$. Итого мы получаем торможение частиц по скорости величиной в $C^2$, что полностью останавливает частицы до скорости $C^0$. Его частицы-корпускулы превращаются в частицы материи, которые обладают своим частным пространством.

Давайте попробуем физически реализовать наши выводы по переходу частиц из Времени в Пространство. Такой процесс мы наблюдаем постоянно в нашей солнечной системе: «Солнце-Время» передаёт свои частицы Земле-Пространству. Термоядерный слой «Солнца» является не чем иным, как нулём Времени $0_t$, а кристаллической слой вокруг Земли, описанный Птолемеем, как нуль Пространства $0_s$. Тёмные «дыры» в термоядерной оболочке «Солнца» – это ни что иное, как энергия Времени. Первая остановка частиц Времени происходит в этой оболочке «Солнца», которая поэтому светит обычным светом; вторая остановка частиц осуществляется в «кристаллическом» слое Земли, где уже происходит формирование материальных частиц Пространства.

В конце концов мы опять опустились до того, что вместе с Силой переходят и частицы, которые осуществляют круговорот только внутри одной *большей* системы. Мы можем предположить, что Сила существует только благодаря динамике работы частиц и переходит из одной ЭСН в другую, изменяя их типовое состояние, как мы указали ранее.

Получается довольно интересно: на одной обкладке «конденсатора» настоящего мы имеем энергетические частицы времени, а на другой его обкладке – материальные частицы пространства. Внутри его, в «диэлектрике» мы находим третий тип частиц, частицы света. Получается, что он является связующим звеном между его обкладками. Тем более, что обратный круговорот, их, как бы, полностью компенсирует.

В нашей солнечной системе, мы как пространственные существа видим только один тип круговорота: пространственный, который обеспечивается работой магнитной силы. Это позволяет нам понять принцип перехода частиц из одной плоскости в другую. Второй его тип нам не виден.

### *Источник формирования ЭСН+Т*

Итак, можно сказать, что мы верно нашли источник частиц, который формирует ЭСН положительного пространства +S. Это будет «Источник Силы», который мы обозначили на рисунке 42. Именно он заставляет ЭСН+Т развоплощаться от своих частиц, что позволяет ЭСН+S, тождественно этому процессу, формировать своими частицами свою структуру. Без этого «Источника Силы» такой процесс был бы невозможен.

Теперь нам такое же самое исследование, для подтверждения результатов, необходимо провести для ЭСН положительного Времени +Т. Мы исследуем его для отыскания другого Источника, в этом случае, для частиц

Рис. 44

энергии Времени. Для этого мы зеркально обратим рисунок 43 и составим новый рисунок 44, где мы отобразим формирование ЭСН положительного Времени.

Он особой трудности для нас не представляет и сразу же мы видим, что источником энергии для ЭСН положительного Времени $+T$, как бы, является планетарная система отрицательного Пространства $-S$, которая будет сворачиваться в своих параметрах, «отдавая» ей свои частицы. На самом деле, всё будет в точности так, как мы описали ранее (рисунок 43), без передачи частиц.

На рисунке 44 частицы вместо торможения, как это было при формировании положительного Пространства, будут разгоняться до величины скорости $C^2$. Первый разгон частиц материи произойдёт в нуле Пространства $0_s$. Здесь они получат скорость $C^1$. Далее, они «пролетают» на этой скорости расстояние между нулями. Нуль Времени $0_t$ заставляет их разгоняться до величины скорости $C^2$. Итого мы получаем разгон материальных частиц между нулями до величины скорости $C^2$, что обращает их в частицы энергии Времени, которые обладают своим частным временем. Их количество в ЭСН определяют её временны́е параметры.

Можем ли мы это подтвердить на примере нашей солнечной системы? В этом случае, «Земля» может являться источником частиц для этого процесса перехода, предположим это. Тогда её «нулевой» слой должен будет разогнать частицы её материи до скорости $C^1$, а не материальных частиц планеты Земля. Земля только формируется и «настроена» только на приём частиц. Эти разогнанные частицы, раз они имеют скорость $C^1$, должны стать светом, но его фаза и направление будет обратным: от «Земли», а не к ней, что делает их частицами тьмы. Мы эту тьму и видим вокруг нашей планеты.

Если переход через нуль Времени делает свет видимым, т.е. пространственным, то переход через нуль Пространства этот свет может стать для нас невидимым, потому что он будет иметь отношение ко Времени, который мы можем видеть, как тьму. Он будет для нас тёмным, как наше тёмное небо. Может быть его темнота и есть этот свет Времени?

Далее, эти частицы света Времени попадают в нуль Времени $0_t$, где ещё более разгоняются до скорости $C^2$. Мы их вообще не можем видеть, потому что это будет происходить по другую сторону термоядерного слоя Солнца. Отрицать такое предположение обратного круговорота частиц из Пространства во Время мы не можем.

Важно отметить ещё один момент в формировании частиц энергии во Времени. Мы здесь получаем ещё два нуля и две бесконечности, которых у нас ранее не было. Это будут другие плоскости состояний: положительное Время и отрицательное Пространство. Они имеют свои типы нулей и бесконечностей со своими знаками состояний. Итого, мы получаем, если соединить вместе два рисунка 43 и 44, уже четыре типа нулей и бесконечностей ($0_s$, $0_{-s}$, $0_t$, $0_{-t}$; $\infty_s$, $\infty_{-s}$, $\infty_t$, $\infty_{-t}$).

Для того, чтобы с этим вопросом разобраться более серьёзно, давайте попробуем объединить эти два рисунка 43 и 44 в единое целое.

### *Круговороты частиц между двумя ЕСН*

Мы, ранее, определились с формированием двух систем ЭСН с положительными знаками состояний Пространства и Времени за счёт ЭСН с их отрицательными параметрами (рисунки 43, 44). Рассматривать формирование ЭСН, в таком же варианте, с отрицательными значениями параметров не имеет смысла: процесс будут точно таким же. Здесь можно сделать однозначный вывод, что, как бы, «новая» ЭСН формируется за счёт развоплощающейся «старой» ЭСН с противоположным знаком состояния: первая – рождается, а вторая – умирает, но каждая в своём секторе бо́льшей ЭСН, отдавая частицы ему.

Процесс формирования ЭСН за счёт расформирования другой ЭСН мы вполне можем принять. Далее мы пойдём по пути усложнения задачи: теперь мы попробуем объединить между собой две ЭСН с положительными параметрами (+S, +T) в единую структуру Нави (ЕСН, рисунок 21). Тогда две других ЭСН, так же, объединяться в ЕСН только уже с отрицательными параметрами Пространства и Времени (–S, –T). Они станут для первой ЕСН квазиисточником материи и энергии, пространства и времени и источником частиц.

Давайте попробуем их представить в едином графике рисунка 45. На нём мы видим, что две пунктирные линии-

Формирование ЕСН Пространства

Рис. 45

системы ЭСН (–S, –T) сворачиваются, передавая свою энергию двум другим системам ЭСН (+S, +T). Мы направление передачи частиц между этими ЭСН обозначили на рисунке 45 двойными стрелками. Их период формирования будет составлять 360⁰.

Невольно напрашивается вопрос, а в каком бо́льшем Времени или Пространстве этот процесс расформирования-формирования происходит?

Мы тут явно видим новую фазу состояния **90⁰**, какой-то бо́льшей структуры, чем две ЕСН. Только явно это будет не бо́льшая ЭСМ, которая описывает нам взаимодействие между планетарными уровнями. Здесь мы видим некое взаимодействие ЕСН в бо́льшей ЭСН внутри планетарного уровня.

Описание рисунка 45 не представляет для нас большой сложности. ЕСН с отрицательными параметрами передают свои частицы ЕСН с положительными параметрами в соответствие с двойными стрелками. Этот процесс заканчивается при достижении фазы в 360⁰. Его конечную границу мы обозначили двойной вертикальной линией. Она нам пригодится далее.

Давайте теперь усложним этот рисунок 45 и попробуем отразить в нём последовательно ещё один период в 360⁰. Новый рисунок 45а у нас получается довольно сложным. В нем отразились два сектора по 360⁰ с положительными значениями Пространства и Времени. Теперь нам осталось описать только процесс формирования ЕСН с переходом границы между двух секторов. Это понимание процесса перехода границы между секторами для нас очень важно.

Итак, график рисунка 45а горизонтально поделён двойной осью «фазы состояния» на две половинки, разделяя

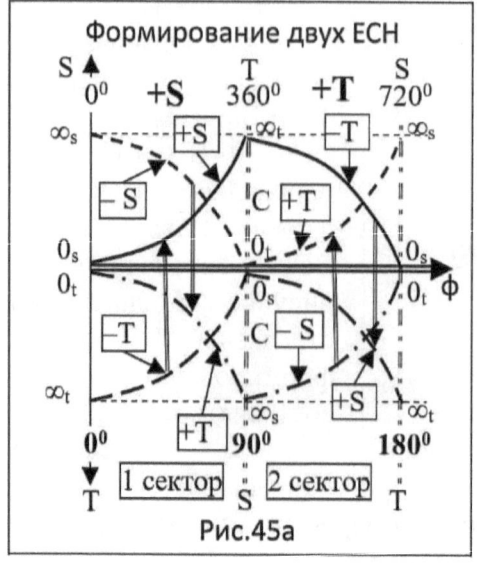

**Рис.45а**

нули и бесконечности Пространства и Времени между собой. Они получаются тождественными и зеркальными. При смене плоскости сектора они, так же, меняются местами. На рисунке 45а мы отразили сектора формирования двух ЕСН: первый сектор – ЕСН бо́льшего Пространства +S ($0^0$-$90^0$); второй – ЕСН бо́льшего Времени +T ($90^0$-$180^0$). В каждом секторе мы имеем по две ЕСН.

Первый сектор включает в себя две разнополярные ЕСН: положительную и отрицательную. Они развёртываются-свёртываются в плоскости бо́льшего положительного Пространства +S. Второй сектор +T отображён зеркально первому сектору относительно оси «фаза состояния»: она, как бы, развернулась в нём с своими нулями и бесконечностями на $180^0$. В нём, точно так же, положительные ЕСН развёртываются, получая частицы, а отрицательные – свёртываются, отдавая им свои частицы. Это происходит уже в плоскости бо́льшего Времени +T. Здесь мы так же видим наличие двух разнополярных ЕСН: положительную и отрицательную. На вертикальных границах секторов происходит зеркальная смена нулей и бесконечностей, Пространства и Времени.

Мы, для наглядности, обозначили график формирования-расформирования ЕСН двух секторов разными пунктирными линиями. У нас получилась интересная картина: они все при переходе через границу сектора меняют свой знак состояния и, как бы, имеют разрыв, теряя свою непрерывность существования, что не может быть. Например, в первом секторе бо́льшего Пространства +S формируется система положительного Пространства +S, которая на двойной границе сектора (**90⁰**) имеет максимальное значение своих параметров. Потом, переходя её, она, как бы, обращается и становится планетарной системой отрицательного времени –**Т** второго сектора *большего* Времени +**Т**, где постепенно сворачивается, отдавая свою энергию вновь формируемой системе положительного Пространства +**S**, которая возникает, как бы, заново.

Такой мгновенный переход от ЭСН+S к ЭСН–Т просто не может существовать без разрушения первой. Здесь мы что-то не досмотрели. Мы можем посчитать, что ЭСН–Т может быть следующей за ЭСН+S структурой. Но даже это не может оправдать нам такой мгновенный переход. Чтобы первая превратилась во вторую необходим процесс расформирования-формирования протяжённостью по фазе в 360⁰. Но где нам его взять? На этом графике он не показан.

Да, мы имеем плоский график, а наши структуры многомерные. Если исходить из этого, то двойная вертикальная линия нам указывает на перпендикулярную графику плоскость, где и должен происходить такой процесс расформирования ЭСН+S и формирования ЭСН–Т. На ней должен быть точно такой же сектор в 360⁰. Вращение ЕСН в этой перпендикулярной плоскости и приводит к тому, что во втором секторе мы уже вместо развоплощённый ЭСН+S имеем сформированную ЭСН–Т, которые, как бы, мгновенно трансформировались, что на самом деле не происходит.

Наш график должен иметь в себе четыре плоскости +S, +Т, –S, –Т, которые будут меняться путём вращения их вокруг горизонтальной оси через каждые 360⁰. Перпендикулярно им в этих же точках мы будем иметь точно такие же графики, которые будут вращаться вместе с ними. Мы даже не будем пытаться нарисовать такой сложный, многомерный и многоплоскостной график. Он у нас на плоском листе бумаги просто не получиться.

Если идти по описанию графика далее и снова внимательно взглянуть на рисунок 45а, то можно увидеть ещё очень интересный момент: два этих *больших* сектора по своей структуре будут тождественны ЕСН, какого-то ещё *большего* Пространства или Времени. Тогда возникает вполне логичное предположение, что наш рисунок 45а можно будет продолжить ещё двумя большими секторами: **–S (180⁰-270⁰)**, **–T (270⁰-360⁰)**. Третий сектор тогда будет сектором бо́льшего отрицательного Пространства **–S**, а четвёртый – бо́льшего отрицательного Времени **–T**. Только в них уже будут формироваться отрицательные ЕСН (–S, –T), получая энергию, а положительные ЕСН (+S, +T) – сворачиваться, отдавая им энергию.

Большая структура ЭСН будет иметь полную фазу процесса формирования-расформирования в свои **360⁰**. Если мы переведём её в фазу состояния меньших ЕСН, то мы получим их полный цикл формирования-расформирования протяжённостью по фазе 360⁰×4=1440⁰. Но как нам всё это подтвердить?

Давайте возьмём для примера электрон и позитрон. Например, первый сектор положительного Пространства формирует обычный электрон. Он у нас получается двойным: частица-материя (+S) и волна-энергия (+T), а второй сектор положительного Времени формирует позитрон, который так же получается двойным: частица-энергия (+T), волна-материя (+S). На это уходит 360⁰+360⁰=720⁰ фазы.

Теперь нам нужно выяснить, а что нам дают третий и четвёртый отрицательные сектора бо́льшей структуры ЭСН? Третий сектор формирует ЕСН отрицательного Пространства (–S) в секторе бо́льшего Пространства. Это, на нашем примере, будет тот же самый электрон, но развёрнутый на 360⁰. Он реально существует, но, всё же, будет немного отличаться от обычного электрона. Материи и энергии у него буду теми же самыми. Переходя к четвёртому сектору (–T) бо́льшего отрицательного Времени, можно уверенно сказать, что мы получим позитрон, так же развёрнутый на 360⁰. Материи и энергии останутся теми же, но свойства его немного изменятся относительно обычного позитрона. Он, как и повёрнутый электрон, будет иметь отрицательные пространственно-временные параметры.

Мы описали найденный нами «механизм» передачи энергии между ЭСН и даже ЕСН. Их формирование идёт за счёт энергий схлопывания уже развёрнутых ранее структур. Если перевести это теперь на наш 4-ый планетарный уровень, то можно снова подтвердить ранее нами сказанное, что где-то в нём должны существовать отрицательные ЕСН Пространства и Времени, которые были сформированы ранее, за счёт которых идёт формирование нашей солнечной системы. Эти системы «Солнца» и «Земли» где-то там сворачиваются (скорее всего, внутри Солнца и Земли), отдавая современным гелиоцентрической системе Солнца и геоцентрической системе Земли свои частицы. Это говорит нам о том, что эта энергия может и должна когда-то закончиться. Это произойдёт тогда, когда фаза состояния достигнет величины в $360^0$.

Ещё, как новый пример, в нашей галактике существуют рукава Персея, которые её, как бы, разделяют пополам. Эти рукава говорят нам о том, что галактику в этом месте кто-то или что-то пересекает. Здесь мы можем предположить наличие вертикальной плоскости Времени, которая будет аналогична той перпендикулярной плоскости, которая мысленно возникла в нашем графике рисунка 45а на двойной вертикальной линии.

Наши Солнце и Земля – то место, где происходит передача энергий от отрицательных систем к положительным. Происходит это в нашем настоящем времени, которое есть расстояние от Солнца до Земли. Вполне возможно, что наше отрицательное «Солнце» может погаснуть, когда вся его энергия перейдёт к положительным системам. Мы сегодня уже находимся в конце формирования положительных систем, что подвигает нас предположить о скором окончании этого процесса формирования. Только что будет с нами после него?

Но оставим пока наши грустные предположения и продолжим исследование. Мы взяли для формирования новых систем уже ранее сформированные планетарные системы и просто опрокидывали их в другом секторе. Но откуда они взялись уже в готовом виде, ведь не сразу же они стали такими?

Конечно, как могут планетарные системы мгновенно достичь своего максимума в параметрах? Это невозможно, тем более, что сама Материя сильно инертна. Получается, что должен существовать какой-то «механизм» их расширения в матрицах и структурах Материи. Нам его далее и предстоит отыскать.

# Глава V. Динамика круговоротов матриц Мироздания

Мы подошли к тому, что любые ЕСН формируются за счёт ранее созданных расформируемых структур. У нас пока возникло некоторое равенство в их энергиях: сколько энергии возникло при распаде предыдущей структуры, столько же её перешло во вновь формируемую ЕСН. Здесь подразумевается некоторая стабильность в «массах» частиц между этими ЕСН, а в динамике эволюции её быть не должно. Энергия и материя, пространство и время в ней эволюционно должны расти с увеличением количества частиц, а в инволюции – постоянно уменьшаться в количестве частиц. Здесь мы подразумеваем некоторую динамику процесса расширения и свёртывания систем в Материи. То, что мы выше описали при равенстве энергий есть описание статического процесса «жизни» ЕСН, но никак не их эволюционной или инволюционной динамики.

Конечно, в будущем мы можем и даже должны прийти к их статике. Это может произойти тогда, когда эволюция достигнет своего пика и их расширение остановится. Примером такой статики ЕСН может служить 2-ой планетарный уровень (его атомы мы уже подразумеваем статичными в своих параметрах). Для достижения статики нам нужно знать критерии, которые ЕСН должны достичь в своих параметрах. Их мы пока не знаем и только предполагаем, ибо наша цель немного другая.

*Круговорот «человека» между двумя мирами*

Динамика расширения ЕСН позволяет нам предположить, что существует некий «механизм», который позволяет ей как-то накапливать в себе количество частиц при её эволюции, или уменьшать их при её инволюции. Нам нужно отыскать такой «механизм» наращивания частиц в ЕСН. Давайте попробуем найти примеры такого возрастания количества частиц материи в физических формах в нашем обычном мире и от них перейти к наращиванию частиц в ЕСН. Оказывается, у нас, действительно, есть реальные символы, которые указывают нам на этот динамический «механизм» эволюции.

Например, планетарные системы 3-го уровня [3] напрямую имеют отношение к обычному человеку. Это говорит нам о том, что физически расширяться вместе с ними должен и сам человек, накапливая в себе всё большее количество частиц материи и энергии. Только здесь есть один нюанс: сегодня в человеке расширяется и совершенствуется и физическое тело, и его разум, т.е. планетарная геоцентрическая система (ЭСН) Времени, которая нам совсем не видна. Её «разумные» частицы будут частицами энергии Времени и именно они накапливаются через наш разум, расширяя разумное тело человека [1]. Под разумным расширением здесь имеется в виду раскрытие более тонких структур ментального разума, которые позволяют, как бы, наращивать количество частиц Времени, а сами частицы становятся более «мелкими».

Получается, что через динамику жизни человека мы можем отыскать те этапы работы «механизма» эволюции, на которые можно будет поделить, точно так же, этапы «жизни» ЕСН.

Можно будет обозначить в ней пока следующие этапы:
1. (10.) физическое «рождение» ЕСН в большем Пространстве (рождение человека);
2. расширение гелиоцентрической системы, ЭСН Пространства (физический рост материального тела человека);
3. расширение геоцентрической системы, ЭСН Времени (формирование и расширение разума человека);
4. достижение высших параметров ЕСН и возможное возникновение некоторой статики жизни (взрослый человек)
5. «смерть» ЕСН, как переход её в другую фазу состояния или, что одно и то же, в новый сектор большей ЭСН (физическая смерть человека).

Мы можем продолжить далее:
6. «рождение» и формирование ЕСН в большем Времени (энергетическое «рождение» человека после смерти);
7. расширение ЕСН (жизнь человека после смерти);

8. достижение высших параметров ЕСН в бо́льшем Времени и возможное возникновение статики «жизни после смерти» (взрослый энергетический человек);

9. «смерть» ЕСН, как переход её в другую фазу состояния или, что одно и то же, в новый сектор бо́льшего Пространства (энергетическая «смерть» человека и его новое рождение):

10. (1.) новое формирование ЕСН в бо́льшем Пространстве (новая жизнь человека в физическом мире).

Далее процесс начинается сначала и тут же возникает вопрос, а с какой целью существует такой круговорот «человека» (ЕСН) между Пространством и Временем? Давайте разберём его цель подробнее.

Итак, рождение ЕСН[11] (она уже существует, только в свёрнутом виде) происходит тогда, когда осуществляется переход через границу сектора в бо́льшее Пространство: старая структура, сворачиваясь, умирает, а новая – рождается. Рождение нас особо не интересует. А вот второй и третий этапы – нам сильно интересны. Здесь происходит расширение ЕСН, практически, с нуля до своих максимальных параметров. Откуда ЕСН (для роста человека) получает частицы материи и энергии, через которые она, соответственно, расширяет своё Пространство и Время?

Оставим пока этот вопрос и пойдём далее по круговороту частиц в ЕСН человека. На 4-ом этапе мы предполагаем некоторое достижение высших параметров ЕСН, после чего наступает некоторая статика, которая длиться не так долго. Она может наступить в конце жизни человека. 5-ый этап переводит ЕСН обычного человека через смерть и расформирование физического тела и разума в сектор Времени (рисунок 39).

Далее, для ЕСН человека наступает «жизнь после смерти», которая уже будет проходить не в бо́льшем

---

[11] Структура никогда не умирает и не рождается. Она или наполняется частицами (это мы называем рождением и жизнью) или развоплощается от них (это мы называем смертью и тлением).

Пространстве, а в бо́льшем Времени. Её этапы мы подразумеваем точно такими же, как и при «жизни» ЕСН человека в Пространстве. 10-ый этап будет полностью тождественен 1-му этапу. Наш круг «жизни» ЕСН замкнулся. Но здесь мы не наблюдаем наращивания частиц в ЕСН взрослого человека: сколько пришло, столько же и ушло, хотя мы и имеем его рост от яйцеклетки до взрослого состояния.

Может быть, мы здесь что-то прозевали?

Хотя, можно смело утверждать, что обычный человек с каждым таким кругом вращения между Пространством и Временем приходит снова в мир бо́льшего Пространства уже более совершенным, что говорит нам о некотором накоплении в нём новых частиц и появлению, скорее, раскрытию более сложных, многомерных и тонких структур в разуме и теле.

Мы здесь не будем обобщать людей и делать их всех стандартизированными и типизированными. Каждый их нас этот процесс накопления частиц и раскрытия более совершенных структур имеет свой. Это зависит от самого человека: или он имеет в себе устремление к совершенству, что приводит к постоянному накоплению новых частиц и раскрытию более тонких структур; или у него такого устремления нет и новое накопление частиц может полностью отсутствовать, а новые тонкие структуры не будут более раскрываться. Мы здесь не будем рассматривать вариант «утекания» частиц из ЕСН человека и закрытию его структур, – его деградацию, которая вполне имеет право на существование.

Итак, мы неожиданно получили тройное «правило» формирования ЕСН человека: совершенство ЕСН с динамикой накопления частиц и раскрытием новых структур; статика ЕСН без накопления частиц и без раскрытия новых структур; деградация ЕСН с потерей частиц и частичным закрытием уже имеющихся структур. Из этого «правила» нас более интересует вопрос: как и за счёт чего осуществляется расширение ЕСН человека и раскрытие в ней более «тонких» структур?

## *Переход ЕСН из одного мира в другой*

Откуда человек берёт частицы материи и энергии для своего роста от яйцеклетки до взрослого состояния? Мы уже вполне можем утверждать, что в эмбриональном состоянии он получает их от матери и, после своего физического рождения, из употребляемой пищи. И даже будучи во взрослом состоянии он постоянно пополняет свои материю и энергию из неё. И тут же возникает вопрос, а где здесь развоплощающаяся ЕСН, о которой мы говорили ранее?

Чтобы ответить на этот вопрос, давайте пойдём от обратного: что происходит с человеком после его смерти? Его физическое тело и даже разум разлагаются до частиц, например, атомного уровня (рисунок 39). Мы здесь вполне можем говорить о развоплощающейся ЕСН человека, которая отдаёт частицы и энергию Земле, которая для неё является *бо*льшим Пространством.

Мы точно можем утверждать, что развоплощение ЕСН в *бо*льшем Пространстве реально происходит, но круговорот частиц у нас пока не получается. Они, вроде бы, все остаются в нём и в *бо*льшее Время не переходят. Вот здесь и есть подвох для наших знаний: в *бо*льшее Время могут переходить не частицы и энергии, а Сила. Но она затрачивает некоторое время на своё развоплощение в *бо*льшем Пространстве. Мы, в своём обычном мире, называем этот процесс разложением, тлением, гниением и т.п. Он существует за счёт инерции Материи. Если бы её не было, то такой переход осуществлялся бы мгновенно.

Конечно, структура ЕСН человека обладает довольно сложной матрицей с тонкими структурами. Процесс освобождения ЕСН от материальных частиц и энергий разума для нас и есть процесс разложения. Он проходит почти мгновенно при сжигании тела человека и намного медленней при его захоронении в земле.

Освобождённая структура ЕСН, далее в *бо*льшем Времени, начинает обратный процесс наполнения своих тонких структур, уже имеющимися в том мире, частицами энергии. Он происходит из-за малой инерции во Времени довольно быстро. Мы можем предположить, что умерший человек почти мгновенно становится там взрослым. Расширение ЕСН в плоскости Времени для нас материальных людей практически незаметен. Мы в своих видениях видим там умерших родственников, достигших зрелого возраста, во взрослом состоянии. Что косвенно подтверждает нашу правоту.

Относительность говорит нам о том, что в бо́льшем Времени идёт процесс инволюции. Мгновенное «рождение» там во взрослом состоянии постепенно, при «жизни после смерти», перетекает в эмбриональное состояние. Это с нашей материальной позиции. Мы там имеем отрицательное Время, которое протекает из будущего в прошлое, от взрослого состояния к эмбриональному. Но с позиции существ времени, там идёт точно такой же процесс эволюции от рождения до смерти.

Нам круговорот человека во Времени пока до конца не понять, но это не главное: мы всё же получаем круговорот «человека» в двух мирах Пространства и Времени, но только не за счёт его частиц, а за счёт Силы ЕСН. Сам переход осуществляется посредством схлопывания структуры, а затем её нового формирования в другом мире за счёт имеющегося там типа частиц.

Нам было очень важно понять, что переходят через границу секторов графика рисунка 45а не частицы, а только Сила, например, ЕСН человека, при чём, она ещё меняет фазу своего состояния. А вот здесь возникает вопрос: могут ли все частицы как Пространства, так и Времени быть полностью нейтральными, а становиться материальными, энергетическими и другими типами (таблица 21) только за счёт начальной фазы состояния ЭСН?

Давайте опять вернёмся к человеку и процессу разложения его тела. Оно, как мы знаем точно, разлагается до атомных структур, но не более того. Эти атомные структуры мы не можем назвать нейтральными, ибо они обладают пространственно-временными параметрами. Тогда, отвечая на последний вопрос, можно утверждать, что развоплощение ЕСН идёт до параметров предыдущего планетарного уровня, в нашем примере, до атомного: из него, как из глины, нас «собирают», в него нас, в Пространстве, возвращают обратно.

Получается, что ЕСН атома сохраняется и живёт в Пространстве стабильно и вечно, не разлагаясь. Тогда ЕСН человека при его рождении в Пространстве собирает их в единое тело в соответствии с начальными фазами состояний ячеек матрицы, а после его смерти развоплощается, возвращая атомы обратно миру Пространства. Вот здесь мы приходим к ЕСН человека 3-го планетарного уровня: его множественные низшие ячейки матрицы будет соответствовать ЕСН атомного уровня, а высшая – самой ЕСН человека.

Теперь мы можем сделать некоторый промежуточный вывод: ЕСН человека составляется из множества ЕСН атомных структур, составляя из них молекулы, клетки, ткани, органы, системы, физическое тело. Мы здесь получаем, как бы, семь уровней матрицы ЕСН человека, как подобие трансцендента (ЕСМ) только внутри планетарного уровня, как бы, «горизонтального трансцендента». Это касается не только 3-го планетарного уровня человека, но и всех остальных планетарных уровней Трансцендента.

Говоря о ЕСН человеке, мы пока остановились только на её ЭСН+S *бо*льшего Пространства, которая составляет физическое материальное тело человека. У нас выпала ЭСН–T, которая составляет разум человека. Она так же должна наполняться частицами энергии Материи. Но если мы ведём речь об атомах для материального тела, то какие атомы мы можем иметь в этом Времени?

Атомы, по аналогии с ЕСН человека, так же должны иметь свою ЕСН: одна из её ЭСН формирует атомы пространства, а вторая ЭСН – атомы времени. Здесь мы, через атомы Времени, приходим к тем же самым семи уровням ЭСН Времени на 3-ем планетарном уровне: молекулы, клетки, ткани, органы, системы, разумное тело. Все они будут порождением энергии Времени. Мы получаем посредством ЭСН Времени своё разумное тело.

Оно после нашей физической смерти точно так же, как и материальное тело, развоплощается и разлагается (9 дней для материального тела; 40 дней и 1 год для разных составляющий разумного тела). ЕСН человека, состоящая из двух ЭСН, после его смерти полностью освобождается от материй и энергий большего Пространства. Переходя в мир большего Времени, она снова обретает частицы, но уже …

Так и хочется сказать, антиматерии и антиэнергии, но это может быть не совсем так. В этом мире большего Времени, как мы считаем, всё же будут существовать такие же энергетические частицы: энергии-формы и волны-материи, обратные и зеркальные частицам внутреннего мира времени большего Пространства (материи-формы и волны-энергии).

Только после смерти человека его ЕСН переходит в больший мир Времени, где и будут уже действовать его энергетические частицы. Его ЕСН сформирует уже нового «человека» из этих частиц и его «тело» так же будет двойным: его форма будет создана из частиц энергии, а разум – их энергетической материи. Другого типа частиц мы в любой плоскости Времени Материи, независимо от её параметров, не предполагаем.

Итак, можно сделать вывод о том, что мы правильно вычислили процесс перехода границы графика рисунка 45а между его секторами. Этот переход осуществляет ЕСН, развоплощающаяся до верхней границы предыдущего планетарного уровня. Далее, происходит процесс подборки атомов, подобно процессу работы РНК в клетке, под имеющуюся ЕСН, под начальную фазу состояния её множественных меньших ячеек матрицы этого уровня, как в Пространстве, так и во Времени.

Но мы опять, так и не смогли понять, как происходит наращивание «массы» частиц в ЕСН и её расширение в параметрах?

## *Расширение структур и матриц МАТЕРИИ*

Мы снова смогли описать только статику круговорота в процессе формирования ЕСН. Если переходить к её динамике, то рост пространства и времени, материи и энергии в ЕСН человека будет происходить только с момента зачатия до взрослого состояния. Только здесь можно говорить о динамике процесса формирования его ЕСН и раскрытия в ней более тонких структур. Естественно, наполнение и

227

расширение ЕСН, как мы утверждали ранее, идёт за счёт внешних источников частиц через потребление твёрдой пищи, дыхания воздухом, употребления жидкости и, ещё можно сказать, «питания» эфиром, его энергией.

Этот процесс материального роста человека находится перед нашими глазами. Мы его отрицать никак не может, потому что каждый человек испытывает его на себе. Только, как ЕСН «забирает» себе частицы из внешнего мира, да ещё расставляет их по своим местам в нашем организме? За счёт чего растёт человек, за счёт захвата необходимого количества пищи, в которой есть материя и энергия со своими производными, пространством и временем?

Но ведь человек – это конечная ЕСН 3-го планетарного уровня, которая вместе с ним расширяется и растёт до взрослого состояния. А возможен ли такой захват «пищи», которая внутри ЕСН расщепляется по своей структуре чуть-ли не до атомов? Конечно, это возможно, ведь мы наблюдаем это своими глазами. Это имеет отношение только к внешней материально-разумной форме, которая расположена в бо́льшем Пространстве.

Но кроме формы существует ещё планетарная ЕСН человека, как двойная пространственно-временная планетарная система 3-го уровня, подобная нашей солнечной системе. А как она расширяется и за счёт чего, ведь не за счёт же материальных атомов? Как она захватывает «пищу» и какую, и как распределяет далее её по планетарной системе? Планетарная ЕСН уже имеет отношение к бо́льшему Времени, которое имеет для неё уже свои «атомы» 1-го планетарного уровня. Именно ими эта ЕСН должна наполняться, ведь она формируется из них.

Давайте посмотрим на этот процесс планетарного «пищеварения» с позиции 4-ой планетарной системы, например, солнечной гелиоцентрической системы, которая нам несколько ближе по нашим знаниям. Что для неё будет являться внешней «пищей»?

Мы ранее рассмотрели вопрос круговорота частицы внутри системы. Его можно представить аналогичным, например, системе кровообращения человека. Эта система сама по себе не может расширяться. Она просто совершает свои кровяные кругообороты внутри системы позволяя ей существовать и эволюционировать. Поэтому тот круговорот частицы внутри системы мы можем рассматривать как внутренний. Нас же интересует внешнее пополнение системы частицами, «пищей».

Откуда солнечная система может для себя взять новые частицы? Только из внешнего по отношению к ней Космосу. Скорее всего, по аналогии с материальной пищей, это будут разрушенные остатки других систем, которые при переходе её внешней границы попадают внутрь системы. Такими остатками могут быть метеориты, осколки какой-либо планетарной материи, астероиды и любые другие космические тела этого уровня и даже отдельные сгустки атомов 2-го планетарного уровня, находящиеся в свободном состоянии. Конечно, внешняя границы планетарной системы представляет собой подобие клеточной мембраны и функции её работы могут быть ей аналогичными: пропускает в себя то, что ей необходимо и выводит из себя то, что ей уже отработано и более не нужно.

Итак, на этом, в отношении «пищи» для планетарной системы 4-го уровня, можно будет остановиться. Мы предположили источник её возникновения, но пока нам неизвестен сам «механизм» наполнения ею системы: как она её «переваривает», не имея желудка?

Гелиоцентрическая солнечная системы является расширяющейся и эволюционирующей. Это говорит нам о том, что её внешняя граница динамична и постоянно расширяется. Это расширение внешней границы можно рассматривать как захват новой территории, в которой может находиться новая «пища».

С другой стороны, в самый начальный момент формирования системы происходит нечто подобное взрыву «света», который захватывает всю будущую территорию системы и всё то, что находится на ней. Далее начинается процесс материализации системы с постепенным расширением уже материальной внешней границы до уровня «взрывной» внешней границы, естественно, постепенно захватывая всю материальную «пищу», которая находится внутри системы.

Только так мы можем описать систему «пищеварения» планетарной системы. Если перейти на уровень планетарной системы человека, то процесс «пищеварения» здесь будет аналогичным. Материальная пища, которая потребляется человеком должна полностью соответствовать «пище», потребляемой его планетарной системой. Это полностью тождественные процессы.

Для этого процесса «переваривания» ещё нужна и энергия, которая бы его осуществляла. В свои телескопы мы видим, что все планеты имеют кратеры от падения метеоритов. Это нам говорит о том, что остатки планетарной материи, притягиваясь, просто падают на поверхность планеты, увеличивая её в своём объёме. И никакого «желудка» здесь не нужно. Энергия движения метеоритов так же попадает на поверхность планеты, переходя уже в её энергию, наращивая тем самым общую энергетику планеты. Здесь мы понимаем, что силы притяжения планет позволяют им получить и «переварить» останки планетарных систем, которые дают ей материю и дополнительную энергию, получаемую ими от энергии падения космических тел на поверхность планет системы.

Мы, вроде бы, исследовали возможность через «пищу» нарастить «тело» планетарной системы (ЕСН), но мы пока не получили самого «механизм», который бы позволил её наращивать. Мы получили «пищу» и нашли планетарную систему «пищеварения», но пока не можем сказать, как и посредством чего она распределяется внутри организма, внутри ЕСН?

Наше исследование пока остановилось на том, что мы отыскали источник увеличения материи и энергии в каждом цикле эволюции планетарной системы. Но в современном мире гелиоцентрическая система сегодня уже практически не расширяется и если расширяется, то довольно медленно и незначительными темпами. Это нам говорит о том, что её материальная граница уже достигает её «взрывную» границу, что приближает систему к окончанию процесса эволюции.

Да, и сам взрослый человек уже около столетия особо сильно, как ранее, не расширяется в своих антропометрических параметрах, а если и расширяется, то это не очень-то и заметно. Это нам говорит о том, что, если прекращается наращивание планетарной системы, а через неё тела человека и его разума, то его материальная эволюция подходит к своему завершению и наступлению статики. Этот вывод о начавшейся статики планетарной системы Земля — очень правомерный, но нас он не останавливает. Только возникает вопрос, а что будет далее?

Духовные источники знаний утверждают, что, на самом деле, ещё нет полного соединения гелиоцентрической системы Света и её отражения как гелиоцентрической солнечной системы в Материи. Они до сих пор ещё до конца не соединены, а то бы человек уже давно бы стал одухотворённым существом из одухотворённой материи-энергии. Незаконченность его эволюции говорит нам о незаконченности эволюции гелиоцентрической солнечной системы в Материи.

Вот здесь-то мы случайно и наткнулись на этот «механизм» расширения планетарных систем ЕСН. Дело в том, что, на самом деле, *квант Света (ЕСН Света) ещё до конца не погрузился в Материю (ЕСН Материи) и имеет с ней пока неполное соединение.* Мы говорим о частном их соединение только потому, что на планете существуют устойчивые и даже статичные виды животных, растений, минералов и т.п., которые уже закончили свою эволюцию. Их эволюционная статика, как раз, показывает нам, что здесь произошло частичное соединение Света и Материи и их виды стали совершенными.

Итак, как мы это рассматривали ранее, *квант (ЭСН) Свет своей Силой заставляет Материю создавать в себе подобную ему структуру кванта (ЭСН) Материи.* Она полностью должна бы быть тождественна структуре кванта Света, но так как Он ещё полностью не соединён с Материей, то она его, всё ещё, «слепо» отражает в себе так, как это у неё получается [2]. Она создаёт множество, скорее, все возможные варианты человеческих структур, которые далее она будет отбраковывать, оставляя только те из них, которые будут полностью соответствовать кванту Света.

Мы приходим к пониманию того, что квант Материи должен расширяться в соответствии с расширением кванта

Света. Ранее, мы установили, что период кванта Света зависит от «массы» наполняющих его «корпускул» [1]. Точно так же, квант Материи расширяется при помощи «утяжеления» своих частиц-корпускул. Чем большее количество частиц имеют в себе его корпускулы, тем «шире» по параметрам становится квант Материи.

А что такое корпускула? Это – ЭСН и, тождественно ей, элемент матрицы Материи (рисунок 32). Мы снова вернулись к структурам Нави и Мирра и матрице Материи. А что нужно сделать, чтобы расширить структуру ЭСН? Необходимо внутри неё увеличить количество меньших ЭСН или количество меньших ячеек матрицы, её составляющих. Получается, что расширение ЭСН в Материи идёт, как бы, снизу, от меньших элементов. В ЭСН Света же этот процесс будет обратным.

Но будет ли сама Материя наращивать количество ячеек матрицы или меньших элементов ЭСН? Ранее мы говорили, что она не «пошевелиться» пока на неё не будет оказано какое-либо воздействие [2]. Никакого расширения не будет, если не будет такого внешнего воздействия Света на Материю.

## Нулевое Мироздание

Прежде чем до конца ответить на вопрос о внешнем воздействии на Материю, нам необходимо более полно исследовать структуру Мироздания, полученную нами в ГММ (таблица 17). Для этого, сначала, проанализируем в ВММ (таблица 14) состояние двух её ПСН с, вроде бы, положительным знаком Пространства и отрицательными параметрами Времени.

Если просчитать действительные параметры ПСН в этой ВММ, то мы вообще не получим ни Пространства, ни Времени. Ячейки ВММ, если их сложить все вместе, взаимно скомпенсируют друг друга и в итоге мы получим нулевые значения параметров обоих ПСН. В этом случае, говорить о каких-то там Пространстве и Времени самой ВВМ вообще нельзя.

Этот очень интересный для нас вывод говорит о том, что ВММ у нас получается по своим параметрам полностью нейтральной и даже нулевой: все ячейки друг друга взаимно компенсируют. И не только эта матрица оказывается нейтральной, но сама ГММ (таблица 16), которая составляет наше Мироздание, так же, оказывается полностью нейтральной. Внутри ГММ существуют миры, которые, вроде бы, «живут свой самостоятельной жизнью», но стоит нам выйти за их пределы, как все они оказываются «нулевыми» и полностью скомпенсированными. Только за счёт разведения их по четырём плоскостям (+S, +T, –S, –T) они могут существовать как самостоятельные миры. Но стоит нам выйти за их пределы, и они тут же превращаются в «ничто».

Нам это трудно понять, потому что …

Например, как мы воспринимаем атомный мир? Да, ни как! Тот же стол, сделанный из атомов, мы воспринимаем как стол, а не как многочисленную группу атомов. Выходя за их атомные пределы и превосходя их мир, мы их просто перестаём воспринимать как атомы. Они для нашего восприятия, как бы, полностью отсутствуют, но, тем не менее, существуют.

А теперь давайте посмотрим, что из ГММ мы изучаем нашей материально-пространственной наукой и что мы можем видеть своими обычными глазами в этой матрице? Мы, как пространственные со знаком плюс существа, можем видеть и наблюдать только ячейки с положительным Пространством. А теперь, что мы в ГММ из четырёх её ПСН можем видеть? Естественно, только ПСН положительного Пространства +S. Внутри этой ПСН+S мы можем опять видеть только ячейки с пространством +S.

Таких ячеек +S внутри ПСН+S мы наблюдаем только четыре на разных уровнях этой матрицы. Мы в нашем реальном мире действительно видим только эти четыре ячейки из всей ГММ: атомный уровень; уровень солнечной системы; уровень галактик; уровень трансцендента, как сумму всех видимых галактик. Это те планетарные уровни, которые мы можем видеть, как пространственные существа. Причём, атомный и трансцендентный планетарные уровни мы не видим своими глазами, но можем наблюдать их через свои приборы, косвенно. И получается, что своими обычными глазами мы видим всего две ячейки +S внутри ГММ. Все остальные ячейки этой матрицы, кроме этих четырёх, мы нашей наукой просто игнорируем, как несуществующие. Представляете себе, какой огромный мир, как оказывается, скрыт от нашего пространственного и материального разума!

А теперь давайте попробуем представим себе ГММ математически. Итак, на самом «верхнем» уровне мы имеем Абсолют, который по своей математической сути есть «ноль», где всё скомпенсировано – это сама ГММ (таблица 16). Далее, этот «ноль» разбивается на «+1» и «–1», но в итоге он так и остаётся нулём. Здесь, «+1» мы можем принять как ВММ, а «–1» – как ВМС. Это будет первый уровень разделения «нуля» ГММ. Он у нас таким и есть. Мы имеем, как бы, две отдельных матрицы ВММ (+1) и ВМС (–1).

На втором уровне мы опять имеем в этих двух матрицах ВММ и ВМС «нули»: все ПСН этих матриц взаимно скомпенсированы. Давайте возьмём для примера ВММ, которая на втором уровне сама будет «нулём». Она разбивается на две ПСН, одна их которых будет представлять собой «+1», а другая «–1». В нашем случае, ПСН+S, например, будет «+1», а ПСН+Т «–1». Точно такая же картина будет внутри ВМС, но она будет соответствовать другой плоскости состояния, и мы её пока рассматривать не будем. В итоге мы получаем по две разнополярные «единицы» в четырёх разных плоскостях, которые друг друга, как и сами плоскости, полностью компенсируют. Результирующий математический результат этого уровня будет равен «нулю».

На третьем уровне ГММ мы уже имеем сами матрицы ПСН как нулевые. Они уже разбиваются по две ЕСН каждая, которые друг друга внутри них взаимно компенсируют. Мы получаем разные по полярности ЕСН. Например, в ПСН+S мы получаем две ЕСН: +S (+1) и –S (–1). Всё получается точно таким же, как на более высоких уровнях.

Давайте всё же опустимся и на четвёртый уровень ГММ. Он уже принадлежит матрице ЕСН, которая для него будут нулевой. Каждая такая ЕСН разбивается здесь по две матрицы ЭСН. Давайте для примера возьмём ЕСН+S матрицы ПСН+S. Она будет полностью нулевая для своего уровня и разбивается на ЭСН+S (+1) и ЭСН+Т (−1), которые будут внутри себя и друг с другом полностью скомпенсированными.

Мы получили довольно интересный результат исследования ГММ и получили в ней на каждом её уровне тройные состояния миров: «+1», «0», «−1». Этот результат чётко ассоциируется с человеком, ведь у него всегда есть точно такой же «тройственный выбор»: да-безразлично-нет. Это, символически, косвенно подтверждает верность изложенного выше.

Давайте проверим этот «тройственный вывод» посредством обращения к духовным знаниям, например, к «Моисеевой Книге Бытие» (далее Книге). Он уже был описан ранее [2], и мы здесь повторимся, сделав новое описание под наш вывод.

Итак, в самом начале «Бог сотворил небо (ВМС) и землю (ВММ)». Мы видим точно такое же разделение из «ничего» на «землю и небо» – первый уровень ГММ. «... и Дух Божий носился над водою». Это уже новое разделение «земли» (ВММ) на «воду» (ПСН+S) и «Дух Божий» (ПСН+Т) – второй уровень ГММ. Почему мы вдруг отнесли Дух Божий к ВММ? Дело в том, что он «носится над водою» где-то на «земле», то есть «внутри» ВММ. Поэтому мы и посчитали его принадлежностью ВММ.

ПСН−Т вполне можно отнести к «Духу Божьему». Она нам в нашем Пространстве вообще не будет видна, потому что находится в перпендикулярной плоскости Времени. В Пространстве мы будем иметь только её малую нематериальную проекцию, которая, как раз, и будет точечным «Духом Божьим».

Символ «вода» говорит нам о том, что матрица ПСН+S заполняет ту форму, в которую её «наливают». Формы для «воды» ПСН+S создаёт «Дух Божий» (ПСН+Т). Здесь мы и начинаем понимать, что матрица Времени ПСН+Т должна влиять на матрицу Пространства ПСН+S, заставляя её повторять те структуры, которые будут создаваться в ней. Можно утверждать, что это она структурирует матрицу ПСН+S, создавая различные формы материальных миров.

Далее по Книге, появляется «свет», который появляется вдруг ниоткуда: «да, будет свет. И стал свет». Он может возникнуть только тогда, когда обе матрицы обретут между собой контакт и между ними возникнет медленный процесс аннигиляции. Только он нам, единственный, может дать «свет».

Совсем непонятно для нас то, зачем Бог разделил этот «свет» на свет и тьму, чтобы получить день и ночь. Светом тогда можно определить матрицу ЕСН+Т, а тьмой – ЕСН –Т, хотя может быть и наоборот. Первая матрица работает на созидание (на будущее), вторая – на разрушение (на прошлое).

Далее Бог снова возвращается к «земле» и отделяет «воду от воды»: «отделил воду, которая под твердью (ЕСН+S), от воды, которая над твердью (ЕСН–S).» При этом он называет «твердь» «небом». Это «небо» соответствует нашему небу планеты Земля; «вода под твердью» (ЕСН+S) – это поверхность планеты Земля; «вода над твердью» (ЕСН–S) – это остальной Космос.

На этом месте в Книге мы пока остановимся. Понять нам её символы в плане разделения матриц довольно сложно и, тем более, что она не ориентирована на них. Но мы, всё же, продолжим описание Книги в плане исследования через её символы свойств ВММ.

Символическое описание «земли» (ВММ) поможет нам лучше понять свойства этой матрицы. Она, по Книге, получается полностью «невидимой и пустой» – *нулевой*. Она не излучает и не поглощает обычного света: какой в неё пришёл, такой же и ушёл, без искажений, и поэтому она нам будет не видна. Она – «нуль», «пустая», потому что всё внутри неё скомпенсировано и в ней, как будто бы, мы не имеем каких-либо структур. Под структурой матрицы мы здесь подразумеваем не порядок расположения ячеек в ВММ, а разное наполнение её ячеек пространством и временем, а оно у нас пока получается нейтральным, то есть «пустым», полностью скомпенсированным. Как мы видим, результат нашего исследования пока совпадает с символами Книги.

Кроме этого, ВММ, по Книге, ещё, предположительно, представляет собой *сферу*. В ней мы находим: «и тьма над бездною». «Без-дна» – само слово указывает нам, что ВММ не имеет «дна». А его не имеет только то, что замкнуто, то есть сфера. Получается, что ВММ располагается по всей протяжённости сферы МАТЕРИИ и полностью разбивает её на бесконечное множество ячеек, которые равны в своих параметрах и наполнены пространством и временем. Они не пустые и имеют в себе частицы, которые им соответствуют. Их равенство в параметрах и количестве частиц делает ВММ полностью нейтральной, «нулевой». В таком состоянии она может находиться бесконечно долго, до тех пор, пока на неё не будет оказано какое-либо внешнее воздействие, как мы это указали ранее.

Если теперь обратиться к ВМС, то как будет выглядеть эта матрица? Не зря мы зеркально отобразили ВММ (таблица 14), сформировав ВМС (таблица 15). Она у нас получилась полностью тождественной, но зеркальной ВММ. Это говорит нам о том, что и её ПСН должны быть полностью нейтральными. Их изначальное отличие будет состоять только в том, что ВМС, по сравнению с ВММ, не имеет в себе такого количества частиц, а значит её пространство и время будут значительно сужены. В самом начале Книги было создано «небо», которое и есть представление этой матрицы, но более о нём не вспоминается.

Есть в нашем мире и другие символы, говорящие о свойстве ГММ. Например, ВММ, символически, представляет собой *матку женщины*, которая и есть сфера «без дна». Её яйцеклетка представляет собою ПСН+S, а сперматозоид – ПСН+Т, который носится вокруг неё, как «Дух Божий». Это действительно так, ибо две ПСН ВММ оказываются взаимно-связанными друг с другом, как разнознаковые матрицы. Их соединение даёт «свет», который осуществляет переток материй и энергий между ними. Поэтому мы можем представить ВММ как сферу-матку, внутри которой, как подобие яйцеклетки человека, находятся матрица ПСН+S, которая «оплодотворяется», как сперматозоидом, матрицей ПСН+Т. В результате мы получаем, как подобие эмбриона в матке матери, некое растущее трансцендентное существо 7-го планетарного уровня. И все последующие эволюционные процессы трансцендента символически оказываются полностью тождественными развитию человеческого эмбриона в матке матери [2].

Нам удалось понять некоторые свойства ГММ, но для нас всё ещё остаётся открытым вопрос о её структуризации: каким образом возникают формы миров и существ, их населяющих?

### *Управление структурированием ГММ*

Мы почти подробно описали свойства ВММ и даже её некоторую динамику, которые открыла нам Книга. У нас возникло символическое понятие «Духа Божьего» (ПСН+Т), который соединяется с «водою» (ПСН+S). Их соединение даёт начало эволюционному процессу рождения и роста трансцендента. Мы получаем две ПСН ВММ подобные одной ЕСН рисунка 21. Между ними возникает разнонаправленные круговороты частиц. Кроме этого, если матрицу ПСН+S мы подразумеваем неструктурированной, то матрицу ПСН+Т – структурированной. Наше предположение заключается в том, что это она далее передаёт свою структуру матрице ПСН+S через их взаимодействие. Но откуда берётся структура в матрице ПСН+Т? К тому же, ВММ мы всю предполагаем неструктурированной, а она входит в её состав.

Если снова обратиться к Книге, то в самом начале Мироздания Бог «нечто» развёл на «землю» (ВММ) и «небо» (ВМС). И не было тогда ещё «Духа Божьего». Он появляется в Книге за этим действием. Это подтверждает наше предположение об отсутствие структур в ВММ и, даже, в ВМС. Только потом появляется неструктурированная «земля» (ПСН+S) и структурированный «Дух Божий» (ПСН+Т). С этими положениями Книги мы вполне можем согласиться. Только, как ПСН+Т из неструктурированной матрицы вдруг становится структурированным «Духом Божьим», а матрица ПСН+S так и остаётся неструктурированной?

В ВММ мы ответ на этот вопрос найти не сможем. Нам остаётся исследовать в этом направлении ВМС. Книга нам вообще об этой матрице ничего не говорит, понимая, что сама эта матрица тождественна и зеркальна ВММ. Мы тут же приходим к тому, что её свойства и все процессы будут аналогичными ВММ, которые мы описали выше, только более ранними. Это говорит нам о том, что ПСН–S (назовём её как «земля света») должна полностью по своим свойствам быть аналогична матрице ПСН+S, но быть обратными по действию, а матрица ПСН–Т («Дух Божий света»), соответственно, – ПСН+Т. Но опять возникает вопрос, а откуда в ВМС могла произойти, хотя бы, структуризация матрицы ПСН–Т?

Мы подразумеваем, что в ВМС частицы если и есть, то они очень подвижные и, естественно, нематериальные. Мы даже сильно затрудняемся их искать, чтобы понять их свойства и делать этого не будем, а только посчитаем их очень подвижными, нематериальными и, скорее всего, неэнергетическими. Наполнение этой матрицы будут осуществлять частицы некой самой первозданной МАТЕРИИ, о которой мы мало, что знаем. Шри Ауробиндо такую материю называет «супраментальным светом» [6] и описывает его как «золотой свет», говоря о его свойствах, как о свете, который может изменять, то есть структурировать любую материю.

Мы ещё не можем не предположить, что в своей сумме частицы ВМС (таблица 17, верхняя строчка) дадут нам самый нижний, по параметрам, уровень частиц ВММ (нижняя строчка), а, иначе, никакого соединения и дальнейшего взаимодействия между ВММ и ВМС у нас не может быть.

ВМС очень подвижная и даже полностью сознательная Матрица, что означает для нас возможность её мгновенной самоструктуризации. Она тут же даёт нам свой «Дух Божий Света» ПСН–Т, который мгновенно воздействует на «землю света» ПСН–S, структурируя её. Давайте пока посчитаем, что ВМС, действительно, была после её разделения с ВММ, практически мгновенно структурирована или имела в себе нечто, подобное нашей ДНК. Что нам это даёт?

В таблице 17 мы видим противостояние ВМС и ВММ. Структурированная ВМС может оказать давление своей силой на ВММ и структурировать уже её ПСН+Т. Почему её? Дело в том, что матрица ПСН+S очень инертна и обладает Силой и Инерцией МАТЕРИИ. Её структурирование представляет довольно сложный процесс, требующий больших затрат энергии. Матрица ПСН+Т обладает большой подвижностью и намного легче поддаётся структурированию. Она и структурируется в первую очередь, получая от ВМС структуру, которую повторила, тут же создав своего «Духа Божьего»[12]. Далее, эта структурированная ПСН+Т через свою энергию оказывает влияние на матрицу ПСН+S, заставляя её структурироваться тождественно структурам «Духа Божьего», в конечном счёте, структурам ВМС, которая управляет всеми процессами в ВММ.

Таким мы видим процесс взаимодействия между ВМС и ВММ. Только мы описали пока один из круговоротов между ними. Мы смогли получить структурированную ПСН+S, которая образуют материальные миры. Но мы так и не ответили на главный вопрос, а кто же структурирует саму ВМС?

По Книге это делает Бог, который всё создаёт и является создателем миров. Но мы не можем его просто так принять и остановиться на нём, свалив всё на него. Описывая эти процессы внутри ГММ, мы понимаем, что матрица существует сама по себе, но кроме неё есть ещё нечто, какая-то Сила, которая ей управляет.

Что или кто управляет ГММ?

У нас возникло пока два разных понятия: матрица и структура. Мы всё время пытаемся их соединить между собой и если с матрицами мы более или менее разобрались, то со структурой мы пока что-то не доделали. Тут же возникает вопрос: каково само понятие структуры?

Хотя мы уже описали её как структуры Нави и Мирра, но что она собой представляет на самом деле мы пока понятия не имеем. Например, квант света, как структура ЭСН, нам хорошо известен, но как его магнитная и электрическая силы, взаимодействуя друг с другом, работают в нём, не «разбегаясь»? Что заставляет их удержаться в рамках кванта

---

[12] В Индии «Дух Божий» символически будет аналогичен Пуруше, а «Дух Божий света», а может быть даже вся ВМС, будет соответствовать Пурушоттаме. «Пуруша – есть изначальный Дух, свидетель, господин и хозяин, поддерживающий все формы и проявления Природы. ... Пурушоттама – это Господь, объемлющий всё и вся» [10]

света и совершать свои совместные взаимосвязанные действия?

Мы можем предположить, что существует некая структура кванта света, которая удерживает их в единстве ЭСН. Если убрать из неё эту структуру, то что тогда с ним произойдёт? Останется ли он тогда существовать?

В ЭСН структуру «собирает» и удерживает центральный круг (квант) и если его убрать из ЭСН, то она рассыплется на четыре меньших ЭСН, но те останутся существовать. Значит, центральный круг ЭСН входит в состав структуры, но сам является только её небольшой частью.

Что тогда является структурой ЭСН? Может быть, это будут те линии, которые мы обозначили на рисунке 18 [1]. Сотрём их ластиком и ЭСН просто исчезнет. Конечно, это только шутка, но здесь есть и доля правды. Кто или что удерживает все атомы, например, стола, образуя его форму? Можно уже с уверенностью сказать, что это будет его Структура. Но из чего она сделана и что собой представляет, если её изначально нет даже в ГММ?

Изначально до ГММ, по Книге, был только Бог. Получается, что вся структура Мироздания и его нейтральная матрица, без каких-либо частиц или при их малом начальном количестве и есть Он! Мы сейчас ищем ответ на вопрос: что собой представляет Бог (структура+матрица), которого ищут все духовные искатели во все века существования человека?

Только на него до сих пор ответа нет.

Духовные источники говорят о Боге, как о Могуществе, знающем Истину. Если перевести это на наш язык структуры, то мы получаем, что она должна обладать Силой, а Истину (ДНК) любой формы и мира содержать в себе. Как же создавать миры, не зная Истины (Структуры)? Структура получается у нас полностью сознательной, раз знает всю Истину. Мы получаем структуру, как Силу-Сознание, сознательное Всемогущество, как Божество.

То, что мы описали ранее, как разделение матриц по уровням и есть ни что иное, как собственное разделение Силы-Сознания по уровням Мироздания. Это она творит миры, структурируя матрицы. Мы не будем далее лезть в эту философию, ибо у нас тогда так и останется «подвешенным» глобальный вопрос: а зачем и с какой стати Бог стал структурировать ГММ и создавать миры из себя самого и для себя самого?

...

Давайте оставим его для будущего и перейдём к нашим земным исследованиям. Нам ещё не совсем понятно в нашем исследовании, каким образом происходит расширение структур миров и какой «механизм» здесь задействован?

### *Процесс расширения ВММ*

Давайте начнём исследовать процесс расширения параметров пока только внутри ВММ, если мы его там найдём, а ВМС мы пока оставим в покое. Итак, в ВВМ мы, например, имеем в самом начале «пустую» матрицу ПСН+S и матрицу ПСН+Т, как «Дух Божий», которая ранее, как мы подразумеваем, уже была структурирована. Между ними, вроде бы, должен возникнуть процесс передачи структуры со второй матрицы в первую. Тогда матрица ПСН+S должна зеркально отразить в себе матрицу ПСН+Т. Тем самым, матрица ПСН+S должна создать в себе подобную и тождественную ей, но зеркальную структуру и наполнить её материальными частицами.

Итак, мы получаем, вроде бы, первый этап передачи «нечто» из одной матрицы в другую. Но что передаётся между ними? Если между двумя матрицами мы получаем структуру подобную ЕСН рисунка 21, а это так и есть, то тогда структура ПСН+Т должна остаться существовать и точно так же расширяться тождественно матрице ПСН+S, которая будет структурироваться. Мы приходим к выводу, что *расширяться должна вся структура ВММ одновременно и параллельно*, на чём мы будем далее основываться.

Тогда мы вправе говорить об одновременных структуризации и расширении этих двух матриц ВММ. Но если матрица ПСН+Т имеет в своём составе частицы энергии и намного подвижнее матрицы ПСН+S, которая имеет в себе инертные частицы материи, то мы так же вправе говорить о некой её первичности в процессе. Поэтому мы и утверждали ранее, что это она передаёт структуру и зеркально отражается в матрице ПСН+S, хотя, на самом деле, это не так. Они, обе и одновременно, получают от «нечто» (ВМС) свои тождественно-зеркальные структуры и из «пустых» матриц становятся структурированными и наполненными своими типами частиц.

Процесс расширения здесь можно принять следующим: нейтральная ВММ получает от «нечто» структуру, которая своей силой заставляет ВММ в этих двух матрицах структурироваться. Оно заставляет её изменять состояния и параметры своих ячеек под его структуру. В этом случае, ВММ всё равно остаётся нейтральной, потому что обе матрицы ПСН всегда и во всём уравновешивают друг друга, как «+1» и «−1». Любое изменение в одной из матриц обязательно зеркально уравновешивается через другую.

Итак, мы между этими матрицами ВММ ничего друг другу не передаём. Даже структура возникает в них одновременно, а не передаётся между ними и зеркально не отражается, а уже приходит тождественно-зеркальной. Мы пришли к выводу, *что то, что происходит с ВММ при получении структуры и её наполнения частицами, осуществляется под действием некой <u>внешней силы</u>.*

Чтобы упростить понимание процесса расширения ВММ, давайте, например, матрицу ПСН+Т будем называть *квантом Энергии (Материи)*, а матрица ПСН+S, которая зеркально отражает его, так же будет квантом только уже самой Материи. Мы этот материальный квант назовём *квантом Материи*.

Пока мы в ВММ имеем два разнополярных и взаимозависимых кванта, работающих одновременно. Что это нам даёт? Давайте, чтобы отыскать источник внешней силы, начнём исследовать процесс расширения её параметров, для простоты понимания, не с самого «нуля», а с некой средней величины, с середины процесса расширения. Так нам проще будет понять взаимодействие этих двух квантов при расширении.

Если начать с «нуля», то нам придётся описать самое начало их возникновения и дальнейшую эволюцию, ибо без них мы не сможем тогда понять всего процесса расширения. В этом случае наша задача значительно усложниться и нам придётся тогда исследовать самое начало эволюции, что для нас пока довольно сложно. Поэтому мы решили начать это исследование с некой средней величины параметров ВММ.

Итак, у нас есть квант Энергии ПСН+Т с определёнными параметрами Времени, например, «а». Мы считаем, что он уже существует внутри ВММ в некоторых параметрах матрицы. Физически, он существует в Мироздании как планетарная система положительного Времени. Естественно, этот квант Энергии формируется совместно с квантом Материи. Квант ПСН+S формируется в своей части матрицы ВММ (рисунок 46).

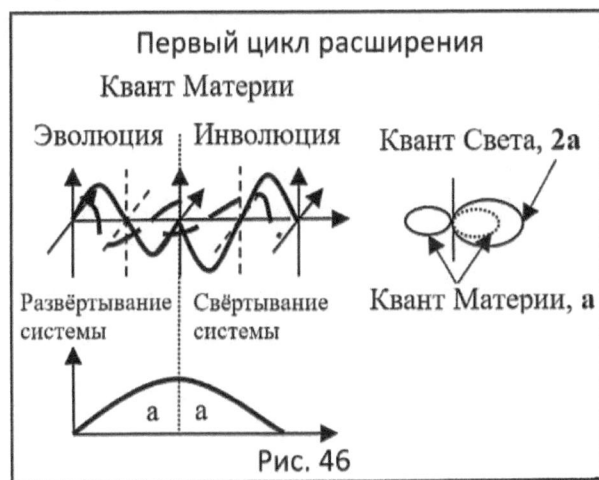

Квант Материи материализует внешнюю структуру, наполняя её материальными частицами в определённых ячейках матрицы. Это равносильно формированию планетарной системы положительного Пространства.

Обе планетарные системы формируются одновременно. Мы получаем две планетарные системы с положительными параметрами. Они, вместе, образуют большую ЕСН с положительными параметрами подобную рисунку 21. После того, как обе формируемые планетарные системы достигнут в своих параметрах предела, то они стабилизируется и могут некоторое время находиться в таком состоянии.

Далее, если только их параметры не достигли максимальных пределов своего планетарного уровня, оба кванта будут сворачиваться и дематериализовываться. Они оба должны полностью «схлопнуться» снова до «нуля» своего планетарного уровня, как бы, переводя ВММ в нейтральное состояние, из которого она и не выходила.

Как мы понимаем, здесь в ВММ мы полного процесса расширения увидеть не смогли: он здесь существует, но его источник и полный круговорот здесь не просматриваются. Это, возможно, только его малая часть и нам необходимо будет отыскать его продолжение. Тут же возникает вопрос: куда должны свернуться, отдавая свои частицы эти два кванта ВММ? Возможно, ответ на него даст нам недостающее звено.

### *Недостающее звено круговорота расширения*

Если процесс расширения в ВММ не имеет своего источника, а подвержен, как мы поняли, некоторому внешнему влиянию, то у нас остаётся ещё одна матрица в составе ГММ. Может быть, она и есть то внешнее влияние на ВММ? Мы тут же устанавливаем, что ВММ, как-то, должна передавать свои частицы в ВМС, в ПСН–Т и в ПСН–S, а не обратно себе из одной матрицы в другую.

Такой вывод нам помогла сделать таблица 17 и вот почему: четыре внутренние матрицы ВММ и ВМС «стоят» в ней напротив друг друга и, естественно, как-то должны взаимодействовать между собой, причём, в своих парах ПСН разной полярности. К тому же, ВМС не сможет расширяться без наполнения себя частицами. Любой квант света расширяется только за счёт увеличения числа частиц. Но мы пока не можем сказать, что это за частицы?

Хотя, ВМС, как квант СВЕТА, должна материализоваться в ВММ, что говорит нам о приобретении ей материальных частиц. Значит, каким-то образом частицы из двух матриц ВММ должны передаваться в матрицы ПСН ВМС, материализуя их. Только в этом случае будет возможно их расширение через Единение, а через неё и матриц ВММ. Такая передача частиц, по нашему предположению, должна осуществляться при сворачивании структур в ВММ.

Давайте этот процесс перехода из одной матрицы в другую попробуем символически описать через обычного человека. Итак, он живёт на поверхности планеты Земля Пространства, как матрицы ВММ, и в обычной жизни имеет в себе два тела: физическое тело из частиц материи, как квант ПСН+S, и разумное тело из частиц энергии, как ПСН+Т. Они оба, а мы знаем это по себе, развиваются одновременно. После смерти человека оба тела разлагаются и все частицы-атомы, которые наполняли структуру формы человека возвращаются обратно в ВММ. Здесь напрашивает повторение нашего предварительного вывода: *частицы из ВММ при расформировании форм никуда не передаются, а остаются существовать внутри матрицы.*

Далее, человек «рождается» после смерти в мире Времени, как матрицы ВМС. Он точно так же получает два своих тела (форму и разум), но уже в этой матрице: *квант Света ПСН–Т и квант Тьмы ПСН–S,* которые должен чем-то наполнить. Если мы установили, что материально-энергетические частицы из ВММ не уходят, то какими частицами будет наполняться в ВМС форма человека?

Есть много свидетельств и описаний перехода человека из одного мира в другой в состоянии клинической смерти. Он здесь полностью осознаёт себя, как человека, и даже имеет разум, который подключен к всеобщему Разуму. Он может даже видеть своё материальное тело, лежащее на операционном столе. В новом мире, он становится человеком даже более разумным, чем был в ВММ. Но мы здесь не можем сказать, какими частицами там, во Времени, заполнены его существо и окружающий его мир?

Оставим пока процесс наполнения формы человека и попробуем исследовать нечто другое. Оно заключается в следующем: ВММ и ВМС тождественные и взаимозависимые, но зеркальные матрицы. Если в ВММ ранее существовал физический человек, то он тогда должен, как отражение, существовать и в ВМС. Тогда мы ранее, при его жизни, должны были иметь четыре кванта наполненных частицами и реально существующих одновременно (все четыре матрицы ПСН ГММ). После смерти человека, он «схлопывается» только в структуре ВММ, а в ВМС продолжает существовать, только в каком виде? Ведь он не может «схлопнуться» в ВММ, если существует в ВМС, раз они полностью тождественные матрицы.

Получается, что ВМС как-то переключает процесс зеркального отражения в ВММ с расширения на схлопывание. Это процесс переключения мы называем смертью. Но человек, как существовал в ВМС, так и будет далее в ней существовать, не схлопываясь. Здесь мы делаем небольшое предварительное открытие: *ВМС должна быть стабильной и неразрушающейся матрицей, которая будет являться, как бы, памятью процесса эволюции, а ВММ – это уже динамическая, расширяющаяся и схлопывающаяся матрица.* По-другому можно сказать так: *ВМС – статическая матрица (память, сознание); ВММ – динамическая матрица (действие, сила).*

Если идти далее, то при схлопывании структуры в ВММ, она должна передаваться в ВМС, где складывается с той статичной структурой, которая была в ней ранее. Это сложение структур увеличивает статическую структуру ВМС в своих параметрах и запоминает её изменения. Вот где, мы находим окончание процесса расширения ГММ. Только теперь круговорот расширения матрицы замкнулся. Получается, что управляет динамическими структурами ВММ матрица статических структур ВМС.

Значит, действительно, как мы указывали ранее, должна существовать некая третья «Сознание-Сила» (структура + сила проявления), стоящая над обоими матрицами ВМС и ВММ. Она «вращается» между двумя этими матрицами, управляя обоими, расширяя или схлопывая миры Мироздания. Сами матрицы являются её «инструментом» для собственной материализации. Только кому принадлежит эта Сознание-Сила?

Только мы не будем опять называть Его имени. Оно нам уже и так давно известно!

...

Давайте вернёмся от человека к самим матрицам. Итак, в ВММ обе матрицы ПСН имеют параметры «а», как показано на рисунке 46, только в нём, для простоты понимания, обозначен один квант Материи ПСН+S. Этого будет достаточно, чтобы понять весь процесс её расширения. В ВМС обе её матрицы ПСН–Т и ПСН–S так же, зеркально и тождественно матрицам ВММ, имеют те же параметры «а».

Далее, начинается сворачивание ВММ и происходит передача параметров «а», которые она имела, в матрицы ВМС. Теперь эти две матрицы ВМС начинают получать «нечто» из ВММ и, за счёт этой передачи Силы Материи, увеличивать свои параметры, например, вдвое: а+а=2а. Это самый идеальный вариант расширения, но на самом деле увеличение может и не достигать удвоенных параметров. В нашем случае, обе матрицы ВМС, по этой формуле, увеличиваются вдвое.

Итог окончания круговорота расширения будет следующим: ВММ – «пуста»; ВМС имеет в себе удвоенные параметры. После нового переключения ВМС, она снова заставляет ВММ наполнять частицами свою отражённую и уже увеличенную вдвое структуру. Естественно, параметры новой структуры в ВММ уже будут увеличенными до величины 2а.

Мы пока точно не можем сказать, что передаётся из ВММ в ВМС, хотя ранее у нас уже было предположение о частицах некого нулевого планетарного уровня (эфире), которые работают параллельно частицам ВММ и которые, вроде бы, принадлежат ВМС. Это будут те частицы, которые способны расставлять и удерживать атомы в определённой структуре, например, форме человека.

Когда происходит схлопывание материальной формы, то эти частицы вместе со структурой оставляют форму и «возвращаются» в ВМС, увеличивая структуру формы там. Когда происходит обратное переключение со смерти на рождение, то эти частицы, уже в увеличенной ими структуре, снова материализуют себя в ВММ. Процесс расширения повторяется снова. Теперь, ВМС с параметрами уже «2а» снова отражается в ВММ (рисунок 47) и снова создаёт в ней свою новую копию, получая две новые структуры в матрицах ВММ с параметрами «2а». После схлопывания структуры в ВММ и передачи частиц с параметрами 2а обратно в ВМС, параметры этой матрицы снова будут удвоены: 2а+2а=4а. Такие круговороты расширения будут продолжаться до тех пор, пока ...

До каких пор этот процесс будет продолжаться?

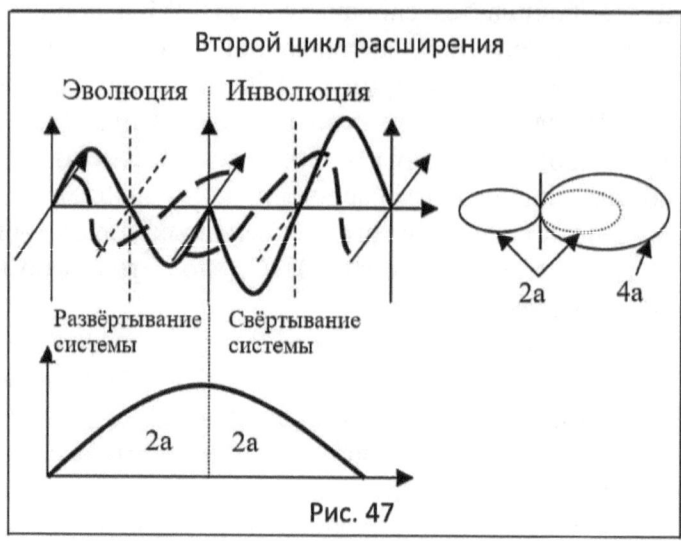

Рис. 47

Мы можем предположить, что как только разница в параметрах между началом и концом составит величину скорости света C, то произойдёт фиксация расширения и все системы этого планетарного уровня могут стать вечно стабильными. Весь этот процесс мы можем назвать погружением кванта СВЕТА через ВМС в МАТЕРИЮ ВММ, создавая в ней объединённый квант СВЕТА-МАТЕРИИ.

### Глобальная динамика Абсолюта

Совершенно неожиданно для себя мы постигли, что конечная цель мироздания – это объединение структур СВЕТА и МАТЕРИИ в единое целое и наполнение их частицами. Естественно, началу такого единения будет предшествовать их полное разделение. Тут же возникает вопрос: в каком состоянии будут находится их матрицы в самом начале процесса эволюции?

Наше предположение начала сводится к тому, что обе матрицы ВМС и ВММ будут полностью нейтральными и «пустыми» по своей структуре. Даже «Дух Божий», по Книге, ещё не существовал. Далее, появляется «нечто», которое обладает определённой структурой и почти мгновенно ВМС и матрица Времени ПСН+Т ВММ её копируют и наполняют своими частицами. Матрица ВММ ПСН+S довольно инертна, но «пустая» структура Трансцендента в ней возникает практически мгновенно, только для её наполнения материальными частицами уже требуется огромное, по нашим понятиям, время, которое мы называем процессом материализации.

Теперь, давайте попробуем исследовать это «нечто», которое так сильно влияет на ГММ и даже управляет ею. Если взглянуть на матрицу ГММ таблица 16, то на ней мы видим две прямоугольные матрицы с параметрами ячеек 4×8, которые располагаются по разные стороны их середины единой матрицы. Создаётся такое предположение, что мы получили в ГММ только половину Матрицы. Здесь ещё явно не хватает двух аналогичных матриц с ячейками 4×8.

Получается, что нам не хватает, вроде бы как, ещё одной такой же матрицы подобной ГММ. Если мы относим ГММ к матрице Мироздания, то к чему можно будет отнести её зеркальный аналог?

Мироздание, как мы подразумеваем, принадлежит МАТЕРИИ. Хотя в ней мы назвали ВМС, как Всемирную Матрицу СВЕТА, но этот СВЕТ мы, всё же, отнесём к МАТЕРИИ. Тогда новая матрица у нас будет иметь отношение к бо́льшему СВЕТУ. Мы назовём её, в противовес ГММ, Глобальной Матрицей СВЕТА (далее ГМС). Мы не будем её здесь представлять, но она будет полностью зеркальной ГММ таблицы 16.

Теперь, если мы подставим ГМС снизу или сверху к ГММ, то тогда мы получим одну полную Матрицу «нечто» с параметрами ячеек 8×8, которую назовём Глобальной Матрицей Абсолюта (далее ГМА). Теперь полная структура Матрицы будет в точности соответствовать «Глобальной структуре Мироздания» рисунка 26. Давайте составим матрицу 8×8 ГМА в таблице 22, только в сжатом варианте, а то она не поместится у нас на одном листе бумаги.

Таблица 22

| Глобальная Матрица Абсолюта | | | | | |
|---|---|---|---|---|---|
| Глобальная Матрица СВЕТА | ВМС+ | | ВММ– | | Глобальная ЕСН |
| | ПСН+Т | ПСН+S | ПСН–S | ПСН–Т | |
| Глобальная Матрица МАТЕРИИ | ПСН–Т | ПСН–S | ПСН+S | ПСН+Т | |
| | ВМС– | | ВММ+ | | |

250

Нам трудно здесь расставить и дать названия её ячейкам. Мы решили ПСН в ГМС оставить точно такими же, а вот ВММ и ВМС решили сделать разнополярными. Мы получаем две новые матрицы ГМС (ВМС+ и ВММ–), которые должны быть структурированными. Мы считаем, что именно матрицы ПСН ГМС структурируют 2-е матрицы ПСН ГММ. Для этого им достаточно начать сближение, которое тут же начинает отражает структуру в матрице ПСН+Т ГММ, создавая «Духа Божьего».

Путь эта таблица 22 пока останется такой, какой мы её составили. Анализ новой матрицы позволяет нам получить *Глобальную ЕСН*, как структуру с двумя *глобальными ЭСН*: с одной стороны, это будет ЭСН СВЕТА, которую мы назвали *Глобальной Матрицей СВЕТА*, с другой – ЭСН МАТЕРИИ, которую мы назвали *Глобальной Матрицей МАТЕРИИ*. Глобальная ЕСН у нас получается полностью тождественной той матрице, с которой мы начинали своё матричное исследование, таблица 3. Рисунок 29 нам в точности описывает структуру полученной матрицы, которую мы назвали ГМА.

Между двумя этими матрицами в ГМА, – они подобны по своей структуре двум ЭСН изображённым на рисунке 29, – мы получаем некий круговорот «Настоящего», который мы уже описывали ранее, как круговорот настоящего между двумя ЭСН. Он изображён на рисунке 38. Именно через такое «Настоящее» и будут передаваться ГСА, в созданные им ГМС и ГММ, материализуя их.

Оставим наше предположение по началу эволюции таким: мы имеем некую начальную структуру ГМС, подобную двум ячейкам верхней строчке таблицы 17, которая начала процесс своей материализации в ГММ, образуя в ней ячейки нижней строчки этой таблицы. МАТЕРИЯ зеркально копирует в себе структуру ГМС.

Мы никак не можем знать, где всё это может находиться в самом начале процесса эволюции, но это точно не Пространство, не Время и даже не Космос, потому что их самих ещё нет. Это ещё не будет тем материальным Трансцендентом, который мы исследовали ранее, и даже ещё не может быть той матрицей ГМА 8×8, которая у нас получилась в конечной единой структуре МАТЕРИИ и СВЕТА. Они получаются у нас теми, с чего началась инволюция структур с разделением Единой Структуры Абсолюта двух матриц 4×8 ГМС на множественные структуры. Эволюция ГММ, напротив, начинается с первых двух ячеек множественной ГММ. Они через своё последующее и нарастающее Множество ячеек в ГММ эволюционируют к Единому Материальному Абсолюту.

Давайте разберём это более подробно. Итак, СВЕТ уже

Рис. 48

сегодня должен, как мы сказали ранее, иметь частичное единение с МАТЕРИЕЙ (рисунок 48). На этом рисунке мы видим, что произошло частичное, но пока ещё не полное, погружение СВЕТА в МАТЕРИЮ.

Процессы эволюции в МАТЕРИИ и инволюции в СВЕТЕ всё ещё продолжаются. На этом рисунке 48 мы МАТЕРИЮ обозначили треугольником с чёрным цветом, а СВЕТ – светло серым треугольником. Их частичное соединение произошло в центре рисунка в виде ромба, который имеет, общий для обоих, тёмно-серый цвет. Он и будет частичным соединением СВЕТА и МАТЕРИИ.

Если идти далее, то их единение, при большем пересечении треугольников, будет постоянно расти. Оно будет продолжаться до тех пор, пока не будет достигнуто их полного и окончательного Единения. Окончание этого процесса можно наблюдать на рисунке 49. Здесь мы имеем два серых треугольника, которые уже образовали единый свето-материальный ромб тёмно-серого цвета. Он нам показывает, что произошло полное единение СВЕТА и МАТЕРИИ. Мы получили единую свето-материальную форму, которая символически обозначает нам будущего Единого материально-духовного Трансцендента. Тогда уже

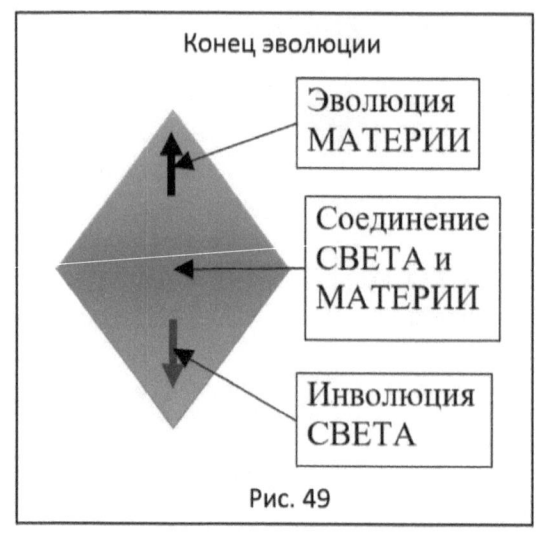

Конец эволюции

Эволюция МАТЕРИИ

Соединение СВЕТА и МАТЕРИИ

Инволюция СВЕТА

Рис. 49

ни о каких эволюции и инволюции речи быть не может, хотя они всё ещё показаны на рисунке.

Вот здесь уже вполне возможна будущая статика и вечная жизнь Трансцендента. Более никаких переходов через Время и Пространство не потребуется. СВЕТ полностью материализует себя в МАТЕРИИ и обретёт её Силу. Зачем ему далее осуществлять вращение между Пространством и Временем?

Он это проделывал только с одной целью: материализовать себя в МАТЕРИИ. Но это только второстепенная цель и она на нашем рисунке 49 оказалась достигнутой. Далее, вроде бы, процесс вращения в круговоротах матриц становится уже не нужным, или нужным?

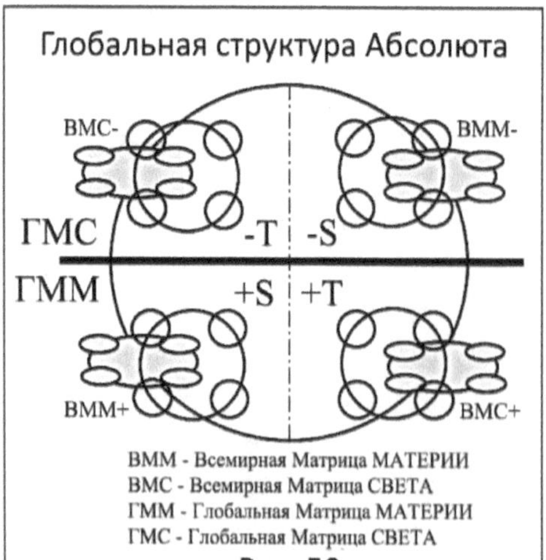

Глобальная структура Абсолюта

ВМС-    ВММ-

ГМС    -Т  -S

ГММ    +S  +Т

ВММ+    ВМС+

ВММ - Всемирная Матрица МАТЕРИИ
ВМС - Всемирная Матрица СВЕТА
ГММ - Глобальная Матрица МАТЕРИИ
ГМС - Глобальная Матрица СВЕТА

Рис. 50

Мы не знаем глобальную цель Абсолюта и предполагаем, что материализация СВЕТА в МАТЕРИИ – это только одна из Его целей и не самая основная.

Итак, теперь мы можем уточнить Глобальную Структуру Абсолюта, которая соединяет нам

МАТЕРИЮ и СВЕТ в единой целое. Её мы можем уже более точно отобразить на рисунке 50. На нём мы показали

253

обозначение структур Абсолюта через сокращённое название его матриц ВММ и ВМС, которые имеют разные знаки состояний. Всю структуру мы поделили на два полукруга: верхний полукруг у нас принадлежит ГМС (самое первое разделение, «небо» по Книге); нижний – ГММ («земля»):

«*1. В начале сотворил Бог небо и землю*» ...

# Часть 3. Силы и энергии миров Мироздания

*Если ты лишь подражаешь видимой Природе, то произведёшь на свет либо труп, то есть бездушную схему, либо уродство; Истина живёт в том, что скрыто за пределами и по ту сторону видимого и ощутимого.*

*Шри Ауробиндо.*

В своих ранних исследованиях [1] нам удалось обнаружить три вида элементарных структур, которые образовали видимые и невидимые миры вселенной: элементарная структура Нави (ЭСН), элементарная структура Мирра (ЭСМ), Глобальная Структура Абсолюта (ГСА). Естественно, эти три элементарных структуры сами по себе могут быть созданы каким-то новым типом, даже нельзя сказать Материи, *Вещества* (назовём его пока так). Оно не принадлежит нашему миру. О нём мы ещё ничего не знаем.

Новый тип Вещества пока для нас представляет тайну, но именно из него создаются эти структуры, чтобы они обладали хотя бы какой-нибудь реальностью. Эти структуры – самодостаточные, самосовершенствуемые и даже полностью сознательные. Из них формируются более сложные структуры со многими измерениями. Далее, уже из обычной материи, попадая в неё, они, каким-то образом, складывают все имеющиеся планетарные структуры и материальные формы.

Отсюда можно предположить, что они все, в своём множестве, составляют нечто единое целое, которое мы называем, не побоимся этого слова, «Богом-Творцом, творящего самого себя». Именно этот новый тип Вещества, создающий структуры различной сложности, можно

255

отождествить с «Единым Богом», который сам себя через них структурирует. Нам удалось приблизиться к тому, из чего изначально может быть создан сам «Единый Бог» – Всевышний.

Только эти элементарные структуры не создаются кем-то, а уже имеются в готовом виде ГМА (таблица 22). В своём изначальном виде они все присутствуют в ней, хотя они, всё же, из чего-то должны быть сделаны. Поэтому мы и предполагаем этот новый тип структурного Вещества. Он не смешивается с теми типами МАТЕРИИ и СВЕТА, которые мы уже описали, и не подвластен им. Скорее, они подвластны ему.

Как мы понимаем, из этих элементарных структур, как из кирпичиков, формируются более сложные структуры. Они могут распадаться на части и снова объединяться под действием некой Силы Вещества, которую духовные знания определяют, как «божественную» Силу. Эта Сила нам пока неизвестна. Она имеет некоторое описание в духовных источниках знаниях, как Сила-Сознания [2, 7].

Этот тип нового структурного Вещества будет, скорее, связан со Светом. Но это будет не тот СВЕТ, который мы уже описали ранее, а это, опять же назовём его как, «божественный» Свет, который не виден ни нам, ни нашей науке. Это – структурный вещественный Свет ГМА. Он и обладает «божественной» Силой.

Структурный Свет Вещества, Его Силу и даже саму ГМА можно осторожно назвать Высшим Сознанием. Именно оно способно изменять структуры форм и даже вселенных, структурируя ГМА под себя. Обычная Материя, когда на неё направлен Свет Вещества, под действием Его Силы, структурирует свои структуры под него, создавая их, как бы, заново. На самом деле, ГМА неизменна, но её Высшее Сознание может одни ячейки Матрицы наполнять МАТЕРИЕЙ, а другие нет, что и позволяет Ему творить миры и формы.

Только МАТЕРИЯ ощущает на себе не саму структуру, а Силу Света Вещества и реагирует только на неё. Поэтому она оказывается «слепа» к самим структурам Вещества. Ей приходиться создавать множество собственных структур из более тонких материй, чем материя формируемого мира, и затем проводить между ними отбор. Она далее оставляет только те структуры, которые будут соответствовать структурам Вещества.

Качество Силы Света Вещества должно полностью совпасть с качеством Силы МАТЕРИИ. Только тогда, созданные ей, структуры будут считаться тождественными структурам Вещества. Это тождество позволяет структурам МАТЕРИИ стать такими же сознательными и точно отразить в себе структуры Вещества.

Таким образом созданы все наши миры, включая все вселенные и формы, которые в них имеются. Материальные формы так же обладают некой величиной сознания-силы, но только в меру сложности и тонкости структур, имеющихся в них. Естественно, она гораздо ниже Высшего Сознания-Силы Света Вещества, «Единого Бога», которого мы по сравнению, например, с собой называем «Всемогущим».

В изначальном виде структуры Вещества не имеют в себе ни пространства, ни времени. В своей изначальной совокупности они будут символически для нас аналогичны нашей «математической точке». Поэтому Вещество действует на ГММ через ГМС, через структуры СВЕТА Мироздания, которые более легко поддаются структурированию внутри матрицы. Этот процесс расширения ГМА через ГМС и ГММ мы описали выше и к нему возвращаться не будем.

Мы уже вправе говорить о сознательности, саморазвёртывании и даже самосовершенствовании ГМС и ГММ под воздействием Силы-Сознания Вещества, а то как бы они могли всё это проделать. Такая множественная сеть развёрнутых матричных структур, образующая какую-либо материальную форму, наделяет её структурной сознательностью, которая, вкупе с Силой МАТЕРИИ, образует уже её разумность. Её уровень будет соответствовать сложности и многомерности структуры: чем сложнее и многомернее структура материальной формы, тем большей разумностью и сознательностью она будет обладать [2].

Цели нашего дальнейшего исследования заключается в том, чтобы получить те знания, которые имеют отношения к могущественным Силам Вещества, которые образуют планетарные миры и даже вселенные, не говоря о Трансценденте. Естественно, наша задача состоит в том, чтобы изучить это Всемогущество Вещества и понять то, каким образом любая структура формы или целого мира через них наполняется материей и посредством чего образуются пространство и время? Только, где нам найти это Всемогущество, способное творить миры?

И, как всегда, мы начнём с того, что имеем сегодня в нашей науке.

# Глава I. Действующие силы миров

*Тождественность сил*

При исследовании элементарных структур мы постоянно натыкаемся на их тождество во всех мирах и формах внутри миров. Это позволило нам ранее сделать вывод о тождественности миров разных планетарных уровней [1]. На этой основе можно утверждать о такой же полной тождественность сил, действующих на разных планетарных уровнях. Разница между ними должна состоять только в их параметрах пространства и времени.

Естественно, чем крупнее параметры пространства и времени, тем больше будет величина силы, действующая в них, но её закон действия будет одним и тем же. Её величина зависит только от количественного наполнения формы или мира частицами Материи. Их количество так же определяет величину пространства и времени. Чем больше эта величина наполнения частицами Материи, тем большее пространство и время имеет этот мир и его внутренние формы вместе с действующими силами.

Только сам «механизм» или «закон» действия силы не зависит от параметров пространства и времени и всегда остаётся одним и тем же. Он определяется самим Веществом. Мы, находясь внутри одного из миров, не способны правильно оценить и понять это. Относительность наших взглядов на разные миры даёт нам такую же относительность в рассмотрении действия сил внутри них. На этом основании нашей ложной относительности мы и предположили полную тождественность сил миров.

Тут можно запутаться в первичности происходящего: что первичнее, сила или величина наполнения формы Материей? И мы уже здесь невольно подразумеваем пространство и время, материю и энергию, как их производные. Только силы не может быть без частиц Материи, о чём мы утверждали ранее. Каждая её частица обладает силой. Как только появляется Материя, хотя бы одна её частица, то тут же возникает сила, пространство и время. Получается, что все они жёстко связаны между собой.

При построении элементарной структуры Мирра (рисунок 10) нами ранее было выявлено квантованное по параметрам пространства и времени параметров миров вселенной и даже Трансцендента. Их величины пространства и времени отличаются между собой пропорционально величине скорости света. Более между мирами никакого видимого различия нет или оно скрыто от нас. Естественно, *больший* по номеру мир имеет в себе и *большее* количество частиц материи и энергии, пространства и времени, а значит и большую величину параметра силы.

Но если здесь всё получается так тождественно, то не попытаться ли нам отождествить те силы, которые уже известны нашей науке, но которые могут принадлежать разным планетарным уровням различных миров, в единое целое? К таким уже известным науке силам можно отнести:

- силу гравитации;
- силу антигравитации;
- магнитную силу;
- электрическую силу;
- силу сильного взаимодействия;
- силу слабого взаимодействия.

Это пока все силы, которые мы можем использовать в своём исследовании. Можем ли мы отнести их все к единой Силе и отождествить между собой?

Скорее всего, пока нет. Давайте не будем торопиться и посмотрим на структуру планетарных уровней одного из секторов элементарной структуры Мирра низших планетарных уровней (рисунок 5). Структуры планетарных уровней низших миров мы здесь подразумеваем одинаковыми. По большому счёту, все они – структурированные тождественные матрицы. Только их начальная фаза состояния разная и отличается на величину скорости света. Пространство и время в секторах самой структуры Мирра рисунка 10 должны иметь тождественные параметры, но которые отличаются пропорционально на ту же величину скорости света. Почему мы предполагаем только тождественную структуру миров, но не их параметры пространства и времени и т.п.?

Дело в том, что по Библии, – обратимся к духовным источникам знаний, – существовал только один источник структурированного Света «Дух Божий», с которого началось развёртывание нашей вселенной. Далее произошло расширение Его световых структур, которые и развернули эти миры на разных планетарных уровнях Материи с разными величинами параметров пространства и времени. Все они получаются независимыми друг от друга, «последовательными» и считаются статичными, потому что развёрнуты статичной, неизменяемой структурой Света (подобной ДНК). Они не пересекаются между собой и слабо влияют друг на друга.

Если посмотреть на рисунок 5, то на нём видно, что все планетарные уровни разведены между собой через чередующие их пространство и время. В мире пространства отсутствует время, а значит отсутствует и его мир. В мире времени отсутствует пространство, а значит отсутствует и его мир. Но даже два мира пространства разведены между собой на величину квадрата скорости света – $C^2$. По тождественности с угловыми параметрами – это будет величина $180^0$, что означает полную знаковую противоположность пространственных миров, что говорит о невозможности их единения без взаимоуничтожения. Точно так же можно описать миры времени. Это доказывает нам то, что эти миры не могут пересекаться между собой, но как быть с их статикой?

## *Планета параллельных миров*

Да, какая может быть статика, если вселенная и все, наполняющие её, миры вроде бы расширяются? Но, что в них расширяется? А расширяются здесь только параметры пространства и времени и количество полученной ими Материи. Сама структура мира остаётся неизменной, но она всё более утончается. В ней раскрываются всё более мелкие (тонкие) структуры.

Давайте представим себе любую растущую материальную форму, например, дерева. С самого начала оно будет, хотя и маленьким, но деревом. Его структура ещё полностью не развернулась и постепенно разворачивается, увеличивая пространство этого дерева и количество полученной им материи, что далее выливается в количестве веток на нём и в их толщине.

Вроде бы структура дерева здесь меняется, но что мы подразумеваем под его структурой? Она у него трубчатая и плоскостная и другой не будет. Здесь можно сказать о множественности и даже «размножении» структур, но не об их динамике, т.е. более о совершенстве структур. Его-то как раз и нет. Поэтому мы вправе говорить о статичности мира, в данном случае, растений.

Так устроены все миры Трансцендента, но есть одна планета, на которой все эти миры собраны все вместе и перемешаны между собой. Если все независимые миры вселенной можно назвать «последовательными», имеющими разные параметры пространства и времени, то здесь они все буду «параллельными» и иметь одни и те же параметры пространства и времени. Это позволяет им всем объединиться в единое целое. Это место можно назвать точечной проекцией Трансцендента со всеми его мирами.

Так, где же находится такое место во вселенной?

Планета Земля – это единственная в своём роде планета, которая и есть этот «экран» для параллельной проекции всех миров Трансцендента развёрнутых и неразвёрнутых, материальных и нематериальных в одном месте. На ней все эти миры последовательно материализуются и параллельно встраиваются один в другой [2]:

1. мир минералов;
2. мир минералов + мир растений;
3. мир минералов + мир растений + мир животных;
4. мир минералов + мир растений + мир животных + мир человека.

Такой другой планеты с параллельными мирами во вселенной более нет. Земля – единственная планета, объединяющая все последовательные миры Трансцендента в единый параллельный мир. Только здесь все формы могут эволюционировать в своей структуре, переходя из одного мира в другой.

Например, как животное может эволюционировать на нашей планете, если оно уже закончило свой процесс эволюции? Дело в том, что, при появлении нового мира, например, человека, вместе с ним приходит и новая структура материи мира. Тогда, с появлением мира человека к животной жидкостной материи прибавилась органическая материя, которой ранее не было [2]. А это и есть изменение структуры материи, например, была жидкостная животная структура, как у гусеницы, а стала, как у бабочки, органическая, какую мы сегодня имеем в нашем ментальном мире.

Почему же ментальный мир человека сегодня такой убогий? Дело в том, что его структуры ещё только раскрываются, что называется у нас эволюцией и они ещё не достигли своего полного совершенства. Даже сама структура органической материи ещё не стала стабильной, а продолжает своё совершенство. Не будем далее вникать в такой сложный вопрос эволюции и совершенства миров и оставим его для отдельного исследования.

### *Известные нам силы*

Конечно, нас, прежде всего, интересует не само тождество структур миров, а их силы, которые они развёртывают и которые облекают структуры в свойственную им материю, наделяя их определёнными параметрами пространства и времени и определёнными качествами. Силы должны быть жёстко связаны с их структурой.

Если структура миров тождественная, то и силы, действующие в них, так же должны быть тождественными по своему действию. Давайте попытаемся закрепить, указанные нами ранее, силы за свойственными им планетарными уровнями:

1. Сила гравитации и сила антигравитации, скорее всего, имеет отношение к 4-ому планетарному уровню. Это – уровень планетарных систем

подобных нашей солнечной системе. Мы явно видим, как они здесь работают, кроме силы антигравитации, которая пока от нас скрыта. Её мы всё же отнесём к 4-ому уровню, потому что она должна быть зеркальной силе гравитации, но иметь другую плоскость приложения. Мы имеем в нашем пространственном мире только её проекцию из плоскости Времени. Её действие в пространстве оказывается скрытым и искажённым, что не позволяет нам понять её влияние на этот уровень до конца.

2. Электрическая и магнитная силы могут принадлежать 3-ему планетарному уровню, как силы времени и пространства соответственно. Это – уровень человека. Может быть, поэтому они у нас получили такое широкое исследование и применение? Мы очень хорошо их изучили и используем в своей повседневной деятельности. Они явно имеют отношение к нашему человеческому миру, а это – мир 3-его планетарного уровня.

Здесь вроде бы всё получается, но далее возникают две силы, которые уже трудны для нашего восприятия. Если исходить из тождественности структур 3-го и 4-го планетарных уровней, то мы явно видим, что другие планетарные уровни должны иметь каждый по две силы разнополярные по плоскостям применения. Все остальные уровни должны будут иметь эту же двойственность в силах.

3. Сила сильного взаимодействия.

Давайте приведём имеющееся в науке определение: «Сильное взаимодействие – это короткодействующее фундаментальное взаимодействие, связывающее кварки внутри нуклонов и других адронов. Сила этого взаимодействия намного превосходит силу трёх других фундаментальных взаимодействий – электромагнитного, слабого и гравитационного. Взаимодействие, связывающее нуклоны внутри ядер и называемое ядерным, является проявлением (остатком) более фундаментального сильного взаимодействия...

264

… Сильное взаимодействие – короткодействующее: его радиус 10-13 см. Особенностью его, обусловленной наличием цветовых зарядов у глюонов, является то, что притяжение между кварками растёт с увеличением расстояния между ними. Это приводит к запиранию кварков в адронах (конфайнмент). Кварков в свободном состоянии нет. С другой стороны, при сближении кварков в адронах их взаимодействие ослабевает (асимптотическая свобода) …» [8]

Здесь мы явно видим, что она действует на атомном уровне, что для нас подтверждает некоторую тождественность.

4. Сила слабого взаимодействия.

Давайте определимся теперь с силой слабого взаимодействия и так же дадим ей своё определение: «Слабое взаимодействие – это короткодействующее фундаментальное взаимодействие между элементарными частицами, ответственное за бета-распад атомных ядер и медленные распады частиц. Слабое взаимодействие значительно слабее сильного и электромагнитного, но гораздо сильнее гравитационного. В слабом взаимодействии участвуют все фундаментальные фермионы (кварки и лептоны) и все адроны. … Несмотря на малую величину и короткое действие слабые силы играют очень важную роль в природе. Так без них погасло бы Солнце, так как внутри него остановился бы процесс превращения 4 протонов в ядро гелия-4, являющийся основным источником энергии Солнца. …

… Это, скорее, разрушительное взаимодействие, единственная сила природы, которая не скрепляет вещество, а только разрушает его. Можно было назвать его и «беспринципным», так как в разрушении оно не считается с принципами пространственной чётности и временной обратимости, которые соблюдают остальные силы.» [8]

Мы опять приходим к пониманию того, что сила слабого взаимодействия так же работает на атомном уровне. Это пока всё, что мы знаем о силах. Теперь нам осталось выяснить вопрос о тождественности сил и доказать это.

## *А существует ли тождество сил?*

Но давайте не будем торопиться и попробуем эти силы соединить не просто с планетарным уровнем, а с его пространством или временем. Для этого составим таблицу 23.

Таблица 23

| Наименование силы | Планетарный уровень | Плоскость действия | Тип Материи |
|---|---|---|---|
| Антигравитация | ? | ? | ? |
| Гравитация | 4 | S | M |
| Электрическая сила | 3 | T | E |
| Магнитная сила | 3 | S | M |
| Слабое взаимодействие | 2 | ? | ? |
| Сильное взаимодействие | 2 | ? | ? |

В ней мы пока проставим только те данные, которые считаем известными и более-менее достоверными. Только давайте сначала рассмотрим их все относительно нашего пространства и материи, как мы это видим сами.

Про силу антигравитации нам пока мало, что известно, её даже отрицают, как таковую. Мы её явно на себе не ощущаем, но отбросить не можем. Поэтому пока не будем её как-то обозначать через пространство и время.

Сила гравитации нам хорошо известна. Она существует на планете Земля и в солнечной системе между планетами. Это сила материальная и она действует в нашем пространстве. Что за сила действует далее солнечной системы, выше 4-ого уровня, мы пока не знаем и лезть туда не будем.

Магнитная сила используется человеком довольно широко. Поэтому её можно отнести к 3-ему планетарному уровню, к его пространству и к материи. Она связана с магнитной энергией. Электрическая сила так же развита человеком, как отдельно, так и в связке с магнитной силой, причём, её действие в пространстве связано с электронами, а значит – с электрической энергией. Это говорит о том, что она принадлежит времени и в пространстве имеется только её проекция. Она заставляет электроны двигаться линейно. Их «двигает» некая электрическая энергия, существующая во времени – E, которая и будет присуща этой силе.

Сила сильного взаимодействия мы так же отнесли ко 2-ому атомному планетарному уровню. Теперь нам необходимо с ней определиться: на 3-ем уровне действуют две силы, одна – в пространстве, другая – во времени. Тогда, где аналогично 3-ему уровню работает сила сильного взаимодействия?

Атомный уровень (2-ой планетарный уровень) для нас материальный и пространственный (рисунок 5). Значит силу сильного взаимодействия можно отнести к пространству и материи. Получается, что слабое взаимодействие для этого же атомного уровня, в противовес сильному, должно находиться во времени и в пространственном мире действовать, как проекция, что значительно ослабляет для нас эту силу и даже превращает её в силу разрушения. На самом деле, она должна быть зеркальным отражением сильного взаимодействия. 2-ой планетарный уровень у нас пока, как-то, сложился.

Теперь давайте снова вернёмся к силе антигравитации. Она у нас одна, из известных нам сил, осталась не определённой. Конечно, это сила 4-ого планетарного уровня, ибо 5-ый галактический уровень мы пока не можем изучать, кроме как в телескопы. Но если сила гравитации принадлежит 4-ому уровню, имеющему отношение к пространству, то в этом же первом пространственном секторе элементарной структуры Мирра (рисунок 10) мы не найдём времени 4-ого планетарного уровня. Он будет уже находиться в другом секторе и будет иметь отношение ко времени. Получается, что сила антигравитации относится ко времени и его энергии, но располагается в другом секторе элементарной структуры Мирра, в секторе *бо*льшего Времени.

Теперь мы можем полностью заполнить таблицу 23 полностью, но добавим к ней ещё 1-ый планетарный уровень, о котором мы пока мало что знаем. Мы его обозначим в новой таблице 24 на условиях тождественности сил.

В нашем исследовании мы получили довольно интересные результаты: на каждом планетарном уровне действуют по две разноплоскостные силы и, скорее всего, с разными знаками состояний. Только силы на пограничных планетарных уровнях у нас получаются «разорванными» и находящимися в разных секторах ЭСМ. Это сделано для того,

Таблица 24

| Наименование силы | Планетарный уровень | Плоскость действия | Тип Материи |
|---|---|---|---|
| Антигравитация | 4 | Т | Е |
| Граница сектора элементарной структуры Мирра | | | |
| Гравитация | 4 | S | М |
| Электрическая сила | 3 | Т | Е |
| Магнитная сила | 3 | S | М |
| Слабое взаимодействие | 2 | Т | Е |
| Сильное взаимодействие | 2 | S | М |
| ? | 1 | Т | Е |
| Граница сектора элементарной структуры Мирра | | | |
| ? | 1 | S | М |

чтобы не было разрыва между мирами Пространства и Времени в самой структуре Мирра. Они соединяют их сектора между собой, создавая единую неразрывную структуру.

Мы всё-таки приходим к некоторому тождеству сил на различных планетарных уровнях.

С этим сектором положительного пространства ЭСМ рисунка 5 мы как-то разобрались, а вот остальные сектора ПСМПр (рисунок 10) будут представлять для нас большую сложность. Давайте рассмотрим её следующий сектор положительного Времени (рисунок 4).

Вот здесь наступает самое интересное: мы практически ничего не знаем о силах, действующих в нём. У нас даже названий их нет, но давайте, всё же, попробуем составить таблицу 25 для сил этого сектора. Вместо названий сил будем указывать их планетарный уровень и отношение к материи или энергии.

Таблица 25

| Наименование силы | Планетарный уровень | Плоскость действия | Тип Материи |
|---|---|---|---|
| Сила 7 Е (трансцендент) | 7 | Т | Е |
| Граница сектора элементарной структуры Мирра | | | |
| Сила 7 М (трансцендент) | 7 | S | М |
| Сила 6 Е (метагалактика) | 6 | Т | Е |
| Сила 6 М (метагалактика) | 6 | S | М |
| Сила 5 Е (галактика) | 5 | Т | Е |
| Сила 5 М (галактика) | 5 | S | М |
| Антигравитация | 4 | Т | Е |
| Граница сектора элементарной структуры Мирра | | | |
| Гравитация | 4 | S | М |

В таблице 25 мы специально сделали для бóльшей наглядности плоскости действия и типы Материи тождественно таблице 24. Их чередования у нас полностью совпадают. Получается, что на каждом планетарном уровне действуют два типа сил, которые взаимодействуют между собой и могут иметь разные знаки состояния.

Мы рассмотрели и сделали наброски сил только для положительного пространства и времени ЭСМ. Но в таблице 24 и 25 мы имеем переходы планетарных уровней уже в полной структуре Мирра из Пространства во Время и наоборот. Например, в таблице 24 это касается 1-ого планетарного уровня, который переходит из элементарной структуры Мирра Времени в ЭСМ Пространства; в таблице 25 это уже касается 7-ого планетарного уровня, который из ЭСМ Времени переходит в ЭСМ Пространства.

Мы рассмотрели силы ПСМПр, но ещё есть ПСМВр, которая имеет какие-то свои собственные силы. Но мы будем считать их пока теми же самыми, а то тут можно будет «заблудиться».

Давайте вернёмся к ПСМПр рисунка 10 и в ней мы, кроме секторов положительных Пространства и Времени, ещё имеем сектора отрицательно Пространства и Времени. Какие силы будут действовать в них? Например, как будут отличаться силы в положительном секторе Пространства от сил в секторе отрицательного Пространства?

Скорее всего, в них поменяется вектор направления силы, но так как у нас поменяется и сам вектор направления Пространства, то, в принципе, может ничего не измениться. Тоже самое будет и в секторе отрицательного Времени.

Итак, нам удалось обозначит силы, действующие на разных планетарных уровнях и входящие в состав ПСМПр. Обозначить-то мы их обозначили, но теперь возникает вопрос: а будут ли все эти силы на разных планетарных уровнях тождественными по своему действию?

Как мы можем их сравнить?

# Глава II. Единая сила всех миров

На каждом планетарном уровне мы ранее обозначили по паре действующих сил: одна – пространства и материи, а другая – времени и энергии, которые внутри себя могут иметь разную полярность состояния. Мы их пока приняли на всех планетарных уровнях как двойные тождественные силы, но различающиеся по параметрам пространства, времени и количеству частиц Материи. Эти силы внутри планетарного уровня действуют в разных взаимно-перпендикулярных плоскостях.

Мы же их можем наблюдать только из своей плоскости пространства, в которой живём, и только своими пространственными «щупальцами», хотя и навороченными. Это значительно усложняет наше исследование. Если пространственные силы мы можем наблюдать наяву такими, какими они есть, то силы времени – только в их проекции из плоскости Времени на плоскость Пространства. Они всё-таки присутствуют в нашем пространстве, но в виде своей проекции на него.

Мы, конечно, будем пытаться, для полноты восприятия, силы Времени «наблюдать» из его же плоскости, перенося свою точку наблюдения в неё. Это будет сделано только логическим путём, ибо сами себя со своими приборами мы перенестись в плоскость Времени не сможем. Для этого нам нужно будет умереть, что прекратит наше исследование. Возврата из плоскости Времени для нас уже тогда не будет. Благо, у нас есть ум с его воображением, который нас туда сможем переместить мысленно.

## *Пространственно-временные полюса Силы*

Совершенно неожиданно для нас, мы приходим к пониманию того, что все пары сил, которые действует на планетарных уровнях, представляют собой некую Единую Силу[13]. Она, в зависимости от плоскости её приложения, становиться двойной, потому что мы пока имеем только две

---

[13] Единую Силу мы далее будем писать с заглавной буквы.

взаимно-перпендикулярные плоскости: Пространство и Время. Единая Сила, раздваиваясь, образует два пространственно-временных полюса, между которыми она действует: один – полюс Пространства, другой – полюс Времени. Это не плюс и минус, например, как для электрической силы, а это полюса перехода, которые переводят Силу через границу между плоскостями.

Таких полюсов на одном планетарном уровне мы получаем пока два: первый – это полюс перехода из Пространства во Время; второй – это полюс перехода из Времени в Пространство. Примером этого может служить переход, например, магнитной силы (Пространство) в электрическую силу (Время) и наоборот.

Таким образом, мы получаем два полюса внутри двух плоскостей (плюс и минус) и два полюса между плоскостями пространства и времени (два полюса перехода) некоего бо́льшего Пространства или Времени. Если первые полюса можно назвать внутренними, то вторые – внешними.

Внутренние полюса заставляют силу отдавать свою энергию и работать через структуры форм и миров планетарного уровня внутри плоскости Пространства или Времени. Например, электрическая сила перемещает электроны от минуса к плюсу. Это требует от этой силы передачи электронам своей энергии, которая заставляет их двигаться в нужном направлении и исполнять её закон.

Благодаря силе, возникает разность потенциалов между минусом и плюсом, которая заставляет электроны двигаться через определённую структуру, например, электрическую схему или какую-либо материальную форму и отдавать ей свою энергию, полученную от силы. Электроны получаются некими переносчиками силы и в этом случае мы её называем электрической. Стали бы они сами по себе двигаться. Естественно, должен существовать некий источник электрической силы (например, аккумулятор), который, как раз, и создаёт эти разнополярные полюса, между которыми работает сила, отдавая свою энергию.

Внешние пространственно-временные полюса у нас получаются только преобразующими: они из одного качества силы, например, магнитной, получают другое качество силы, например, электрической, но при этом не меняют законов действия силы. Законы действия электрической и магнитной силы и их свойства, действительно, будут одинаковыми, но если магнитная сила имеет непосредственное отношение к Пространству, то электрическая сила – ко Времени. Мы получаем электрическую силу в Пространстве как проекцию её из плоскости Времени, что изменяет для нас её истинные свойства. Наши знания об электрической силе носят несколько ложный характер.

Внешние полюса не используют энергию силы, а только переводят её из одной плоскости в другую и наоборот. Переходя границу полюса перехода, сила меняет плоскость своего действия и, естественно, фазу состояния, что и зеркально изменяет её свойства на противоположные. На самом деле, свойства остаются теми же, что и до границы перехода, только при смене плоскости действия сила должна изменить фазу своего состояния, чтобы остаться той же самой, но уже в другой плоскости. В противном случае останется только её проекция на эту плоскость, что означает, что перехода не произошло. Механизм такого перехода силы из одной плоскости в другую, например, в кванте света нам пока не ясен. Он требует отдельного рассмотрения.

С полюсами внутри планетарного уровня мы, как-то, определились. Но если идти ещё далее, то, например, в плоскости Пространства, как и внутри планетарного уровня, имеют место и собственная внутренняя плоскость пространства и внутренняя плоскость времени Пространства [1]; в плоскости Времени существует собственная внутренняя плоскость времени и внутреннее пространство Времени [1]. Мы же пока рассматривали приложение силы именно во внутренних плоскостях пространства и времени Пространства или Времени, т.е. внутри них. Всё это касалось внутреннего строения планетарного уровня, который имеет в себе и Пространство, и Время [1]. Это определяется свойствами ЭСН, которая работает только внутри планетарного уровня.

Итак, внутри планетарного уровня мы получили шесть полюсов действия силы:

1. плюс;
2. минус;

3. полюс перехода из пространства во время;
4. полюс перехода из времени в пространство;
5. полюс перехода из большего Пространства в большее Время (смена сектора большей ЭСН);
6. полюс перехода из Времени в Пространство (смена сектора большей ЭСН) и т.д.

Конечно, здесь мы не учитываем полярность сил. Все полюса действуют попарно: 1-2; 3-4; 5-6.

Теперь мы можем рассмотреть большие Пространства и Времена, которые уже будут представлены в ПСМ, между планетарными уровнями. Они образуют ещё два больших полюса преобразования силы. Это уже получаются полюса перехода между секторами внутри ЭСМ.

Если внимательно проанализировать данные таблиц 24 и 25, то можно предположить, что эти большие полюса работают через внешние, как мы их назвали ранее, полюса Пространства или Времени. В большем переходе из одного сектора ЭСМ в другой её сектор будут участвовать уже два полюса: внешний и больший, что делает преобразование силы, как бы, двойным, оставляя её, вроде бы, всё той же самой. Например, была магнитная сила в секторе Пространства ЭСМ и при переходе через границу сектора она так и останется магнитной силой, хотя уже будет находиться в секторе Времени.

Давайте это разберём более подробно, для чего возьмём магнитную силу первого сектора положительного пространства ПСМПр (рисунок 10). Если мы переведём её из внутреннего пространства во внутреннее время, с одного планетарного уровня на другой, то она изменяет своё состояние и уже становится электрической силой (смена фазы состояния на $90^0$). Только в дополнение к этому внутреннему преобразованию силы, мы переводим её ещё, например, из первого сектора Пространства во второй сектор Времени ПСМПр, что дополнительно преобразует её снова в магнитную силу (итого мы получаем смену фазы состояния в $180^0$), только изменяя на противоположный знак её состояние. Мы получаем новую магнитную силу уже работающую во втором секторе положительного Времени. Здесь мы явно видим двойное преобразование силы.

273

Но ещё можно отметить полюса перехода между самими структурами Мирра Пространства (ПСМПр) и Времени (ПСМВр). Далее, если перейти к структуре Абсолюта (ГСА), то и здесь мы можем обнаружить такие же полюса перехода. Как мы видим, сила, действующая в Материи, имеет «бесконечную» размерность, которая составляет для нашего разума определённую и, даже, непреодолимую сложность.

## Проекция и размерность силы

Оставим пока в покое полюса действия сил, ибо мы с ними как-то определились и имеем о них понимание. Только нас ещё интересует сама проекция сил: например, как сила времени проецирует себя в нашем пространстве? Все силы Времени, которые указаны в таблицах 24, 25, в нашем пространстве представлены как их проекции. Что это означает?

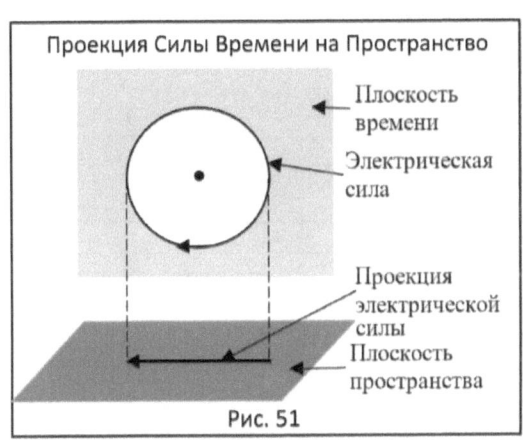

Рис. 51

Давайте возьмём, для примера, электрическую силу, которая работает во времени (рисунок 51). Она, в плоскости времени, имеет точно такие же параметры, которые имеет магнитная сила в плоскости пространства. Они получаются в своих плоскостях действия полностью тождественными. Мы можем, как пространственные существа имеющие пространственные приборы для проведения своих исследований, наблюдать действие электрической силы только в её проекции из плоскости времени на плоскость пространства.

Ранее мы определились, что свойства магнитной и электрических сил полностью тождественные, но

274

разноплоскостные. Например, магнитная сила вращаться в плоскости пространства вокруг некоего центра и, точно так, же электрическая сила вращается вокруг своего центра в своей плоскости времени (рисунок 51). Если её вращение спроецировать на плоскость пространства, то мы получим из плоскостной формы уже линейное применение электрической силы.

Совершенно неожиданно мы пришли к многомерности действия силы, например, была плоскостная ($a^2$) сила в плоскости времени, а стала линейной ($a^1$) силой в плоскости пространства, при этом потеряв одну размерность силы. Тут же возникает вопрос: какая может быть размерность применения силы в нашем мире и от чего она будет зависеть?

Размерность силы зависит от размерности разворачиваемой структуры мира и форм в нём: если это плоскостная форма, например, растения [2], то и сила также будет плоскостной по своему действию; если это – мир человека, то здесь уже будет четвёртое измерение силы $a^4$. Давайте попробуем составит таблицу 26 для тех размерностей силы, которые мы можем явно видеть и приведём примеры действия сил, которые мы имеем в нашем мире.

Таблица 26

| Размерность силы | Определение | Пример действия |
|---|---|---|
| $a^0$ | точечная | Точечный разряд |
| $a^1$ | линейная | Разряд между двумя полюсами |
| $a^2$ | плоскостная | Вращение силы в плоскости вокруг своего точечного центра |
| $a^3$ | объёмная | Вращение плоскостной силы вокруг своей оси |
| $a^4$ | сверхобъёмная | Вращение объёмной силы вокруг удалённого точечного центра |
| $a^5$ | ? (суперобъёмная) | Вращение плоскости эклиптики сверхобъёмной силы вокруг удалённой центральной оси |

Нам хорошо известны из таблицы 26 только первые три вида силы. Они широко используются в нашей жизни. Объёмное действие силы ($a^3$) мы можем наблюдать только на примере вращения нашей планеты Земля и других планет солнечной системы вокруг собственной оси. Сверхобъёмное действие силы ($a^4$) нам хорошо видно в солнечной системе: это вращение планет по своим орбитам вокруг удалённого центра, например, вокруг Солнца. Пятое измерение ($a^5$) нам явно невидно, но если мы заставим вращаться вокруг удалённой оси, проходящей через центр солнечной системы, её плоскость эклиптики со всеми её планетами, то мы получим это измерение. Кстати, оно уже в полной мере используется в атомных структурах.

Как мы понимаем, например, что размерность силы $a^5$ включает в себя все предыдущие размерности, которые умножаются между собой. Не может быть пятого измерения, если в нём нет хотя бы, например, третьего измерения. Обязательно должны в нём присутствовать все предшествующие ему измерения. В противном случае, существование, например, пятого измерения будет просто невозможным.

Цикличное погружение кванта Света в Материю (рисунок 33), которое мы исследовали ранее, производит не только к формированию частиц, но и к постепенному увеличению разрядности силы Материи от $a^0$ в начальной стадии до степени $a^4$ в конце последнего периода погружения. Все размерности войдут в состав полученного материального тела. Все частицы-корпускулы будут вращаться вокруг своей оси ($a^3$) и вокруг удалённого центра ($a^4$).

Далее наступает самое интересное!

Энергия кванта Света не имеет в себе ни пространства, ни времени, если только их некие начальные параметры ($0_s$, $0_t$ [1]). Далее он, соприкасаясь с Материей, запускает процесс своей материализации. Мы всё же считаем, что квант Света уже имеет структуру, что говорит о его полной сознательности и максимальной размерности его силы. Материя же не имеет никакой структуры, что говорит о её полной бессознательности и полном отсутствии какой бы то ни было размерности силы, да и самой силы. Это исходное начало материализации по рисунку 33.

Теперь, при соприкосновении с Материей, квант Света разворачивает в ней свою структуру и делает её структурированной, передавая всё ей. Это означает, что его структура создаёт в Материи пространство и время в соответствие с начальными параметрами ($0_s$, $0_t$) самого кванта Света и наполняет их материальными в пространстве и энергетическими во времени частицами. Была Сила Света, а стала Силой Материи. Это будет одна и та же Сила.

Наше исследование привело нас к пониманию Единой Силы, в том числе и в Материи! Она всегда будет единой на всех планетарных уровнях, но в процессе материализации становится множественной, пока снова не достигнет полного единства, но уже во множественности.

Будет ли её множественные силы тождественными между собой? В глобальном принципе действия мы можем предположить их тождественность, но в плане множественности может возникнуть некоторые различия, ибо чем выше планетарный уровень, тем больше множественных структур и, связанных с ними, сил в нём будет задействовано. Основные силы, задействованные на всех планетарных уровнях, будут, в основном, тождественными.

Каждый планетарный уровень расставляется по своим пространственно-временным параметрам посредством ПСМ (рисунок 10), которая имеет во внутренних структурах планетарных уровней тождественные ЭСН, которые могут различаться между собой только по параметрам пространства и времени и количества в них материи или энергии соответственно.

Теперь нам осталось перейти к самим силам и попытаться исследовать эту тождественность непосредственно на них.

### Силы гравитации и антигравитации

Найденная нами тождественность сил, действующих в Материи, ещё требует своего дальнейшего и более полного рассмотрения. Давайте с этой целью на основе этой тождественности, по аналогии с электромагнитной силой 3-го планетарного уровня, которая нами хорошо изучена, описать силу, действующую на 4-ом планетарном уровне. Это позволит нам вплотную подойти к исследованию сил гравитации и антигравитации, которые ему соответствуют.

Итак, единая электромагнитная сила 3-го планетарного уровня в своём составе имеет 4 «качества» Единой Силы. Давайте перечислим качества электромагнитной силы 3-его планетарного уровня, которые нам уже известны и отождествим их со знаком плоскости их действия:

1. электрическая сила плоскости положительного времени;
2. электрическая сила плоскости отрицательного времени;
3. магнитная сила плоскости положительного пространства;
4. магнитная сила плоскости отрицательного пространства.

Здесь мы не стали давать силам знаки полярности, ибо считаем, что полярность действия силы зависит от знака пространства или времени, в которых она действует.

Эти четыре качества единой электромагнитной силы

Где: S, -S, t, -t – плоскости действия сил;
М, -М – магнитные силы;
Е, -Е – электрические силы

Рис. 52

внутри планетарного уровня полностью вписываются в малый квант ЭСН и формируются из него (рисунок 52). В нём присутствуют четыре знака поляризации плоскостей пространства и его (внутреннего) времени: +S, –S, +t, –t и четыре силы, которые они формируют с тождественными плоскостям знаками состояния соответственно: +М, –М, +Е, –Е. Здесь так же желательно было бы показать силы +Е, –Е, как внутренние силы, с прописной буквы +е, –е, потому что они действуют как проекция из плоскости времени, но мы не будем этого делать.

Теперь давайте по аналогии тождественности сил попробуем таким же образом описать силы, действующие в соответствие с рисунком 52 на 4-ом планетарном уровне. Их, точно так же, должно быть четыре:

1. сила антигравитации плоскости положительного времени;
2. сила антигравитации плоскости отрицательного времени;
3. сила гравитации плоскости положительного пространства;
4. сила гравитации плоскости отрицательного пространства.

Здесь мы видим, что единая сила 4-ого уровня разбивается на 4-е своих качества, которые должны быть тождественны своим пространствам или временам.

Давайте теперь, для большей наглядности, переместим знаки состояния с плоскостей к силам и получим:

1. положительная сила антигравитации +t;
2. отрицательная сила антигравитации –t;
3. положительная сила гравитации +S;
4. отрицательная сила гравитации –S.

Это привело нас к интересному открытию. Если ранее мы знали о силе антигравитации, как об отрицательной силе гравитации, то теперь, по аналогии с электромагнитной силой, мы получаем картину сил гравитации несколько иной. Сила гравитации, как и антигравитации, у нас сама может иметь как положительные, так и отрицательные значения.

Получается, что сила гравитации с разными знаками состояний действует только в плоскости пространства S, а сила антигравитации – только в плоскости времени t, т.е. перпендикулярно и зеркально действию силе гравитации, в своей проекции. В нашем пространстве, естественно, мы можем наблюдать только проекцию сил антигравитации из времени, что искажает её истинное действие и даже скрывает его от нашего наблюдения, ибо место действия её проекции – это пространство и время планетарной системы 4-го уровня гелиоцентрической солнечной системы.

Давайте пока примем, как аксиому, существование этих 4-ёх сил 4-ого планетарного уровня и попытаемся, по аналогии с 3-им планетарным уровнем, понять, как они здесь работают. Не будем забывать, что эти силы могут иметь разные измерения – $a^n$.

Всё это хорошо, но у нас возникает небольшая проблема: электромагнитную силу мы рассматриваем вместо 3-го планетарного уровня на своём 4-ом планетарном уровне, когда она действует в своём единстве. Силу Гравитации[14] мы же хотим рассмотреть внутри этого 4-ого уровня, что не позволит нам в полной мере отождествить электромагнитную

---

[14] Обозначим её с заглавной буквы, как единую силу для гравитации и антигравитации.

силу и силу Гравитации. Если бы мы рассмотрели силу Гравитации с позиции 5-го галактического уровня, то здесь бы мы имели полное тождество, но этого сделать, увы, пока невозможно. Тем не менее, мы попытаемся исследовать силу Гравитации в полном объёме внутри 4-го планетарного уровня, выше которого мы пока подняться не можем.

Но даже не в этом состоит главная проблема. Электромагнитная сила использует для своей работы частицы предыдущего атомного уровня, например, электроны. Получается, что сила, действующая на бо́льшем планетарном уровне, подчиняет себе все силы низших планетарных уровней. Это так же составляет для нас большую трудность, ведь сила 4-го уровня подчиняет себе все силы низших уровней, в т.ч. и электромагнитную силу. Поэтому нам трудно будет выделить саму силу Гравитации и отделить её от действий всех остальных сил, но не будем отчаиваться.

### *Работа сил Гравитации*

Итак, ближе всего к нам находится положительная сила гравитации, которая соответствуют плоскости положительного пространства гелиоцентрической солнечной системы. Нам сразу же видно, что положительная сила гравитации имеет размерность измерения $a^4$: любая планета солнечной системы вращается вокруг удалённой оси по своей орбите, что и даёт такое измерение. Вращение сферы планеты вокруг собственной оси, подобие Земли, даёт нам измерение $a^3$. Меньшие измерения включены в бо́льшие и нам более не видны, т.к. находятся внутри системы, хотя линейное падение тел на поверхность планеты Земля и есть линейное действие силы гравитации – $a^1$. Пример плоскостного действия силы гравитации – $a^2$ нам ещё нужно поискать. Оно нами явно пока не просматривается, но, скорее всего, это будет вращение некоторой плоскости вокруг своей оси.

С положительной силой гравитации у нас особых проблем нет, но можем ли мы, точно так же, увидеть действие отрицательной силы гравитации? Она действует в отрицательном пространстве и его исследование представляет для нас определённую сложность. Для её понимания давайте сами переместимся из положительного пространства в отрицательное и перенесём в него свою точку наблюдения. Что мы тогда увидим в действии отрицательной силы гравитации? Мы увидим всё то же самое, что и для положительной силы гравитации в положительном пространстве. Всё, что мы описали выше для положительной силы гравитации будет соответствовать отрицательной силе гравитации. Это нам ничего не даёт.

Теперь давайте вернёмся обратно в положительное пространство и попытаемся из него взглянуть на отрицательную силу гравитации. Мы должны увидеть не проекцию этой силы, т.к. она принадлежит пространству, а нечто другое. Здесь всё дело будет заключаться в векторе действия силы, который будет противоположен по направлению положительной силе гравитации. Но можем ли мы увидеть и видим ли мы обратное вращение планеты Земля вокруг своей оси или её обратное движение по своей орбите?

Давайте вернёмся к рисунку 33, который описывает

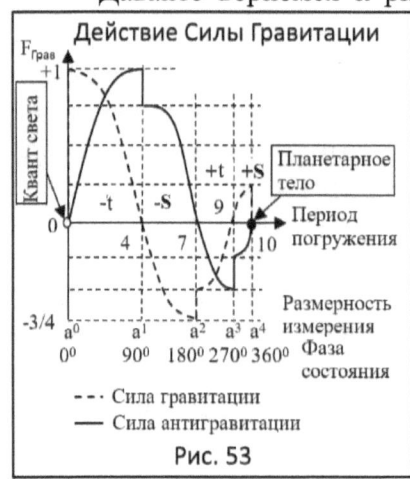

Рис. 53

нам процесс погружения кванта Света в Материю. Может быть, мы в нём найдём, как действует сила гравитации при формировании планетарного тела, вращающегося вокруг удалённой оси. Только в нём все плоскости обозначены в одной полярности, что нас не совсем устраивает. Мы этот рисунок немного переделаем и сделаем его более наглядным (рисунок 53). Новый график погружения кванта Света построен на принципе действия малого кванта ЭСН (рисунок 52), формирования одной из её плоскостей, в нашем случае, положительного пространства. Мы его по фазе отразили так, чтобы в конце формирования планетарного тела получить положительную плоскость пространства (+S). Внизу рисунка 53 мы обозначили размерность измерения и фазы состояния, чтобы уточнить свои более ранние предположения.

Итак, 0-ой этап характеризуется максимумом ...

Ранее, мы описывали его через магнитную силу [1], но сейчас мы предполагаем, что это будет сила гравитации, которая по характеру своего действия подобна магнитной силе. Она тут же начинает спадать и трудно указать на то, что она сделала для формирования планетарного тела. Вероятно, она определила границы будущего тела, в которых оно будет формироваться. Оставим пока такое предположение.

Далее, тут же начинает действовать положительная сила антигравитации, которая имеет отношение к плоскости положительного времени +t. Она действует точно и линейно, создавая точечное планетарное тело и направлена к центру системы. Продолжительность её действия четыре периода.

Следующий этап переходит в отрицательную плоскость пространства –S. Здесь будет действовать отрицательная сила гравитации. Она формирует плоскостное планетарное тело – диск в центре системы и заставляет его вращаться вокруг своей оси. Время формирования диска – 3 периода.

Далее начинает действовать отрицательная сила антигравитации в отрицательной плоскости времени –t, которую она и создаёт. Если ранее в центре системы действовала сила положительной антигравитации, то сейчас полярность изменяется и в нём начинает действовать отрицательная сила антигравитации. Это, как бы, выворачивает системы наизнанку, выгоняя точечное планетарное тело из центра системы на будущую орбиту, но вращения по ней ещё нет. Кроме этого, сила отрицательной антигравитации направлена из центра системы наружу, что раздувает вращающийся диск в сферу, которая продолжает вращение вокруг своей оси, полученное во втором цикле.

Размеры сферы определяются процессом компенсации обоих сил антигравитации (рисунок 54). Конечно, для нас лучше бы назвать эти силы силами гравитации, но пусть всё будет так, как есть. Получается, что силы антигравитации формируют само планетарное тело, а силы гравитации

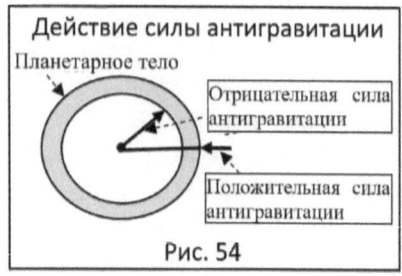

Действие силы антигравитации

Планетарное тело

Отрицательная сила антигравитации

Положительная сила антигравитации

Рис. 54

создают его вращение как вокруг своей оси, так и по орбите. Третий период формирования планетарного тела длится только 2 периода. Здесь мы уже получаем третье измерение, ведь уже задействовано три силы из четырёх и уже получено объёмное тело.

Последний период проходит в положительной плоскости пространства и в нём действует положительная сила гравитации. Она раскручивает по своей орбите вокруг удалённого центра полученное планетарное тело. Мы получаем вращающуюся по своей орбите планету. Он длится всего 1 период, и мы получаем четвёртое измерение. Все силы кванта Света погрузились в Материю.

Мы сейчас описали процесс так, как мы его видим из положительного пространства. Силы антигравитации здесь представлены, как проекция, линейными, потому что они принадлежат времени. Если мы поменяем плоскость, в которой весь этот процесс происходил, например, с Пространства на Время, то все силы зеркально обратятся.

### Формирование планетарного тела

Мы пока рассмотрели формирование планетарного тела только в малом круге ЭСН (рисунок 52). Нам немного стало понятно, как могут работать силы гравитации и антигравитации. Они у нас получились полностью тождественными с электромагнитными силами. Здесь явно видно, что электрическая и магнитная силы не могут сформировать планетарное тело из той материи, из которой состоит, например, наша планета Земля. Они не работают с этими структурами материи. Значит, скорее всего, мы стоим на правильном пути, и только сила Гравитации может формировать планетарную материю и миры на 4-ом планетарном уровне.

Давайте остановимся ещё на одном предположении: электромагнитная сила использует для своей работы атомные структуры. Мы это точно знаем. Тогда, по аналогии с ней, сила Гравитации может для своей работы использовать материю, скорее, энергию 3-его планетарного уровня, ведь он у нас относится к уровню Времени и является невидимым для нас. Не отсюда ли возникают магнитные бури на Солнце и подобные бури электричества с молниями на Земле на 4-ом планетарном уровне?

Давайте сначала подведём некоторый итог исследования этих сил. Мы можем уже свои предположения конкретизировать и сделать их даже доказуемыми. Дело в том, что мы рассмотрели два типа единых сил планетарных уровней: силу Гравитации 4-го уровня и электромагнитную силу 3-го уровня. Они обладают качествами, которые их сильно разделяют друг с другом. Например, электромагнитная сила работает во времени и с его энергиями, а сила Гравитации – с пространством и с его материей, что и делает их такими различными. Исследуем это более подробно.

В ПСМПр рисунка 10 мы имеем два типа планетарных уровней: первые – это низшие уровни плоскостей Пространства; вторые – это высшие уровни плоскостей Времени. Естественно, материи и энергии на них так же будут разными: пространственные имеют в своём составе материю и её внутреннюю энергию; уровни времени – энергию и её внутреннюю материю. Качество частиц на этих уровнях будет разным и отличаться по начальной фазе их состояния. Например, частицы пространства будут иметь начальные фазы состояния $0^0$ для материи и $180^0$ для внутренней энергии; частицы времени – $90^0$ для энергии и $270^0$ для внутренней материи.

Эта разница в качествах частиц разных плоскостей ведёт к разным типам Единой Силы. Мы ранее получили, что сила Гравитации работает с материей, т.е. с начальными фазами квантов света $0^0$ и $180^0$, а электромагнитная сила – с начальными фазами $90^0$ и $270^0$. Теперь мы начинаем понимать, в чём состоит разница в применении сил на планетарных уровнях. Если это планетарные уровни Времени, то на них будет действовать электромагнитная сила, которая работает с его энергиями; если это планетарные уровни

Пространства, то с ними будет работать сила Гравитации, которая работает с его материями. Поэтому все остальные силы, которые работают на планетарных уровнях (таблицы 24, 25) мы можем отождествить по своим качествам или с электромагнитной силой, или с силой Гравитации.

Давайте это проверим на 2-ом планетарном уровне, где действуют две силы взаимодействия. Возьмём силу сильного взаимодействия, которую нам нужно отождествить с силой … Давайте определимся в том, с какой силой она у нас должна отождествиться?

2-ой планетарный уровень – это материальный уровень в пространстве, но он отличается от 4-го планетарного уровня на величину квадрата скорости света (на $180^0$) и мы получаем отрицательное Пространство (–S). Сила сильного взаимодействия – это сила пространства, а значит мы её можем отождествить с силой гравитации, которая так же является пространственной и работает в материи, но знаки её состояния поменяются местами, с плюса на минус. Значит сила гравитации на этом уровне будет действовать по своим знакам состояния зеркально.

Здесь тут же возникает вопрос, а как формируется «планетарный» электрон, который вращается по своей орбите вокруг центра атома? Он, естественно, должен формироваться квантом Света в соответствие с рисунком 53, только знаки сил в нём зеркально поменяются местами. А как же ещё, если есть полное тождество с 4-ым планетарным уровнем Пространства? Сила гравитации (сила сильного взаимодействия) заставляет элементы атомов пространства вращаться вокруг своей оси и по орбите эклиптики и делает объёмными атомные структуры в атомах времени [1], если работает в плоскости Времени.

Тогда сила слабого взаимодействия у нас отождествляется с силой антигравитации 4-го уровня, так же, с противоположными знаками состояния. Это позволяет нам понять процесс формирования электрона в атомной системе, и не только его. Эта сила, в соответствие с рисунком 54, будет действовать в пространстве линейно, как её проекция из плоскости времени. Только поэтому мы не наблюдаем этой силы в нашем пространстве в полной мере, а получаем её в виде малой проекции на него, что значительно искажает её действие и величину силы. Эта сила делает объёмными атомные структуры, если действует в пространстве, и заставляет вращаться вокруг своей оси и по орбите эклиптики элементы атомов времени [1].

У нас опять, вроде бы, всё сошлось. Но для ещё более полной уверенности давайте спустимся на 1-ый планетарный уровень. Это уровень плоскости Времени, и он у нас отождествляется с электромагнитной силой, только опять знаки её состояния поменяются зеркально. Этот уровень отстоит от 3-го планетарного уровня по фазе состояния на величину квадрата скорости света – $C^2$ ($180^0$), рисунок 5, что позволяет нам утверждать смену знаков состояния сил, хотя сами силы остаются теми же. В остальном всё должно соответствовать процессам 3-го планетарного уровня.

Мы не будем пока лезть в новый сектор ПСМПр (рисунок 10), на вселенский уровень, ибо мы пока мало, что о нём знаем. Только и там, по закону тождественности, всё должно соответствовать указанным в таблице 25 силам.

Совершенно случайно, мы открыли этот *закон тождественности сил*, действующих внутри планетарных уровней. Пока он у нас получается рабочим, но мы продолжим далее наше исследование. Его мы проводили в *бо*льшей плоскости положительного Пространства. Но точно такие же процессы проходят с этими силами ещё в трёх других больших плоскостях: положительного Времени, отрицательного Времени и отрицательного Пространства. Они точно так же формируют планетарные тела при помощи силы Гравитации и электромагнитной силы, и мы не будем это рассматривать. Просто укажем, что последний период формирования планетарного тела $270^0$-$360^0$ (рисунок 53) соответствует *бо*льшей плоскости, в которой происходит этот процесс.

В итоге мы получаем четыре независимых планетарных тела:

1. планетарное тело положительного Пространства;
2. планетарное тело положительного Времени;
3. планетарное тело отрицательного Пространства;
4. планетарное тело отрицательного Времени.

Далее начинается самое интересное: нам нужно их все соединить в единое целое в нашем положительном Пространстве. Мы уже ранее исследовали это и даже описали их единение [1], но сейчас мы это снова опишем при помощи силы Гравитации 4-го планетарного уровня. Это поможет нам более полно понять внутреннее строение нашей планеты, и, может быть, даже солнечной системы.

# Глава III. Формирование Единой Силой ЭСН

До сих пор мы рассматривали формирование планетарного тела только в малом круге положительного Пространства элементарной структуры Нави [1]. Остальные три планетарных тела, формируемые другими малыми кругами этой структуры, пока выпали из поля нашего зрения. Ранее, мы уже исследовали этот процесс единения планетарных тел в единую целостную систему, но сделали это без знаний о тех силах, которые их формируют. Давайте продолжим это исследования единения планетарных тел в единую систему с использованием единства и тождества сил.

Итак, мы, как существа положительного Пространства, не можем видеть отрицательного Пространства и любой из плоскостей Времени, а значит и не можем видеть полное действие силы Гравитации в этих плоскостях, если только – косвенно. Но это не значит, что этих плоскостей не существует. Они явно есть, но только мы их видеть не можем. Это говорит о том, что наше исследование будет довольно сложным, ибо нам предстоит исследовать скрытые знания о планетарных системах и телах нашего мира и других скрытых миров.

### *Четыре силы в ЭСН*

Давайте начнём с того, что представим себе, что мы, всё же, получили по одному планетарному телу в каждой исследуемой плоскости ЭСН (рисунок 18 [1]) и можем их исследовать. Их – всего четыре, и мы их уже ранее перечисляли. Теперь нам необходимо понять, как они все встроятся в положительное Пространство, которое мы явно видим и можем исследовать? Увидим ли мы их существование здесь, хотя бы даже косвенно?

Для исследования снова возьмём гелиоцентрическую солнечную систему положительного Пространства. Здесь мы уже сформировали планетарное тело, которое вращается вокруг своей оси и вокруг удалённого центра, Солнца. В положительном Пространстве у нас всё «сошлось» и, вроде бы, в нашей солнечной системе более ничего нет и не существует более никаких других планетарных тел на орбитах системы. Куда же тогда подевались остальные три планетарных тела других плоскостей?

Мы снова возвращаемся к этому вопросу для того, чтобы совместить не только планетарные тела [1], но и их силы, которые в этом участвуют. Нам нужно более полно понять строения планеты Земля и Солнца. Ранее исследование показало нам, что все сформированные планетарные тела оказались соединёнными в единой планете, которую мы называем Землёю.

Итак, планета Земля положительного Пространства вращается по своей орбите вокруг Солнца. И здесь, мы ничего нового для себя не открываем. Теперь мы точно такую же фразу произносим относительно планеты Земля отрицательного Пространства, которая точно так же вращается по своей орбите вокруг этого же Солнца. Что изменилось? А изменился знак состояния Пространства.

Давайте точно так же представим себе планету Земля в плоскостях Времени: она ...

Вот здесь мы ранее определились, что она заменит Солнце и окажется в центре системы, становясь там, как Солнце. Солнце же окажется планетой планетарной системы Времени и займёт место на орбите планеты Земля. Они, как бы, обратятся друг с другом. Мы здесь уже получим геоцентрическую систему Птолемея. Таких систем окажется две с разными знаками состояния плоскостей Времени.

Что это нам даёт?

Вот здесь мы подходим к силам, которые действуют между малыми кругами ЭСН [1]. Мы в её секторах имеем плоскости +S, –S, +t, –t, в которых и предположили наличие сформированных планетарных тел. В них, как мы это ранее описывали для малого круга этой же структуры, должны действовать в каждом секторе свои силы:

1. положительная сила гравитации в плоскости +S;
2. отрицательная сила гравитации в плоскости –S;
3. положительная сила антигравитации в плоскости +t;
4. отрицательная сила антигравитации в плоскости –t.

Их мы указали так, как исследовали ранее.

В плоскости положительного Пространства отсутствуют все остальные плоскости. Они все свёрнуты и располагаются в центре системы, в её нулевой точке Пространства, там, где его «нет». Давайте это уточним. В самой системе с развёрнутым положительном пространством их уже быть не может. Планета отрицательного пространства, вероятнее всего, будет находиться где-то в пределах внутренней границы положительного пространства, ибо далее него мы уже имеем время, а оно в нём существовать не может. Естественно, планеты времени окажутся в нуле пространства, где может находиться время. Планета отрицательного пространства должна будет находиться где-то между нулём времени и нижней границы положительного пространства.

Хотя может быть и другое её расположение. Она может оказаться совмещённой с планетой положительного пространства, о чём мы говорили ранее. Вращение плоскостей пространства будет идти встречно, а планета окажется в точке их перехода, в настоящем. Но если исходить из строения атома, которое нам уже известно, то первое предположение будет тождественным ему.

Это говорит нам о том, что все оставшиеся три планеты Земля и их системы будут располагаться в центре системы положительного Пространства, в его нулевой точке. А этим центром системы положительного Пространства у нас является Солнце. Оно является одной из планет времени и … Рядом с ним должна по подобию атома существовать ещё одна планета Солнце с отрицательными параметрами. И где-то рядом с ними должна оказаться планета Земля с отрицательными параметрами.

Ранее нашу планету Солнце мы отождествили с параметрами планеты Земля. Тогда мы получаем, что все эти планеты находятся внутри термоядерного слоя. И даже если мы его «вскроем», то их не увидим, ибо они не принадлежать положительному пространству. Хотя отрицательное пространство мы сможем увидеть, как собственное отражение в «зеркале». Мы примем то, что все они будут находиться внутри термоядерного слоя и составлять его внутреннее «ядро».

Давайте, с целью аналогии, спустимся к атомным структурам, которые также являются пространственными (атом пространства) и проверим наши предположения по солнечной системе здесь. Мы имеем в атоме пространства электрон, который вращается по своей орбите вокруг удалённого центра, и протон, который находится в центре атома и составляет его ядро. Электрон мы можем отождествить с планетарным телом, вращающимся по своей орбите, с планетой Земля. Протон располагается в ядре атома и состоит из 3-х кварков: один «d-кварк» и два «u-кварка», как мы указывали ранее.

Можем ли мы их отождествить с нашими тремя планетарными системами? Здесь мы, так же, имеем одну планету отрицательного пространства (один d-кварк) и две планеты времени (два u-кварка). Аналогия получается полная, но это взгляд из положительного Пространства.

Мы, вероятно, нашли потерянные нами три планетарных тела, сформированных ЭСН (рисунок 55). Они всё-таки существуют. Все они должны оказаться внутри термоядерного слоя

Рис. 55

Солнца, который и скрывает их от нас. Получается, что внутри него должны существовать две плоскости Времени и одна плоскость отрицательного Пространства. Их параметры в нашем положительном Пространстве будут свёрнутыми и являться начальными для 4-ого планетарного уровня (рисунок 55). Мы пока не будем брать остальные планеты солнечной системы, а то получим слишком много «протонов» внутри Солнца и нам сложнее будет с ними разбираться.

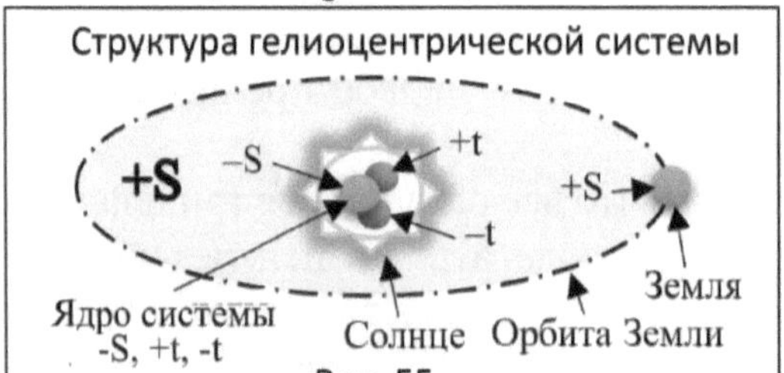

Точно такую же картину (рисунок 55) мы будем наблюдать в других плоскостях ЭСН, если перенесём точку наблюдения в них. Все четыре картины будут одинаковыми, только обозначения пространства и времени в них будут разными. Мы всё время будем получать одну планету, вращающуюся по орбите, и центр системы с остальными планетами и системами.

### *Разное Настоящее*

Давайте снова вернёмся к положительному Пространству ЭСН. Только взгляд из положительного Пространства у нас получается несколько ложным и однобоким. А что, если нам выйти за пределы Пространства и Времени и посмотреть, как эта картина будет выглядеть вне их?

Для этого все воображаемые нами четыре планетарные системы мы должны соединить в единой целое сразу же в четырёх плоскостях. Давайте пока будем соединять их попарно: отдельно системы пространства и отдельно системы времени, а уже затем, соединим их все вместе. Здесь нам уже потребуется знание действия сил Гравитации в своих плоскостях.

Итак, положительная сила гравитации действует в плоскости положительного Пространства. Она обеспечивает вращение частицы-планеты вокруг её центра действия (Солнца) и, как бы, ведёт нас из прошлого в будущее. Отрицательная сила гравитации действует зеркально в плоскости отрицательного пространства. Она обеспечивает вращение своей частицы-планеты вокруг своего центра действия, только направление её вращения будет зеркальным системе положительного Пространства. Она, как бы, ведёт нас из будущего в прошлое, что для нас есть нонсенс. Они действуют встречно и зеркально.

Теперь давайте представим себе, что вдруг исчезла отрицательная сила гравитации, что тогда произойдёт с нами? Конечно, такое невозможно, ибо если есть положительное пространство, то в противовес ему обязательно должно существовать отрицательное пространство. Но давайте всё же представим это, чтобы понять, как действует отрицательная сила гравитации?

Тогда мы останемся без будущего. А что будет с нами без будущего? Давайте, например, разорвём действующую ДНК в клетке и оставим её без следующего (будущего) нуклеотида, что тогда произойдёт с клеткой? Она просто погибнет. Тоже самое произойдёт с планетарной системой, если оставить её без будущего. Ему просто неоткуда будет взяться.

Сила положительной гравитации при погружении кванта Света в Материю должна постоянно расти, что мы и видим на рисунке 33. На нём она обозначена как сила Материи. Мы видим, что она растёт нелинейно, а в конце цикла – даже быстро увеличивается. Эта сила должна была начать с нулевой орбитальной скорости, в начале цикла, и затем ускорить движение планеты по своей орбите до максимальной скорости, в конце цикла. Точно так же произойдёт во всех остальных трёх плоскостях. Они все будут ускоряться синхронно друг другу. Получается, что все планетарные тела в конце цикла, когда сила Гравитации станет максимальной, обретут постоянную скорость вращения по своим орбитам.

Вернёмся снова к двум разнополярным пространственным планетарным системам. Можем ли мы соединить пространственные плоскости между собой, если в ЭСН они между собой не контактируют? Между ними располагаются две плоскости времени, как бы разводя их. Это говорит нам о том, что они контактируют друг с другом только через время.

Ранее мы говорили о разном направлении между прошлым и будущем, которое создают эти пространственные системы. Теперь давайте подумаем, как можно соединить прошлое и будущее в единой целое, при этом не уничтожив их? У нас осталось ещё настоящее, которое не имеет в себе ни пространства, ни времени, о чём мы говорили ранее. Эти две разнополярные плоскости Пространства мы можем соединить только через двойное разъединённое, подобно пластинам конденсатора, настоящее (рисунок 56). Прошлое и будущее

Рис. 56

для обоих систем будут тождественными, только вектора их направления будет разными.

Для середины нахождения планеты в процессе её формирования на рисунке 56 мы ещё как-то можем согласиться. Там настоящее для неё будет одинаковым, а вот для окончания (тёмная точка) или начала цикла (светлая точка), как это получится? Как можно будет их соединить в настоящем, если одна из них только начинает, например, для светлой точки, свой цикл формирования в отрицательном Пространстве, в вторая – заканчивает его в положительном Пространстве (та же светлая точка)?

Конечно, это невозможно. Дело в том, что они обе находятся, например, в начале цикла (светлая и тёмная точки), но у них получается слишком большая разница во времени. Как их здесь можно соединить? Мы, незаметно для себя, уже объединили эти две разнополярные пространственные планеты и системы в единой целое, но пока не можем этого доказать.

Работа их получается следующая: в начале циклов они очень сильно разведены между собой. Это будет равносильно тому, если мы очень сильно разведём пластины конденсатора друг от друга. Тогда перетекающий между ними ток будет маленьким. Чем ближе к друг другу будут их настоящие (пластины конденсатора), тем более сильный ток они будут обретать. Далее, в настоящем, произойдёт их единение (рисунок 49), и мы получим короткое замыкание пластин и максимальный ток. Мы видим процесс рисунка 56 именно таким.

Отсюда, разнополярные силы гравитации так же должны объединиться, что, по идее, их должно скомпенсировать. Получается, что в настоящем, вроде бы, нет и ни каких сил гравитации, но, на самом деле, мы же в своём настоящем их имеем, но тогда они будут в нём скомпенсированными. Это позволит нам получить стабильную планетарную систему, которая, подобно атомам, станет жить вечно.

Оставим пока силы гравитации и попробуем ощутить на себе силы антигравитации. Они, естественно, действуют в плоскостях времени, которые перпендикулярны плоскостям пространства (рисунок 57). Если мы перенесём точку зрения в

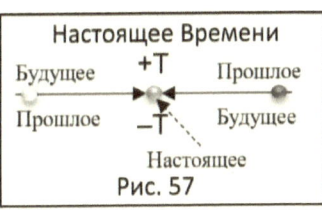
Рис. 57

плоскость времени, то картина действия этих сил будет аналогична действию сил гравитации в пространстве. Плоскости времени нам не видны и её геоцентрическая система с планетами времени, описанная Птолемеем, так же нам не видна, кроме одной её центральной пространственной планеты Земля и то, что это будет за планета, если она заняла место Солнца?

Если мы снова, повторимся, посмотрим на эту геоцентрическую систему из плоскости времени, то она будет аналогична гелиоцентрической системе пространства. Никакой разницы мы здесь не обнаружим, за исключением того, что Земля станет в центре этой системы, а Солнце станет четвёртой по счёту планетой, если считать планетой Луну. В этом будет единственная разница.

Птолемей описал нам геоцентрическую систему именно из нашего пространства и указал нам, что небеса планет будут внутри, а не снаружи, как у нас. Планеты будут не выпуклыми, как в гелиоцентрической системе с небесами снаружи, а вогнутыми планетами с небесами внутри них. Это говорит нам о том, что силы антигравитации во времени действуют зеркально силам гравитации в пространстве, но это только при взгляде из пространства.

Давайте теперь попробуем соединить две разнополярные плоскости времени в единой целое. Если мы будем наблюдать за этим из времени, то получим точно такую же картину, как с плоскостями в пространстве, только Земля и Солнце поменяются между собою местами. Всё остальное будет тем же самым и даже планеты времени будут такими же, как и в пространстве, выпуклыми с небесами наружу. Более никакой разницы между ними не будет.

Во времени возникает точно такая же проблема с планетарными системами с будущем и прошлым, как и в пространстве. Рисунок 57 показываем нам, что время точно так же имеет проблемы с объединением. Точно так же и силы антигравитации в настоящем должны постепенно нарастать и далее быть полностью скомпенсированными до нуля своего планетарного уровня. У нас получается довольно интересное единое настоящее.

Прямо чудо какое-то!

## *Единение в Настоящем*

Итак, мы пришли к интересному наблюдению: все плоскости пространства и времени и силы гравитации и антигравитации объединяются между собой только в настоящем (рисунок 49). Тогда оно у нас получается, в конце концов, единым для всех четырёх систем. Мы пришли к заключению, что в нём нет ни пространства, ни времени, ни гравитации, ни антигравитации, ни материи, ни энергии. В нём вообще ничего нет и всё полностью скомпенсировано до нуля. Но, в тоже время, в нём есть все, ибо настоящее является квазиисточником всего этого.

Например, в нашем изначальном прошлом ничего нет, и мы только начинаем эволюцию. В нашем конечном будущем в конце циклов – законченный мир и совершенная планетарная система. Настоящее двигается в положительном пространстве из прошлого в будущее, а в отрицательном пространстве, относительно нас, из будущего в прошлое, но на самом деле – из прошлого в будущее. Место их встречи – настоящее.

Никак нам не удаётся понять, как соединить их вместе? Все четыре плоскости должны соединяться в настоящем, но как? Трудно описать нам это из положительного пространства, не видя остальные плоскости. Но тем не менее, мы понимаем, что между плоскостями пространства стоят плоскости времени и соединение, например, двух разнополярных пространственных плоскостей происходит через такие же разнополярные плоскости времени [1].

Мы получаем «хитрое» настоящее, которое является преобразующим для всех сил и всех плоскостей. Например, положительная плоскость пространства через настоящее соединена с положительной плоскостью времени, формируя единую планету пространства, например, Земля; отрицательная плоскость времени соединена с положительной плоскостью пространства, формируя единую планету времени, например, Солнце.

Но это ещё не все формирования. Существует, например, соединение положительной плоскости времени с отрицательной плоскостью пространства. А это что нам даёт, новую единую планету? А соединение отрицательной плоскости времени с положительной плоскостью пространства, что нам даёт, какую ещё одну единую планету? Нет, скорее всего, эти планетарные системы работают попарно и имеют в паре один и тот же знак состояния: положительный или отрицательный, подобно ЕСН рисунка 21.

Мы пришли к пониманию того, что все планеты, как минимум, получаются двойными: пространственными и временными. В них может быть только разница в полярности сил и плоскостей, но они будут обязательно двойными, иначе двойная планетарная система пространство-время у нас не сможет получиться Единой.

Если пойти ещё далее, то нам удаётся совместить гелиоцентрическую планетарную систему Коперника и геоцентрическую планетарную систему Птолемея в Единую систему, соединяя все их планеты пространства и времени в единые пространственно-временные планеты. Получается, что эти две планетарные системы не только обе верные, но ещё и позволяют нам понять процесс объединения планетарных систем внутри ЭСН. К тому же они обе работают синхронно друг с другом, но во взаимно-перпендикулярных плоскостях.

Все планеты пространства и времени получаются объединёнными и двойными, хотя вращаются по своим орбитам и там, и здесь одновременно, но синхронно (рисунок 58). На нём мы попытались отразить такое единение планетарных систем в единое целое в Настоящем. Здесь можно даже предположить, что положительные системы работают только в своей паре (настоящее-прошлое), а отрицательные – в своей паре (будущее-настоящее). Между ними возникает единый круговорот настоящего, который и даёт возможность формировать планетарные системы и тела в них.

Теперь нам осталось понять, как формируются двойные планеты, ведь Земля тогда тоже получается такой же двойной планетой?

## *Параметры планетарных систем в ЭСН*

Мы видим, что какое-то Солнце освещает планету Земля, но что находится внутри него? А внутри него находятся, по нашим выводам, ещё целых три планетарные системы, подобные солнечной системе со всеми их планетами. Представляете, как много планет может находиться внутри Солнца!

Давайте это проверим. Планетарные системы времени в гелиоцентрической ЭСН Пространства меньше планетарных систем пространства на величину скорости света. Они вполне могут находится где-то или внутри, или рядом с Солнцем, как планетой времени. К тому же, они обе располагаются в нулевом центре времени системы и рассмотреть их мы никак не сможем.

А вот планетарная система отрицательного пространства по своим параметрам оказывается равной системе положительного пространства. Мы взяли пока для рассмотрения только одну планету Земля, о которой мы имеем некоторое представление. Мы должны получить, как бы, две планеты Земля, положительную и отрицательную. Если мы считаем свою планету принадлежащей положительному пространству, то где располагается планета Земля отрицательного пространства?

На рисунке 58 мы видим два Солнца и две Земли. Если с планетами Солнце мы уже как-то мысленно разобрались и более ничем это подкрепить не можем, то с двумя Землями у нас возникают вопросы. Ранее, мы выдвигали предположение, что в настоящем они соединяются в одну планету Земля, которую мы видим и изучаем. Отрицательную планету увидеть очень легко: посмотрите в обычное зеркало, и она будет там. В нём мы и увидим отрицательное пространство.

Скорее всего, два Солнца точно так же представляют собой в настоящем одну планету. Она находится одновременно в двух плоскостях времени с разными знаками состояний. Это видно на рисунке 58, где мы их показали раздельными планетами, а на самом деле, они будут совмещёнными друг с другом.

Итог можно будет подвести такой: мы видим одно сдвоенное Солнце и одну сдвоенную планету Земля, хотя они представляют собой четыре разных планетарных систем. Это касается пока только гелиоцентрической планетарной системы Пространства, для нас – обычной солнечной системы.

Давайте это попробуем просчитать. Для этого нам нужно знать конечные параметры 4-го планетарного уровня. Допустим, что наша планета Земля сегодня уже достигла или достигает свои конечные планетарные параметры, тогда можно предположить, что они и будут конечными. Мы уже имеем её конкретный радиус, который нам известен: он равен 6371,2 км. Каким будет её начальный радиус? Чтобы это узнать нам необходимо уменьшить конечные параметры планеты Земля на величину скорости света – С [1]. Тогда мы получаем их в метрах и даже в сантиметрах:

$$6371,2 / 3*10^8 = 0,021 м = 2,1 см$$

Мы получаем начальные параметры планеты Земля, её начальный радиус – всего 2,1 сантиметра. Это – такая маленькая планета! Но так оно и есть на самом деле. Эти начальные параметры 4-го планетарного уровня Пространства будут конечными параметрами, предшествующего ему, 3-го человеческого планетарного уровня Времени.

Теперь представьте себе, какими будут конечные параметры целой планетарной системы подобной солнечной системе со всеми её планетами. Современную границу солнечной системы (её радиус) мы можем легко просчитать [1]: она должна быть в С раз больше радиуса Земли и будет приблизительно равна $19,1*10^9$ км. Начальные параметры этой же планетарной системы будут соответствовать радиусу

Земли – $6,4*10^3$км. Таких планетарных систем пространства мы подразумеваем две.

Вполне возможно существование внутри Солнца двух оставшихся планетарных систем времени этой ЭСН (рисунок 58) в своих начальных минимальных параметрах 4-го планетарного уровня. Но, не забывайте, что этот расчёт мы ведём относительно положительного пространства этой системы. Если выйти из пространства и времени этой ЭСН, то все её четыре системы обретут свои истинные параметры, которые будут полностью соответствовать параметрам положительного пространства.

Ещё раз напоминаем, что это все эти расчёты мы имеем в своём разуме, который работает только в плоскости положительного Пространства. Но даже относительно него мы получаем ту картину, которую им видим на рисунке 58, что говорит о верности наших предположений. А видим мы всего одну планетарную систему положительного Пространства, но уже не можем отрицать наличие ещё трёх планетарных систем других плоскостей. Мы уже предположили и даже просчитали их место возможного нахождения.

Ранее мы определились [1], что существует две планетарные системы: гелиоцентрическая система Коперника (центр – Солнце) и геоцентрическая система Птолемея (центр – Земля). Получается, что и внутри Земли, как центра геоцентрической планетарной системы ЭСН Времени, должны существовать какие-то свои свёрнутые планетарные системы. Они в точности будут соответствовать ранее описанным системам гелиоцентрической системы, но их плоскости состояния будут зеркальными.

## Двойные структуры ЭСН

Ранее, мы эти четыре системы разбили по две по знакам полярности: мы получили две двойных планетарные системы положительных пространства и времени; две двойные планетарные системы – отрицательных пространства и времени. В таком сдвоенном виде они у нас стали, если удалить все остальные планеты систем, полными аналогами атому водорода, если не принимать во внимание их знаки состояния. Во всяком случае, двойная положительная планетарная система пространства-времени будет ему в точности соответствовать.

Что это нам даёт?

Мы имеем, как бы два, отдельных атома водорода [1]: атом пространства (протон и электрон) и атом времени (нейтрон и позитрон). В это очень здорово вписываются две положительные планетарные системы: одна – гелиоцентрическая система Пространства (атом пространства), другая – геоцентрическая система Времени (атом времени). Гелиоцентрическую планетарную систему Пространства с центром Солнце мы уже разобрали, предположив наличие трёх остальных систем, аналогично ядру атома, если только наши учёные не ошибаются, внутри Солнца (рисунок 55). Это планетарная система получается полностью тождественная атому пространства водорода.

Мы здесь подразумеваем сектор ЭСН положительного пространства, дающий нам гелиоцентрическую систему, но она тесно взаимосвязана с сектором ЭСН положительного времени, дающую нам геоцентрическую систему. Они объединяются в единую пространственно-временную планетарную систему ЕСН (рисунок 21) подобную атому водорода. Давайте проверим это и рассмотрим геоцентрическую систему Птолемея относительно атома времени водорода.

Итак, нейтрон в атоме времени содержит в себе три кварка: один u кварк и два d кварка. У нас опять всё сходиться: один u кварк, как и ранее в гелиоцентрической системе, соответствует системе отрицательного времени –Т; два (d) кварка – двум разнополярным системам пространства. Как мы отмечали их ранее в гелиоцентрической системе, они точно так же полностью соответствуют геоцентрической системе.

На рисунке 59 мы тождественно гелиоцентрической системе рисунка 55 отобразили «атом» положительного времени, где в центре системы находится планета Земля, а вращается по орбите уже планета Солнце. Получается, что внутри нашей планеты Земля существует ещё, как минимум, три другие системы ЭСН. Границы этих трёх внутренних

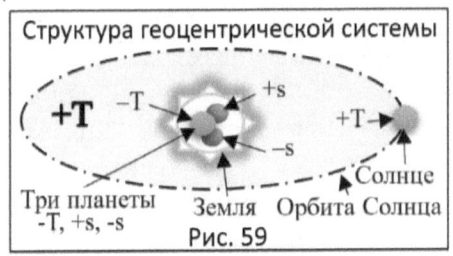

Структура геоцентрической системы

Три планеты -T, +s, -s    Земля   Орбита Солнца

Рис. 59

планетарных систем не выходят за параметры планеты Земля, как мы это подсчитывали ранее, или равны им. У нас только-только начинают проявляться внутренние структуры Солнца и Земли.

Давайте продолжим исследовать внутреннее строение Земли. Её геоцентрическая система должна иметь нулевой центр, который имеет отношение к внутреннему пространству «+s» системы ЭСН Времени (рисунок 21). Сама система имеет плоскость эклиптики положительного времени +Т (мы описываем её из этой плоскости). В центре геоцентрической системы располагается планета Земля, которая является внутренней планетой-центром положительного пространства плоскости времени. Она – как Солнце для гелиоцентрической планетарной системы. Вокруг неё располагается плоскость положительного времени +Т, которая простирается от центра до границы системы.

Видимо, между самой планетой и положительной плоскостью времени +Т мы имеем некоторый «разрядный промежуток», а то они сами себя взаимно скомпенсируют или аннигилируют. У Птолемея в его геоцентрической системе этой защитной «разрядной оболочкой» является кристаллическая вода. У Коперника в его гелиоцентрической системе – это термоядерный пояс, располагающийся вокруг Солнца.

Итак, мы получаем, что снаружи планеты Земля в её геоцентрической системе мы имеем плоскость положительного времени +Т. Ранее, мы пришли к выводу (рисунок 54), что наша планета полая и имеет только узкий верхний пространственный слой, на котором мы живём. Но её внутренняя полость не может быть пустой. Что-то должно её заполнить.

Мы уже ранее предположили (рисунок 59), что внутри планеты находятся ещё три системы (–Т, +s, –s). Естественно, они должны располагаться внутри неё, в самом центре системы, где Время имеет значение нуля. Но между нулём и

302

пространственным поясом планеты Земля не может быть пустоты, что наводит нас на определённые размышления.

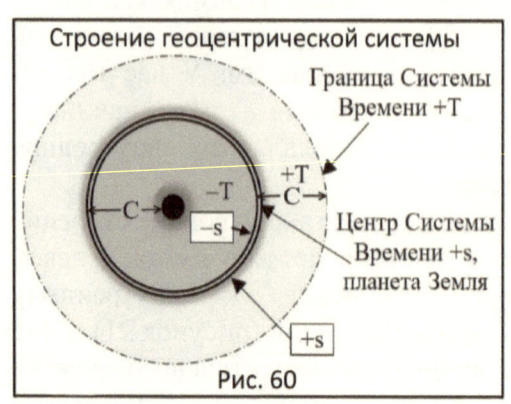

Строение геоцентрической системы

Граница Системы Времени +Т

+Т

−Т

C→

←C

−s

Центр Системы Времени +s, планета Земля

+s

Рис. 60

Если снаружи планетарной системы положительного времени мы имеем положительное время +Т, то внутри системы, переходя через пространственный слой положительного пространства +s, он должен опрокинуть знак своего состояния. Мы там, симметрично, должны получить плоскость только уже отрицательного времени −Т (рисунок 60). Кроме этого мы ещё обязаны получить внутри планеты Земля внутреннее отрицательное пространство −s. Оно, как мы предполагаем будет вторым внутренним поверхностным слоем планеты Земля.

Мы получаем двойную планету Земля: снаружи, это центральная выпуклая планета геоцентрической системы; внутри, – вогнутая планета с небесами внутри. Внутри Земли мы получаем точно такую же геоцентрическую систему, только её параметры, как мы указали ранее, будут в С раз меньше внешней, а знак состояния противоположный. Что мы имеем снаружи планеты Земля, то мы имеем и внутри неё, только с противоположным знаком состояния плоскостей, материй и энергий и сил Гравитации.

## Строение двойной планеты Земля

Давайте теперь более тщательно исследуем рисунок 60. Снаружи планеты Земля мы имеем плоскость положительного Времени +Т, которая простирается от границы поверхности планеты Земля до границы геоцентрической системы времени. Земля имеет двойную пространственную поверхность образованную, как мы это ранее описали, двумя разнознаковыми силами антигравитации (рисунок 54). Она довольно узкая, но достаточная чтобы на ней процветала жизнь.

Вот тут мы попадаем в прострацию: мы получаем поверхностную оболочку планеты Земля созданную двумя секторами ЭСН и их силами антигравитации. С внешней стороны она должна иметь положительный знаки пространства +s, а с внутренней стороны – отрицательный –s. Будет ли она единой оболочкой?

Скорее всего, да!

Мы получаем двойное пространственное настоящее (рисунок 56), через единение двух плоскостей пространства ЭСН в этой оболочке планеты Земля. Настоящее времени у нас здесь так же имеет место. Только оно здесь от нас скрыто. Обе плоскости времени создают своё настоящее через соединение внешней оболочки геоцентрической системы +Т и «нулевого» центра внутренней оболочки –Т. Между ними мы получаем разницу в параметрах величиной $C^2$, что означает для ЭСН величину в $360^0$.

Итак, внешняя поверхность планеты Земля образована материей и имеет положительное пространство +s; её внутренняя поверхность так же образована частицами материи и имеет отрицательное пространство –s. Вращение этих двух плоскостей будет однонаправленным, как мы исследовали ранее [1]. Между +Т и +s должен быть некий разрядный промежуток, и мы подразумеваем, что это, возможно, будет озоновый слой, который отделяет пространство от времени. Точно такой же разрядный промежуток должен быть внутри планеты между отрицательным пространством –s и отрицательным временем –Т.

...

Давайте попробуем вычислить величину разрядного промежутка между её внешней поверхностью +s и началом плоскости положительного времени +Т. Мы здесь имеем в виду, что он должен быть аналогичен разрядному промежутку термоядерному слою Солнца, а само Солнце, как планета, должно иметь параметры тождественные планете Земля. Итак, радиус термоядерного слоя Солнца равен приблизительно $6{,}960*10^8$ м; радиус планеты Солнца мы подразумеваем равным радиусу планеты Земля – $6,37*10^6$ м; получаем разницу, грубо, в $10^2$ раз.

Только нас интересует не это, а то, что слой кристаллической воды, который описывает Птолемей в своей геоцентрической системе, должен находиться на расстоянии величиной в $6960*10^5$ км от внутреннего центра планеты Земля. Если сравнить его с расстоянием до Луны, которое составляет всего $3844,03*10^2$ км, то мы видим, что этот слой оказывается приблизительно в 18 раз дальше орбиты Луны.

Почему он нам так интересен? Дело в том, что если в термоядерном поясе происходит торможение частиц с выделением энергии света, то в «кристаллической воде» Птолемеевой геоцентрической системы процесс будет обратным. Этот пояс, наоборот, разгоняет энергетические частицы до величины скорости света, если мы правильно это поняли. Он переводит частицы энергетической материи в частицы тьмы, о которых мы говорили ранее. А далее, наши космические корабли он может сам разгонять до скорости света без каких-либо других затрат энергий. Это пока для нас нечто из области фантастики, но реальность такого ускорения имеет право на существование.

…

Очень интересно у нас получается: мы уже нашли две плоскости пространства +s и –s, которые обои меньше положительной плоскости времени на величину скорости света – С. Точно так же мы обнаружили и плоскость с отрицательным временем –Т, которая со всеми своими планетами стала внутренней полостью планеты Земля. Она располагается у нас под пространственными слоями материи планеты Земля, под землёю, под нашими ногами. В ней и должна развёртываться планетарная система отрицательного времени –Т. Представляете себе, какая Энергия находится у нас под ногами!

Вывод напрашивается сам собой: планета Земля у нас получается двойной планетой разнополярного пространства. Все наши предположения мы пока полностью подтвердить не можем, но они ни в чём не противоречат друг другу, что говорит нам о их верности.

## *Строение двойного Солнца*

Итак, мы с вами рассмотрели строение планеты Земля относительно геоцентрической системы Птолемея, но каково будет тождественно ей строение Солнца в гелиоцентрической системе Коперника? Конечно, тождественно с планетой Земля, Солнце должно быть так же двойным, как мы это описали ранее. Давайте переделаем рисунок 60 и сделаем его в соответствии с гелиоцентрической системой положительного Пространства, (рисунок 61). На нём у нас все плоскости зеркально поменялись местами.

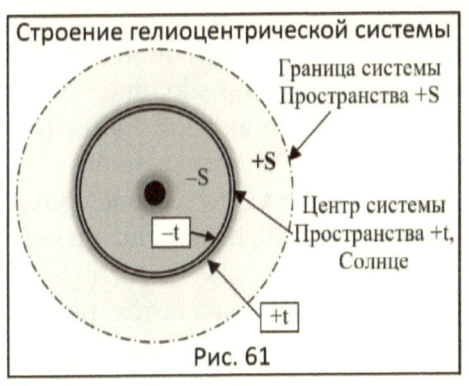

Рис. 61

Теперь мы имеем положительное пространство +S, в центре которого находится планета положительного времени +t Солнце. Естественно, планета времени образована энергетическими частицами и обладает большой энергетикой. Только сама планета Солнце, являясь планетой времени, не излучает света. На самом деле это планета тёмная, как наше небо. Она приоткрывает нам свой истинный вид во времени, когда появляются тёмные пятна на Солнце. Тёмные пятна в термоядерном слое Солнца – это и есть часть внутренней плоскости времени.

Внутри планеты Солнца – мы специально говорим о планете Солнце, потому что её закрывает от нас термоядерный слой, а он не является этой планетой времени – должны располагаться все остальные системы ЭСН большего положительного Пространства. Термоядерный слой является слоем перехода (разрядным промежутком) от планеты времени Солнца +t к пространственной планетарной системе +S.

В термоядерном слое происходит частичная остановка энергетических частиц, двигающихся с квадратом скорости света – $C^2$ до скорости света – $C^1$, которые мы и определяем уже как обычный солнечный свет. Эта остановка частиц до скорости света и происходит в этом термоядерном слое, где они отдают свою энергию при торможении. Внутри планеты Солнце мы имеем внутреннее отрицательное пространство –S и внутреннюю поверхность планеты Солнца –t. Всё получается зеркально и тождественно планете Земля и снова рассматривать это не имеет смысла.

Если это так, то и внутреннее строение Солнца (рисунок 61) мы так же подразумеваем тождественно планете Земля. Как мы видим, структура планеты Солнце у нас оказывается точно такой же двойной. Она внешне состоит из планеты времени +t и планетарной системы плоскости пространства +S. Между ними существует термоядерный слой, как разрядный промежуток, но обратный по своему действию планете Земля.

Не эти ли разрядные промежутки являются нашим настоящим, не имеющим ни пространства, ни времени, ни энергии, ни материи? Они в себе имеют нечто, что переводит все параметры систем из одного состояния в другое и обратно. Не будем мы пока вникать в эти свойства «пустоты» настоящего, ибо оно пока для нас недоступно. С ним нужно будет разбираться отдельно.

Прежде чем нам продолжить свои планетарные исследования, у нас остался один вопрос о планетах систем, который мы ещё не разобрали: а будут ли такими же двойными, как Солнце и Земля, остальные планеты, например, солнечной системы?

### *Двойная пространственная планета Марс*

Давайте с этой целью, например, возьмём планету Марс и исследуем её. Как она будет выглядеть внутри и будет ли она такой же двойной, как центральные планеты систем Земля или Солнце?

Конечно, прежде всего эта планета также будет образована посредством элементарной структуры Нави. Это означает то, что она будет вращаться вокруг своей оси и вокруг удалённого центра планетарной системы (разнополярные силы гравитации). Она для нас является планетой положительного Пространства. Поверхность планеты будет образована силами антигравитации и иметь вид, который указан на рисунке 54. Внутри эта планета пока получается пустотелой, что не должно быть. Пустоты наш мир не терпит. Тогда, каким будет её внутреннее наполнение? Что это будет, время или пространство?

Естественно, планета Марс не является центральной планетой планетарной системы и не может внутри себя иметь все остальные плоскости времени и пространства, как, например, планета Земля. Значит, внутреннее наполнение её будет каким-то другим. Будет ли её наполнением система времени?

Вряд ли, потому что оно имеет отношение к планетарным системам времени, а здесь их явно нет. В Пространстве полностью отсутствует Время. Тогда у нас остаётся только отрицательная плоскость пространства $-S$. Может ли она быть этим внутренним наполнением планеты Марс?

Марс, как и любая другая планета, создана посредством своей ЭСН. Вот здесь, на ней, и возникает соединение всех её четырёх плоскостей в единое целое. Мы должны будем иметь четыре плоскости ЭСН: $+S$, $-S$, $+t$ и $-t$. Как-то они должны все расположиться в этой планете Марс. Давайте начнём с двух плоскостей пространства $+S$, $-S$. Естественно, как и планета Земля они должны образовать его двойную оболочку. Мы с этим полностью согласимся.

Они, вроде бы, должны соединяться между собой в этой оболочке, но обязательно через время. Только внутри гелиоцентрической планетарной системы плоскости положительного пространства его быть никак не может. Оно может находиться только в нулевой его точке. Тогда мы получаем соединение между собой двух разнозначковых пространств, вроде как, без присутствия систем времени, что практически невозможно. Куда же тогда девается время $+t$ и $-t$ в этой планете Марс, ведь в его ЭСН оно явно существует?

Первое – эта пространственная планета вращается вокруг удалённого центра времени внешней планеты Солнце. Это будет источник положительного времени $+t$. Он находится снаружи этой планеты в центре гелиоцентрической системы. Если внутри планеты мы подразумеваем нахождение отрицательного пространства –S, то оно должно иметь свой внутренний нулевой центр времени –t, который обязательно должен располагаться во внутреннем центре

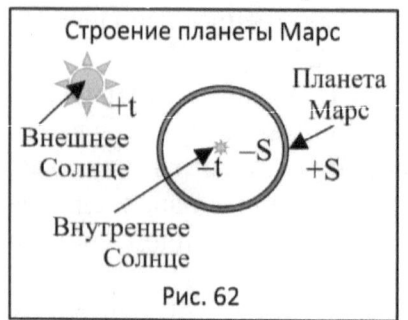

планеты и составлять её ядро. Это внутренняя планета времени будет являться внутренним солнцем планеты Марс со своим внутренним термоядерным слоем. Давайте попробует это отразить на рисунке 62.

Теперь, глядя на рисунок 62, мы можем даже утверждать, что если мы внутри планеты подразумеваем отрицательное пространство –S, то оно должно будет иметь в своих внутренних границах оболочку планеты Марс отрицательного пространства. Мы одновременно получаем в оболочке этой планеты два разнополярных пространства. Но, как мы это рассмотрели ранее, они будет вращаться в одну и ту же сторону, как по орбите, так и вокруг своей оси и поэтому мы вправе предположить, что они будут являться единой пространственной оболочкой планеты Марс, идущей одновременно из прошлого в будущее и из будущего – в прошлое.

Пока мы рассмотрели планету Марс только с позиции Пространства. Если у нас получается соединение разнополярных пространств между собой в пространственной планете, то точно такое же соединение мы можем осуществить в разнополярном времени. Тогда обе полярности времени будут составлять у нас единое целое и внешнее Солнце будет являться и внутренним Солнцем одновременно. Между ними будет существовать некая внутренняя связь. Дело в том, что параметры их будут отличаться друг от друга на величину $C^2$ или $360^0$, что равносильно их соединению друг с другом и полной тождественности.

У нас получилась очень интересная планета Марс. В ней пространство и время ЭСН очень странно соединяются и взаимодействуют друг с другом. Мы получили в ней единую пространственную планету Марс и такое же единое Солнце, состоящие из двух солнц: одно – внешнее; другое – внутреннее. Никаких разрядных промежутков мы в этой планете не подразумеваем. Даже два солнца здесь получаются едиными.

### Двойная планета Марс Времени

Кроме гелиоцентрической системы пространства мы ещё имеем планету Марс Времени в геоцентрической системе Птолемея. Мы не будем об этом забывать.

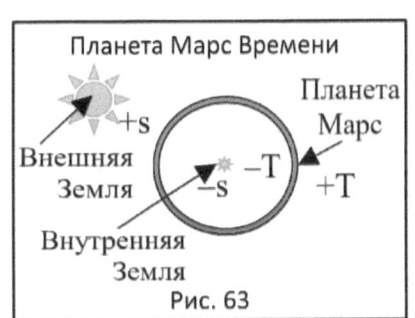

Рис. 63

Давайте теперь перейдём к геоцентрической планетарной системе Птолемея к её планете Марс Времени, которую он называет «небесами планеты». Здесь картина рисунка 63 будет выглядеть зеркально рисунку 62. Мы исследуем эту картину из плоскости Времени. Марс тогда у нас получается планетой времени, а не пространства. Если мы перенесём точку наблюдения в наше Пространство, то тогда мы должны будем, как у Птолемея, увидеть только его «небеса», т.е. «дырку от бублика», а не планету.

Что это значит увидеть «небеса планет»?

Планета времени в пространстве будет выглядеть пустотелой внутри и полностью размазанной по всей плоскости времени, которая перпендикулярна плоскости пространства. Мы её вряд ли увидим, но тем не менее она должна существовать.

Возвращаясь в плоскости времени ЭСН, мы видим интересную для нас картину: здесь планета Земля становится подобной двум солнцам рисунка 62. Только мы этого видеть не можем, кроме как одной пространственной планеты Земля, на которой мы живём. Внутренняя планета Земля будет по своим параметрам соответствовать атому, т.е. в $C^2$ раз меньше нашей обычной Земли. Но в этом виновата только наша относительность.

Мы не будем более описывать планету Марс времени, потому что ни увидеть её, ни, тем более, «потрогать» её мы не сможем. Никаких доказательств, кроме тождественности, мы здесь предъявить не сможем. Но нас теперь заинтересовал вопрос: а будут ли все остальные планеты гелиоцентрической солнечной системы и геоцентрической системы Земли структурно выглядеть подобно планете Марс?

Мы привели только один пример построения планеты солнечной системы при помощи ЕСН и планета Марс оказалась двойственной, если не более. Она включает в себя четыре разных планет четырёх плоскостей ЭСН, и мы это попытались вычислить. Нам удалось понять формирование планет как в гелиоцентрической планетарной системе Пространства, так и в геоцентрической планетарной системе Времени.

Но это ещё не все вопросы формирования планет этих систем. Дело в том, что ранее [1] нами было высказано предположение, что орбиты планет подвержены чередованию внутреннего пространства и времени. Например, первые четыре планеты земной группы Меркурий, Венера, Марс и Фаэтон мы определили, как пространственные и выпуклые с небесами на их поверхности, а вот планеты второй группы Юпитер, Сатурн, Уран, Нептун мы определили принадлежащими орбитальному времени. Они могут быть вогнутыми планетами с небесами внутри них. Плутон уже оказывается снова планетой земной группы, который можно отнести к третьей, пространственной группе планет. Так как у нас всё завязано на ЭСН, то вполне возможно такое волновое чередование групп планет (четыре планеты в группе, как разные фазы состояния орбит, а их как раз всего четыре).

Если мы имеем представления о структурах пространственных планет земной группы (рисунок 54), то как устроены такие *большие* планеты орбитального времени второй группы? Вполне возможно, что знаки сил антигравитации, которые формируют поверхность этих планет окажутся противоположными знакам состояния малых планет. Это и делает эти планеты такими выпуклыми и большими. Всё остальное их внутреннее строение будет подобно планетам земной группы.

Дело в том, что знаки состояния поменяются только во внутреннем времени Пространства +S. Само пространство планеты, как мы ранее указали, никак не изменится даже после смены знаков его состояния: как они вращались в одну сторону, так и продолжат вращение.

Естественно, возникает вопрос о Плутоне, который является тождественным планетам земной группы. На самом деле, ранее, мы, при описании работы ЭСН, указали на то, что за периодом орбитального времени, в котором находятся планеты второй группы, следует группа планет отрицательного пространства, к которой мы и отнесли планету Плутон. Но что нам даёт смена знаков внутреннего пространства?

В том же описании [1] нами доказано, что практически – ничего не меняется и заметить смену знаков состояний внутренних пространств обычным зрением практически невозможно. Хотя Плутон уже перестали считать планетой солнечной системы, но тем не менее он вполне подходит на роль планеты третьей группы, которые должны быть тождественны планетам земной группы. Здесь у нас с ним всё сходится.

Можно ещё сказать, что точно такое же орбитальное чередование внутренних пространств и времён будет в геоцентрической планетарной системе Птолемея подобно их чередованию в гелиоцентрической системе Коперника, только, если рассматривать это из плоскости положительного Времени.

На этом тождестве планетарных систем Коперника и Птолемея на 4-ом планетарном уровне мы пока остановимся. Их единение уже стало для нас реальностью, но нашего разума уже не хватает для четвёртого измерения, которыми они являются. А далее, эти две системы четвёртого измерения нужно объединить вместе, которые тут же превратятся в пятое, если не более, измерение, которое нам уже никак своим разумом не объять.

# Глава IV. Планетарная система человека

Тождественность планетарных уровней позволяет нам заглянуть в те миры, которые нам не видны, но которые, тем не менее, реально существует. Это – миры Времени. Нам очень хочется заглянуть, например, в мир человека, вернее, в его планетарную систему Души 3-го уровня. Она, как раз, располагается в плоскости Времени и, естественно, будет нам из Пространства не видна. Нам удалось её вычислить, когда в исследовании возникла ЭСМ (рисунок 5), которая доказала её реальность, как и реальность других планетарных систем Времени.

### *Планета Душа 3-го планетарного уровня*

Ранее мы указали, что человек по своим жизненным параметрам находится где-то посередине между параметрами солнечной системы и атома [1]. Это позволило нам вычислить параметры его планетарной системы и всего 3-го планетарного уровня Времени. Верхняя граница параметров этой планетарной системы будет соответствовать радиусу нашей планеты Земля $6,4*10^6$м (далее будем обозначать землю и солнце 3-го уровня с прописных букв, чтобы не путать с Землёй и Солнцем 4-го планетарного уровня), а нижняя, как мы рассчитали ранее, – 2,1см. Этот параметр будет характерен для минимального радиуса планеты земля 3-го планетарного уровня или верхней, максимальной границы атомных систем 2-го планетарного уровня.

Давайте подсчитаем радиус планеты Души 3-го планетарного уровня, подобной Земле, другим путём, используя имеющиеся научные данные. Для этого нужно взять радиус Земли равный приблизительно $6,4*10^6$ м, радиус электрона (возьмём за основу радиус Бора) $0,529*10^{-10}$м, хотя он сильно приблизительный, и теперь мы можем вычислить, через их среднее соотношение, приблизительный радиус планеты земля 3-го уровня. Он будет приблизительно равен $1,9*10^{-2}$м или 1,9 см. Мы получаем довольно маленькую планету, радиус которой уже измеряется сантиметрами. У нас получается почти полное совпадение с нашими ранними вычислениями 2,1 см против 1,9 см, что вполне допустимо.

Учёные говорят об электроне, как о частице и волне, что он не может быть «планетой» и не может иметь пространственные параметры. Давайте им не поверим и вычислим радиус электрона своими методами. Посмотрим, что у нас из этого получиться?

Итак, параметры радиуса нашей планеты равны $6,4*10^6$м. Параметры электрона отличаются от параметров нашей планеты на величину квадрата скорости света $9*10^{16}$. Теперь нам остаётся только разделить радиус Земли на квадрат скорости света, и тогда мы получим приблизительный радиус электрона, который будет равен $7,1*10^{-11}$м. Нильс Бор практически оказался прав ($5,29*10^{-11}$м).

Это – фантастика!

Нильс Бор брал для вычисления первый электрон в атоме водорода, который может чуть отличаться в своих параметрах от других электронов, как, например, отличаются между собой радиусы Меркурия, Земли и, вообще, Юпитера. Наше попадание в расчётах радиуса электрона с Нильсом Бором доказывает верность наших и его предположений.

Давайте попробуем точно так же сравнительно вычислить расстояние от земли до солнца 3-го планетарного уровня. Мы имеем данные, что на 4-ом планетарном уровне это расстояние между Землёй и Солнцем будет равно приблизительно $150*10^9$ м. Теперь это расстояние мы должны разделить на величину скорости света $3*10^8$ и тогда получим искомое расстояние, которое будет равно 500 м. Планетарная система Души человека 3-го планетарного уровня получается довольно внушительных размеров. Интересно, наше зрение как раз рассчитано на эту величину, чуть большие или чуть меньше.

У нас получилась довольно интересная картина: мы случайно вычислили границы планетарных уровней и теперь можем это как-то графически обобщить. На рисунке 64 мы видим, что 3-ий планетарный уровень занимает пространственно-временные параметры начиная со 2-го уровня и кончая 4-ым планетарным уровнем. Мы их обозначили вычисленными нами радиусами планет,

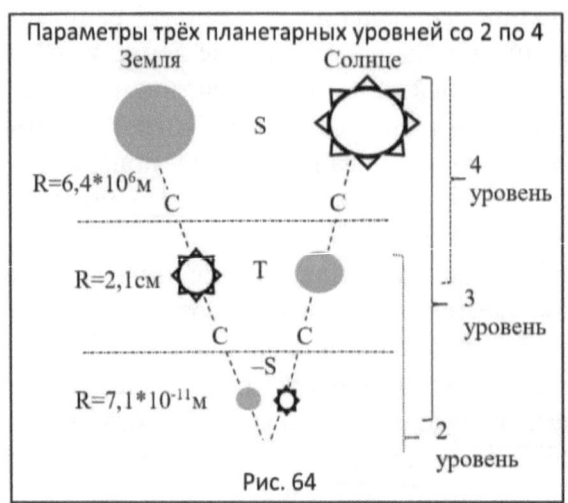

Параметры трёх планетарных уровней со 2 по 4

Рис. 64

подобных Земле 4-го планетарного уровня. В середине 3-го уровня мы получили небольшой их разброс в десятки миллиметров, но считаем, что это допустимо в наших расчётах. 4-ый планетарный уровень у нас простирается от середины 3-го уровня и выше, включая пятый уровень, который здесь не показан. 2-ой планетарный уровень имеет свой максимум на середине 3-го планетарного уровня и опускается ниже в своих параметрах до 1-го уровня, который так же здесь не показан.

Давайте составим таблицу 27, которая бы нам помогла понять границы параметров планетарных уровней более наглядно.

Таблица 27

| Радиус Планет в метрах | № планетарного уровня | | |
|---|---|---|---|
| | Нижняя граница | Средние параметры | Верхняя граница |
| $19,2*10^{14}$ | 5 (2 сектор) | 4 (2 сектор) | 4 |
| $6,4*10^{6}$ | 4 (2 сектор) | 4 | 3 |
| $2,1*10^{-2}$ | 4 | 3 | 2 |
| $7,1*10^{-11}$ | 3 | 2 | 1 |
| $2,4*10^{-19}$ | 2 | 1 | 0 |

Таблица 27 составлена относительно нашего Пространства так, как мы изобразили структуру планетарных систем 4-го уровня на своих рисунках ранее. Например, в соответствие с рисунком 61 гелиоцентрическая солнечная система простирается от своих максимальных границ системы и до, практически, верхних границ атомных систем. Получается, что они соединяются между собой через

планетарные системы Времени 3-го уровня, а так бы между ними получился разрыв и соединение было бы невозможно.

На одном планетарном уровне в любой его системе мы получаем по три независимых планеты: первая – образована на уровне высшей границы системы, например, граница солнечной системы, которая является планетой Земля 5-го планетарного уровня; вторая – срединная, образована срединными параметрами системы, например, планета Земля 4-го планетарного уровня; третья – низшими параметрами системы, например, планета земля 3-го планетарного уровня. Они получаются у нас, как бы, вложенными друг в друга: как игрушка «русские матрёшки» (рисунок 64). Только таких вложенных друг в друга планет Земля на самом деле будет семь, как количество планетарных уровней ПСМПр рисунка 10.

У нас невольно возникло предположение, что наша троица планет может быть каким-то образом символически связаны с библейскими символами: Отцом, Сыном и Святым Духом. Их – так же три! Здесь мы понимаем, что эти символы могут быть напрямую связаны с нашими тремя планетами: Отец – планета Земля 5-го уровня; Сын – срединная планета Земля 4-го уровня; Святой Дух – самая малая планета земля 3-го уровня. Они нам далее помогут понять, как связан человек с планетарной системой 3-го планетарного уровня?

### Живое и неживое

Действительно, а какая связь возникает между какой-то там планетарной системой 3-го уровня Времени и живым человеком, живущем на пространственной планете Земля 4-го планетарного уровня Пространства? Но есть ещё более интересный вопрос: как 2-ой атомный планетарный уровень сформировал материальную форму человека, да ещё живую и создал планету Земля, на которой эта форма живёт? Но и это ещё не всё: каким образом эти планетарные системы сформировали, кроме материального тела, ещё и разум человека?

Наши исследования касаются «Единой теории мироздания» и она не может быть «Единой», если мы не сможем ответить, через неё, на эти вопросы. Она должна нам соединить и материальное тело, созданное из атомов, и разумное «тело», созданное из …, и их совместную жизнь на поверхности планеты Земля, так же созданную из атомов.

Как мы видим, вопросы, поставленные нами, довольно сложные и даже более философского характера, чем естественного. Но мы должны ответить на них с позиции квантовой механики и открытых, нами ранее, элементарных структур. Давайте сначала исследуем сам 3-ий планетарный уровень и его планетарные системы, а уже затем попробуем привязать их к человеку.

Итак, если мы имеем тождество на всех планетарных уровнях, тогда мы можем его предположить между 4-ым и 3-им планетарными уровнями. Если это так, то на 3-ем уровне мы можем иметь точно такую же планетарную систему, как наша солнечная система 4-го уровня, как мы указывали ранее. Только это система будет системой Времени и, естественно, будет зеркальной нашей солнечной системе. Она будет иметь параметры в С-раз меньше её.

Теперь, соблюдая тождество уровней, мы можем предположить, что 3-ья планетарная система будет иметь в себе гелиоцентрическую систему Коперника и геоцентрическую систему Птолемея, только они взаимно поменяются местами, потому что находятся в плоскости Времени. Здесь опять трудно рассуждать логически, потому что мы своими рассуждениями опять хотим привязаться к нашему Пространству, но из Времени они будут точно такими же планетарными системами, аналогичными системам Пространства: структурно ничего не поменяется.

Мы всё же будет ориентироваться на наше Пространство, ведь человек живёт здесь. Тогда основной системой можно будет признать геоцентрическую систему Птолемея. Здесь планета земля станет солнцем, а солнце – землёю. Они зеркально поменяются местами, но это будет взгляд из плоскости Времени, которая будет для них большей. Они точно так же поменяются и своими свойствами, о чём мы говорили ранее. Из своего Пространства 4-ого планетарного уровня мы вообще их не увидим, хотя вроде бы гелиоцентрическая система будет пространственной во Времени.

Вот здесь нам навевается одна интересная мысль, что мы всё же должны и можем её увидеть, но при этом она потеряет одно измерение, так как будет проекцией на плоскость Пространства. Гелиоцентрическая система, имеющая четыре измерения, при проекции из Времени в наше Пространство потеряет одно измерение и будет в нём иметь, уже при трёх измерениях, некое объёмное тело. Может, это и будет материальным и пространственным телом человека, которое мы имеем?

Если продолжить эту тему далее, то что нам даёт в этом же плане геоцентрическая система Птолемея, как система времени в плоскости Времени. Её в нашем Пространстве явно будет не видно, но она как-то в нём должна быть проявлена или, точнее, спроецирована. Эта система времени, как мы говорили ранее, даёт человеку разум, ведь он должен из чего-то состоять? Он нам не виден, но мы им пользуемся, так почему же он не может иметь какое-то отношение к геоцентрической системе Времени Птолемея?

Мы давайте пока оставим эти предположения и вернёмся к ним немного позднее, когда полностью поймём строение планетарной системы 3-го уровня. Эти предположения, конечно, довольно интересные, но это уже получается взаимодействие между планетарными уровнями, а мы пока не знаем, что у 3-го планетарного уровня внутри, каково внутреннее строение его планетарных систем и планет?

## Жизнь, разум и форма

Исследованием планетарной системы души человека ранее занимались только духовные искатели. Они уже имеют о ней определённые знания, которые закрывают от нас своими духовными символами. Они не дают обычному человеку прямых знаний о душе человека. Считается, что доступ у ним должны иметь только посвящённые люди. Мы не будем с ними спорить и попробуем сами получить эти знания.

Итак, душа человека – это планета земля планетарной системы 3-го уровня, принадлежащая плоскости Времени. Ранее мы уже утверждали, что планетарная система 3-го уровня имеет в себе две внутренние планетарные системы: гелиоцентрическую систему Коперника и геоцентрическую систему Птолемея. Они возникли у нас как две тождественные системы 4-ому планетарному уровню, нашей солнечной системе. Исходя из этой тождественности с 4-ым уровнем, мы можем отождествить с ним внутреннее строение как самих систем, так и их планет. Это сделать довольно просто.

Давайте начнём с гелиоцентрической системы Коперника, в центре которой находится Солнце, а Земля вращается вокруг него. Мы переносим эту систему на 3-ий планетарный уровень Времени и получаем её зеркальное отражение в структуре системы. Здесь у нас никаких проблем не возникает. В принципе, эта гелиоцентрическая система Коперника во Времени зеркально обращается и из гелиоцентрической становится геоцентрической системой Птолемея. Это взгляд из плоскости Времени 3-го уровня. Параметры этой системы будут пропорциональны системе 4-го уровня, но меньше её на величину скорости света. Геоцентрическая система Птолемея точно так же обращается в свою зеркальную противоположность, в гелиоцентрическую систему Коперника.

Структура строения этих планетарных систем никак не изменилась, только солнце стало землёю, а земля – солнцем. Их строение будет полностью тождественно строению планетарных систем 4-го уровня, описанных нами ранее (рис. 60, 61), но зеркально обращённых относительно друг друга.

Теперь нам необходимо проанализировать строение планет солнца и земли 3-го уровня. Но даже здесь, у нас не возникает каких-то новых предположений и их строение предполагается тождественным планетам 4-го планетарного уровня Солнцу и Земле. Они, естественно, так же обратятся и зеркально поменяются в своём строении местами. Остальные планеты системы 3-го уровня для нашего исследования особой ценности не представляют: планеты – как планеты.

Все они будут тождественны планетам 4-го планетарного уровня.

Со строением единой планетарной системы 3-го уровня плоскости Времени мы вроде бы разобрались. Особых трудностей они для нас не представляют. Но нам более интересно, как они соотносятся с человеком?

Начнём с предположения, что одна из центральных планет, солнце или земля, имеет отношение к физическому телу человека, а вторая, как её противоположность, – к его разуму. Можно уже реально утверждать, что любая плоскость времени на любом планетарном уровне имеет отношение к разуму, к его энергетической разумной «форме», а любая плоскость материального пространства – к физической материальной форме.

Мы основываемся на том, что материальное тело человека создано из материальных частиц и располагается в пространстве планеты Земля, а наш разум явно имеет отношение ко времени и является энергетической формой материи, структура которой нам пока до конца не ясна, ибо обычным зрением нам не видна. Не совсем понятно и то, где в пространстве планеты Земля располагается наш разум, имеющий отношение ко времени. Но мы точно знаем, что тело и разум взаимосвязаны между собой и находятся во взаимно-перпендикулярных плоскостях 3-го планетарного уровня [1].

Давайте для большего доказательства опустимся ещё на один планетарный уровень ниже. Например, мы вправе говорить, что пространственно-временная атомная система 2-го уровня, имеет в себе как физическую форму атома пространства, созданную гелиоцентрической системой пространства, так и его разумную форму, созданную геоцентрической системой времени, как атом времени. Атом должен обладать и материальной формой, и разумом. Здесь всё должно повториться подобно 3-ему планетарному уровню. О разуме атома уже вовсю говорят наши учёные. Только мы пока не можем точно сказать к какой форме имеет отношение, например, солнце, а к какой – земля и в какой плоскости?

Давайте начнём с того, что плоскость Времени на любом его планетарном уровне мы не видим, кроме как наше тёмное небо над головой, которое и есть время [1]. У нас получается, что атомы 2-го планетарного уровня образуют материальные формы, а поверхность планеты Земля 4-го уровня является пространством для их жизни. В нашем мире мы «ощущаем» только атомы и видим планетарные системы 4-го уровня, а где находятся планетарные системы 3-го уровня?

## *Взаимосвязь планетарных уровней*

Вот здесь возникает предположение, что эти системы напрямую связаны с миром человека: с метрами и секундами, как параметрами 3-го планетарного уровня. Эти единицы измерения принадлежать ему. Давайте возьмём для исследования какую-нибудь простую материальную форму, например, дерево, которое по своим параметрам явно находится где-то посередине между атомным и 4-ым планетарными уровнями. Оно что, и есть система 3-го планетарного уровня, ведь его физическая форма измеряется метрами, а время жизни секундами?

С этим можно согласиться, только где в дереве или ещё где-то помимо его находится система 3-го уровня? Дело в том, что в плоскости Пространства 4-го уровня мы имеем только проекцию планетарной системы из плоскости Времени, а не её саму. Её нам в Пространстве не увидеть, а вот материальную проекцию планетарной системы 3-го уровня, которая здесь стала физической формой дерева, мы можем видеть (рисунок 65).

Рис. 65

Каким-то образом, эта проекция Времени в Пространстве последовательно заполняется атомными структурами, образуя физические формы и не только дерева.

Здесь наш разум начинает отказывать, но мы продолжим наши исследования. В плоскости Времени существует внутренняя плоскость пространства, которую образует геоцентрическая система с планетой земля. Если система находится во внутренней плоскости времени бо́льшего Времени, то её планета земля, как её центральная планета, является пространственной планетой, связанной своей пограничной областью с Пространством 4-го уровня. Эта планета, как и Земля, является точечным отражением в себе всей геоцентрической планетарной системы 3-го уровня: она вся, каким-то образом, отражается на её поверхности. Чем это не излучатель всей структуры геоцентрической планетарной системы 3-го уровня в Пространство 4-го уровня, который и формирует в нём свою структуру материальной или разумной форм?

Нам трудно понять, как можно отождествить структуру какой-то там планетарной системы 3-го уровня со своими планетами со структурой формы дерева? В нашем разуме это пока никак не укладывается. Тем не менее, у нас нет другого предположения. Всё сходится к тому, что планета земля 3-го уровня излучает на 4-ый пространственный уровень на поверхность его планеты Земля свою энергетическую внутреннюю структуру дерева, которая здесь и материализуется, заполняясь атомами.

Конечно, конечную проекцию уже готового дерева заполнить атомами сразу же не удастся. Мгновенно это осуществить невозможно: 3-ий планетарный уровень пока не обладает необходимой силой, чтобы мгновенно материализовать какую-либо форму на планете Земля, что называется параллельным процессом материализации форм.

Что такое параллельный процесс материализации форм? Это когда человек что-то вообразил себе, замыслил, пожелал и это мгновенно материализовалось. Это требует больших энергетических затрат и сил, которыми человек пока не обладает, но это вероятное наше будущее.

Из-за больших затрат энергий при параллельном процессе материализации, Природа от него отказалась и пока создала свой «механизм заполнения форм», который использует последовательный процесс материализации форм. Это процесс почти тот же самый, что и параллельный, только здесь он уже не так сильно зависит от силы разума человека.

Чем более у него силы, тем быстрее происходит материализация его воображения, мыслей, желаний и т.п. Здесь уже действует инерция Материи: чтобы это получилось должно пройти время и довольно длительное, а может быть, у него не хватит силы, и тогда он вообще ничего не получит. Здесь мы имеем в виду те ситуации, которые возникают в жизни человека. Он своей разумной силой их сам формирует.

В Природе, действительно, существует такой «механизм» последовательной материализации формы в Пространстве. Он подразумевает в себе несколько циклов материализации: рождение формы через процесс наследственности; рост физической формы с расширением её в пространстве; жизнь физической формы для последующего расширения разумной формы (на примере жизни человека, когда основное развитие разума происходит уже при сформированном материальном теле); смерть формы, когда она выработала свой ресурс. Давайте более подробно рассмотрим работу последовательного «механизма» материализации.

Итак, дерево вырастает из семени, которое, вроде бы, пока никакого отношения к планетарной системе 3-го уровня не имеет. Оно использует наследственный механизм размножения дерева. Но его семена, не будут ли они во Времени будущими свёрнутыми системами 3-го уровня? Далее оно прорастает до ростка, до двух ненастоящих листьев, которое к дереву пока никакого отношения не имеют. Это будет, скорее, энергетическая станция для начала прорастания дерева на 4-ом уровне. А вот здесь каким-то образом к нему подключается система 3-го уровня этого дерева, которая точно так же должна «родиться» и начать своё расширение во Времени. Она так же должна родиться, используя свой планетарный «наследственный механизм». Ведь, кто-то и как-то её должен «родить»! Прорастание семени дерева заставляет планетарную систему 3-го уровня начать своё формирование и расширение или наоборот.

Скорее всего, прорастание семени на 4-ом уровне и «рождение» (более включение) новой планетарной системы на 3-ем уровне должны быть тождественными процессами: одно порождает другое. Максимальная начальная энергия, задействованная при рождении системы, напрямую связана со «взрывом» энергии света в плоскости Времени 3-го уровня, который, видимо, и запускает процесс прорастания семени в плоскости Пространства 4-го уровня. Если система 3-го уровня со своей энергией не подключиться к нему, то это семя не прорастёт и погибнет.

Здесь можно немного возразить, что в семени растения в миниатюре уже содержится вся физическая структура дерева. Тогда зададим вопрос, а может ли дерево вырасти без помощи планетарной системы 3-го уровня, если вся его будущая форма в миниатюре уже есть в семени?

А попробуйте сами заполнить атомами это растущее дерево, расширяя его в пространстве, что у вас из этого получиться? Что такое семя? Это только материальная структура дерева в миниатюре ещё не заполненная атомами. Может ли семя само себя прорастить?

Если бы оно было чисто материальным и пространственным, то оно было бы символически скорее похоже, например, на стол, а может ли стол сам прорасти? Чтобы он пророс, для этого нужен некий наследственный механизм, но для его работы нужна энергия, а где её можно взять?

В материальной форме вся её энергия уходит на сохранение её структуры, чтобы атомы не «разбежались». Точно так же семени нужно сначала как-то самому сохраниться. А потом, остановили бы вы какое-либо семя, если в нём уже изначально находилась бы энергия для полного прорастания? Можно ли это сделать только в мире Материи? А чем тогда соединять материальные пространственные атомы между собой? Кто и как их будет соединять между собой развёртывая истинную структуру дерева?

Вы думаете, пустили корни, захватили кучу атомов из земли, заставили их через листья подниматься и всё, дерево само вырастет? А с какой стати семени самому вырастать, какой у него для этого есть стимул и нужен ли он? Вряд ли он пошевелится, лёжа на поверхности земли, если в нём не пробудится и не запустится «механизм жизни».

Явно в семени не может быть энергии для полного прорастания дерева. Ему же нужно, какой-то энергией брать атомы из земли, доставлять их до необходимой точки в этой структуре и затем расставлять их точно по своим местам в расширяющейся структуре дерева. Энергии самого семени хватает только на то, чтобы развернуть в пространстве эту начальную «энергетическую станцию» – росток, который далее должен запустить некий механизм получения внешней энергии с 3-го планетарного уровня.

Но способна ли эта «энергетическая станция» ростка обеспечить энергией полное прорастание дерева? Глядя на неё можно с уверенностью сказать, что нет. Получается, что росток должен подключить некую потустороннюю энергию к дереву, которая далее бы обеспечила его прорастание.

Тут мы и приходим к назначению планетарной системы Времени 3-го уровня, которая и является такой связующей энергетической структурой для пространственной материи, которая запускает процесс жизни в материальной форме. Как бы вы без энергии Времени, которая образуется через суммарную энергию атомов времени, эту миниатюрную структуру дерева наполните атомами? Только атомы времени, зацепляя собой атомы пространства, посредством энергии времени могут переместить их в любое место структуры дерева и удерживать их там.

А теперь перенесём наши выводы на человека. Рождение его начинается с оплодотворения яйцеклетки. Оно включает «механизм образования «ростка-эмбриона». Яйцеклетка начинает делиться и «прорастает» в утробе матери до эмбриона, который точно так же можно назвать, тождественно ростку дерева, «энергетической станцией», которая позволяет эмбриону созревать 9 месяцев. Это ещё не настоящий человек, а только «чистый лист» для будущего человека этого рода.

Эмбрион должен будет при своём рождении во внешнем мире, когда его собственная энергия закончилась, подключить к себе нечто, которое обеспечит его энергией для будущей жизни. Если этого при рождении не происходит, то ребёнок умирает, потому что не сумел подключиться к энергии жизни 3-го уровня. Здесь мы так же приходим к пониманию необходимости для человека энергии Времени 3-го планетарного уровня для его жизни. Без неё жизнь человека, как и любой другой материальной формы планеты Земля, невозможна. Если из человека вынуть Душу, т.е. лишить его планетарной системы 3-го уровня, то он тут же превратиться в прах. Давайте попробуем проследить то, как энергии Времени попадают в пространственную материю формы?

Итак, земля 3-го уровня – двойная планета. Между землёю и солнцем есть некий разрядный промежуток, который переводит материю отрицательного пространства –S в энергию положительного времени +t плоскости Времени 3-го уровня. Для плоскости Времени земля 3-го уровня – как наше Солнце. Она излучает энергию Времени, но для нас, пространственных существ 4-го уровня, эта энергия будет тёмной, как наше небо, но на 3-ем уровне это будет энергия света.

Давайте составим рисунок 66 и более наглядно покажем, как энергия времени перетекает через 3-ий планетарный уровень. Итак, мы имеем внутреннее солнце (–t), которое у нас получается частью источника. Мы его обозначим, например, минусом. Плюсом источника у нас будет внешняя

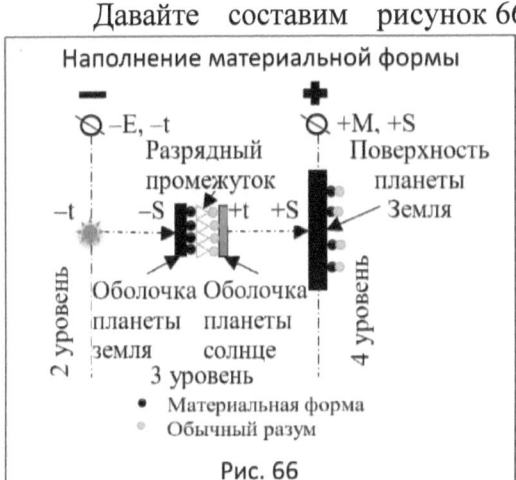

Рис. 66

граница 3-го планетарного уровня, которая есть поверхность планеты Земля (+S) 4-го уровня. Между двумя этими полюсами возникает процесс перетекания энергий Времени.

На этом рисунке 66 мы видим две отдельные разнополярные планетарные системы: отрицательная система (–t, –S) и положительная система (+t, +S). Планета солнце (–t) у нас получается вогнутая с формами разума внутри планеты, которые показать на рисунке довольно трудно. Планета земля

(–S) у нас получается выпуклая с формами жизни снаружи планеты, которые мы обозначили тёмными малыми кругами. Мы имеем как бы два разных источника энергии.

Первый источник – это отрицательная система с солнцем, где солнце (–t) 2-го уровня будет одним полюсом энергии, а его внешняя граница, которая становится пространственной планетой земля (–S) 3-го уровня Времени, – другим полюсом энергии. Между ними должен возникнуть переток энергии времени. Только второй полюс источника, внешняя граница этой системы (–S), пока у нас никуда не подключен. Хотя между временем и пространством уже вполне возможно осуществить переток энергии.

Второй источник – это положительная система, где солнце (+t) 3-го уровня является одним их полюсов этой системы. Её внешняя граница становиться планетой Земля (+S) 4-го планетарного уровня. Между ними так же должен возникнуть переток энергии времени. Только второй полюс источника, внешняя граница этой системы (+S), пока у нас, так же, никуда не подключен. Между временем и пространством тоже вполне возможно осуществить переток энергии.

Обе планетарные системы 3-го уровня у нас получаются соединёнными последовательно, через некий разрядный промежуток. Мы их общий последовательный переток энергии обозначили через единый источник 3-го уровня, обозначив его на рисунке 66 через полюса «плюс» и «минус».

Нужно нам ещё кое-что обобщить через этот рисунок 66. На нём, хотя мы и обозначили через две вертикальные разграничительные линии 3-ий планетарный уровень, но 2-ой и 4-ый уровни будут у нас простираться до этого разрядного промежутка, который их разделяет между собой. Между ними не должно возникнуть контакта. Получается, что планетарные системы 3-го уровня, каким-то пока непонятным для нас образом, влияют на атомные системы 2-го уровня, расставляя их на поверхности 4-го уровня в физических разумных формах. Мы не забываем о том, что и 2-ой и 3-ий планетарный уровни располагаются на поверхности планеты Земля 4-го уровня. Мы пока не берём во внимание остальные планеты солнечной системы: нам бы с одной планетой разобраться до конца.

Мы получаем следующее: энергия Времени через минус источника захватывает атомы 2-го уровня, находящиеся на поверхности планеты Земля 4-го уровня и каким-то образом переносит их в материальную форму, расставляя их на отведённых местах в расширяющейся структуре, например, дерева.

Только это не процесс формирования самой планеты Земля 4-го уровня, а это, именно, процесс организации жизни материальных форм на поверхности этой планеты. Эти два процесса у нас получаются разными: первый – формирует планету Земля через её элементарную структуру Нави 4-го уровня, который мы описали ранее; второй – формирует материальные формы на поверхности планеты Земля через элементарную структуру Нави 3-го уровня и даёт им энергию для жизни. Вторая ЭСН у нас обозначена на рисунке 66 через время и пространство структуры $(+S, +t, -S, -t)$.

Только где энергия Времени берёт готовые атомы для материальных форм?

Планета Земля 4-го уровня формируется сама через атомные структуры 2-го уровня, которые возникают в процессе эволюции планеты [1]. Она сама наполняется атомами. Они служат для планеты Земля «строительным материалом», который она получает с инволюционирующей планеты «Солнца». Материальные формы, которые разворачиваются на её поверхности посредством 3-го планетарного уровня, берут атомы уже в готовом виде, например, из почвы, или из других, ранее созданных и разлагающихся материальных форм.

Получается, что благодаря протеканию энергии Времени через материальную форму, живущую на планете Земля 4-го планетарного уровня, мы можем развиваться как в своей форме, так и в разуме и обладать жизнью. Наше развитие проходит синхронно и тождественно развитию, вернее, расширению планетарной системы пространства 3-го планетарного уровня Времени.

Если попытаться отождествить полученный нами источник энергии и планету земля 3-го уровня с символами духовных источников, то тогда мы получим, что минус источника – это будет «Святой Дух»; сама планета земля – «Сын»; внешняя граница системы (планета Земля), как плюс источника, – «Отец». Между «Святым Духом» и «Отцом» возникает перетекание энергии, которая позволяет «Сыну» (человеку) расти и жить на планете Земля.

*А как формируется разум?*

Мы пока предположили, что планетарная систему пространства плоскости Времени 3-го уровня является формирователем только материальной формы, например, человека на планете Земля 4-го уровня. Но любая материальная форма обладает через свою структуру материальным разумом. Этот, обычный для нас, разум мы называем ещё внешним разумом материальной формы. В итоге, через систему 3-го уровня мы получили материального человека, обладающего обычным внешним разумом, живущего на внешней поверхности планеты Земля.

Давайте теперь перейдём к геоцентрической системе 3-го уровня и попытаемся понять, что она формирует в человеке, ведь вроде бы уже всё в нём мы ранее сформировали? На рисунке 67 мы всё зеркально поменяли местами, но оставили знаки полярности источника теми же самыми. Мы и здесь получили две энергетические разнополярные планетарные системы: первая – земля 2-го уровня ($-s$) и внутренняя энергетическая оболочка планеты солнце ($-T$) 3-го уровня; вторая – земля ($+s$) 3-го уровня и внешняя энергетическая оболочка системы ($+T$) 3-го уровня, которая является планетой Солнце 4-го уровня.

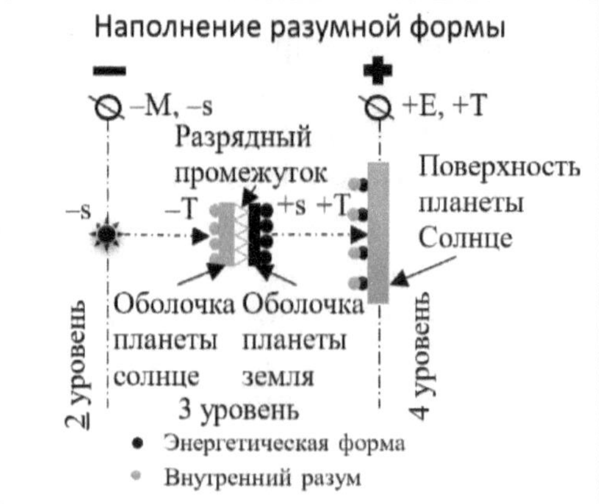

Наполнение разумной формы

$-M, -s$    $+E, +T$

Разрядный промежуток

$-s$    $-T$    $+s$ $+T$

Поверхность планеты Солнце

Оболочка планеты солнце    Оболочка планеты земля

3 уровень

2 уровень    4 уровень

● Энергетическая форма
● Внутренний разум

Рис. 67

Первая система формирует нам внутренний разум, а вторая – его энергетическое тело.

Теперь энергия Времени протекает через материальную форму в противоположном направлении, так как источник сменил знаки полярности. Мы приходим к интересному выводу, что направление энергии Времени 3-го уровня сказывается на том, что формируется на поверхности планеты Земля 4-ого планетарного уровня. Например, если это направление, как показано таким, как на рисунке 66, то формируется материальная форма человека с обыкновенным внешним разумом, а если это направление меняется на противоположное, как показано на рисунке 67 (на нём зеркально поменялись местами пространство и время, материя и энергия, хотя полярность показана прежней), то формируется энергетическая форма человека с внутренним разумом.

Об этой внутренней энергетической форме человека мы пока ещё очень мало что знаем, хотя духовные источники именно к ней обращены в своём знании. Обе эти формы принадлежат человеку и располагаются взаимно-перпендикулярно относительно друг друга. Экстрасенсы видят, что они располагаются разнонаправлено по одной линии. Относительно материальной формы человека его энергетическая форма будет располагаться вверх ногами.

Напрашивается ещё один вывод: поверхность планеты Земля мы имеем так же двойную: на рисунке 66 – это материальные формы с обычным разумом, т.е. материальная выпуклая поверхность (обычная планета Земля), которую мы видим своими глазами; на рисунке 67 – это энергетическая вогнутая поверхность (планета Солнце), состоящая суммарно из всех энергетических форм, обладающих внутренним разумом, которую мы никак видеть не можем.

Итак, через геоцентрическую систему 3-го уровня, мы получили духовного энергетического человека, обладающего внутренним, потусторонним разумом, «живущего» на внутренней поверхности планеты Солнце.

Кто бы мог подумать, что мы придём к двойственному человеку, который напрямую связан с двумя планетарными системами 3-его уровня: с одной стороны – материального, принадлежащего Пространству, имеющего обычный внешний разум; с другой стороны – энергетического, духовного, принадлежащего Времени, имеющего внутренний разум.

Если первого обычного человека мы хорошо знаем, то второй – представляет для нас большую сложность. Он имеет отношение ко Времени и его энергии, которое мы не видим и даже не ощущаем. Получается, что одна часть человека живёт на планете Земля в нашем обычном мире Пространства, а другая – скрыто внутри планеты Солнце в потустороннем мире Времени. Они между собой – сильно взаимосвязаны.

Благодаря разрядному промежутку между планетами солнце и земля 3-го уровня эти две части человека получаются и у нас, и сегодня пока реально разделёнными. Благодаря своему уму мы можем быть или только материальным обычным человеком и жить на планете Земля, или только энергетическим духовным человеком и жить на планете Солнце, которое духовные искатели ещё называют в Библии Небесами.

Теперь становится понятно, почему православные Святые, ушедшие на Небеса, имеют нетленные тела. Они не умирают, а продолжают свою жизнь энергетическим духовным человеком на Солнце, на Небесах, подключившись к новой энергетики Времени, которую обычный человек не имеет. Это и не даёт их телам разлагаться. Их материальное тело оказывается свёрнутым в пространстве и даже, в каком-то смысле, мумифицированным, но оно не умирает. Так что, для человека вполне реально бессмертие, если ему удастся соединить в себе между собой две свои части-половинки: материальную и духовную.

Теперь мы подошли к ещё очень интересному предположению. У нас обе планетарные системы 3-го уровня «при жизни» развёртываются или расширяются, а «после смерти» мы можем подразумевать их свёртывание. Вопрос тогда возникает следующий, откуда в их источнике возникает энергия для их рождения, развёртывания и жизни и куда девается энергия при свёртывании?

331

## *Источники энергии жизни*

Без энергии никакого процесса в мире быть не может. Любое действие и даже бездействие обладает энергией. Нам, далее, в качестве продолжения исследования сил миров, предстоит отыскать этот источник возникновения энергии, который должен действовать тождественно на любом планетарном уровне и даже во вселенной.

Конечно, сразу же возникает предположение, что должен существовать некий Единый Источник Трансцендента (Абсолют), который «рассыпается» на множество, подобных Ему, источников энергии, обеспечивая ей, тем самым, планетарные системы различных уровней. Такой множественный и, тем не менее, единый источник энергии нам и предстоит отыскать.

Ранее мы описали взаимодействие человека с 3-им планетарным уровнем. Через него нам удалось понять какой энергией осуществляется его рождение и жизнь. Но мы пока оставили без внимания сам источник энергии, благодаря которому на поверхности планеты Земля и даже под поверхностью планеты Солнце существует жизнь. В этой энергии, как оказывается, напрямую заинтересована наша цивилизация.

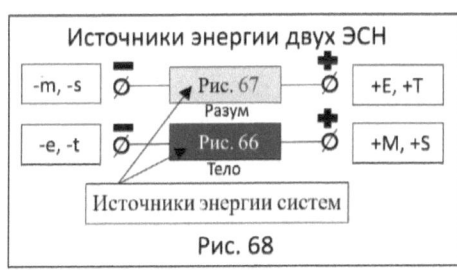

Рис. 68

Давайте вынесем эти «внешние» источники энергии 3-его уровня (рис. 66, 67) в отдельный рисунок 68. Мы пока проведём наше исследование на этом 3-ем уровне. На рисунке 68 мы видим, что эти источники энергии получаются у нас, как бы, отдельными и независимыми друг от друга. Естественно, один из них работает с гелиоцентрической системой положительного пространства +S (источник рис. 66), а другой – с геоцентрической системой положительного времени +T (источник рис. 67). Оба они принадлежат 3-му планетарному уровню плоскости большего Времени. К ним оказываются подключенными эти две планетарные системы 3-го уровня.

Клеммы источников мы обозначили так, как к ним подключаются системы, но сами эти системы зеркально обращены относительно друг друга по своим параметрам пространства и времени, материи и энергии.

Даже невооружённым глазом мы видим, что эти источники – зеркальные относительно друг друга, хотя мы их полярности показали одинаковыми. На самом деле, эти источники будут полностью противоположными друг другу: плюс одного из них будет минусом у другого и наоборот. Единый источник для этих двух систем получается у нас двойным. Физики такие скрытые источники называют «чёрными ящиками», внутренняя структура которых неизвестна, но известно их внешнее содержание.

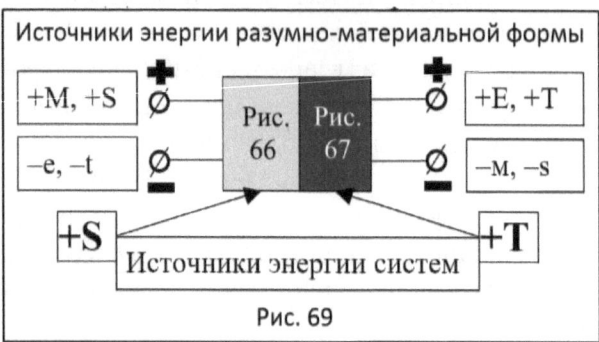

Рис. 69

Давайте такой «чёрный ящик» покажем на рисунке 69. Здесь источники энергии мы развернули на $90^0$ и теперь левый источник рисунок 66 питает элементарную структуру Нави пространства +S, а правый рисунок 67 – времени +T. Эти внешние планетарные системы 3-го уровня у нас получаются, вроде бы, независимыми, но между ними возникает внутренний переток энергии, который образует единую временно-пространственную структуру Нави (ECH).

Тут же возникает вопрос, а откуда эти источники берут материю, энергию, время и пространство? Чтобы нам это понять, нам нужно попытаться понять их работу по расширению планетарных систем 3-го уровня.

Итак, мы знаем, что планетарные системы 3-го уровня рождаются и далее расширяются в пространстве и времени до своих пограничных параметров, указанных нами ранее. Как мы поняли, по аналогии с нашей жизнью, гелиоцентрическая и геоцентрическая системы человека расширяются одновременно. Естественно, расширение требует определённых затрат энергии от источников, и значит они оба работают на отдачу энергии этим системам.

Ранее, на рисунке 33 мы показали график передачи энергии кванта Света формируемой планетарной системе, материализуя себя. Источники энергии (рисунок 69) будут отдавать свою энергию системам по такому же закону. Тут же у нас возникает ответ на ранее заданные вопросы, что источник энергии – это квант Света, который отдаёт энергию новой формируемой системе.

Что собой представляет структура вновь формируемых планетарных систем 3-го уровня, вернёмся немного назад? Это есть инволюционирующая ЕСН. Это она даёт энергию и частицы для вновь разворачиваемых систем. Наша гелиоцентрическая планетарная система – это ЭСН положительного пространства (+S), а геоцентрическая система – это ЭСН положительного времени (+T). Они работают попарно подобно ЕСН. Их энергетическую передачу частиц мы уже ранее рассмотрели.

Если подниматься по структурам, то мы постепенно поднимемся до ГСА рисунка 28. Именно она будет «крайней» в выработки Энергии для развёртывания всей Его трансцендентной Структуры. Здесь можно сделать непростой для нас вывод: Энергия для жизни даётся нам Абсолютом, через планетарную систему Души 3-го уровня. И что бы мы не говорили, как бы Его не отрицали, но жить без него мы не сможем.

## Истина СТРУКТУРЫ

Мы не будем более вникать в сущность открытых нами элементарных структур Нави, Мирра и Абсолюта. Все наши поставленные вопросы нами освещены и по многим косвенным параметрам они все сошлись. У нас нет ни одного разногласия в какой-либо структуре. Это нас всё более убеждает в их верности.

Эти структуры не только открыли для нас новые знания, но и показали, что они бесконечные в своей истине.

Можно идти в любом направлении в изучении их. Они откроют нам ещё больше своих истин, которые окажутся ещё более глубокими и широкими. Практически, мы открыли новое направление в науке «Структуры Мироздания». Оно может оказаться центральным для всех остальных знаний, ибо будет является для них как Источник Истин.

Весь мир создан найденными нами структурами СВЕТА, которые МАТЕРИЯ отражает в себе зеркально, пытаясь полностью соединиться с ним. Это есть ни что иное, как соединение *внешнего человека Материи* со своим духовным двойником *внутренним человеком Света*, существование которого нам даже удалось доказать. Тоже самое можно утверждать и о Трансценденте. Управляет всеми процессами Мироздания, связанными с его структурами, Абсолют.

Нам осталось рассмотреть ещё, как бы заключительный, вопрос о самой Структуре? Что она сама собой представляет? Естественно, это – ни материя, ни энергия, а что-то такое, что отличается от них и имеет некое третье состояние, не принадлежащие ни МАТЕРИИ, ни даже СВЕТУ. Структура является образующей для них, но не более того.

Если МАТЕРИЯ имеет в себе два состояния: Материю и Энергию, то её структура – это есть некое третье состояние. Это третье состояние есть и в СВЕТЕ. Он так же имеет в себе два состояния: Свет и Тьму. Третье состояние структуры является одинаковым для МАТЕРИИ и СВЕТА. Конечно, нам её никак нельзя обнаружить. Нашими материальными приборами ни увидеть, ни ощутить её мы не сможем. Нам остаётся только предполагать её свойства.

Итак, какими свойствами обладает сама Структура? Естественно, в ней нет ни материи, ни энергии, ни пространства, ни времени. Тогда, что же в ней есть? Можем ли мы найти нечто о ней в нашей науке или в духовных источниках знаний?

Оказывается, существует её описание даже в нашей науке! Она описывается людьми, которые находились в состоянии клинической смерти, как «труба, ведущая к Свету», по которой они перемещались в некое место потустороннего мира. Причём, это движение было довольно быстрым. Эта «труба» вполне может быть Структурой, которую мы ищем. Примем это пока таковым.

Давайте теперь эти описания разберём с научной точки зрения. Раз есть движение по «трубе», значит она обладает какими-то параметрами «пространства» и «времени». Наличие стенки «трубы» говорит нам о том, что она имеет какую-то «материю» и «энергию», из которой она сделана. Даже наличие неких существ внутри «трубы», говорит нам о возможности здесь им находиться и даже перемещаться, только в каком виде?

Если предположить, что параметры Структуры располагаются в первом секторе элементарной структуры Мирра рисунок 5, то они должны оказаться, как минимум, на величину скорости света меньше 1-го планетарного уровня. Здесь вполне можно утверждать, что Структура первого сектора создана из 0-го планетарного уровня (эфира) для материи пространства, из которого формируется атомный уровень, если это ещё не «–1» уровень для энергии времени, из которого формируется 1-ый планетарный уровень. 1-ый и 2-ой уровни из чего-то должны формироваться.

Для второго сектора элементарной структуры Мирра (вселенского уровня), эта Структура должна быть сделана из 3-го планетарного уровня потому, что размеры «трубы» не были слишком большими для человека, что подразумевает параметры 3-го уровня.

А теперь возникает самое интересное предположение: эти структурные «трубы» могут пронизывать всю вселенную, все её планетарные системы. Если внутри структур существуют параметры 3-го планетарного уровня, то скорость перемещения в них может составить квадрат скорости света, если не более. Если нам удастся их обнаружить в своей солнечной системе, то мы тогда сможем внутри них перемещаться по всей вселенной и довольно быстро, даже без космических кораблей.

Опыт людей, бывших в клинической смерти, показывает, что они перемещались там под действием некой силы и даже оказывались на других планетах. Она перемещала их в ту точку, куда они должны были попасть после смерти.

А теперь представьте себе перемещение со скоростью квадрата скорости света! Если нам удастся путешествовать внутри Структуры, тогда вся вселенная станет обитаема нами.

# Заключение

«Единая теория мироздания» позволила нам взглянуть на окружающий нас мир с позиции Абсолюта. Она заключается в том, что связующими звеньями в ней оказались *три основные элементарные структуры*: *элементарная структура Нави; элементарная структура Мирра; глобальная структура Абсолюта*. Они ни к свету, ни к материям никакого отношения не имеют. Это некое третье, только структурное, состояние мира. Оно лежит вне Материи и вне Света и не является ни тем и ни другим.

В нашем исследование эти три структуры чётко связаны с квантами света или, скорее наоборот, квант света формируется ими. Получается, что *первичным звеном нашего мироздания служит структура*, которая сама складывается во всё то, что мы видим в нём или не видим.

Мы пришли к пониманию, что разные структуры формируют наш мир. Они есть нечто похожее на программу компьютера, которая заставляет его работать и создавать нечто, соответствующее этой программе. Если убрать программу, то компьютер станет обычным «железом». Точно такое же состояние имеет место для структуры в мироздании. Без этих структур мир МАТЕРИИ ничем не станет. Он так и останется «безвидным и пустым». Его просто не будет, ибо нет «программы» для его развёртывания. Такое состояние мира описано в Библии, и он был следующим: «*Земля была безвидна и пуста и тьма над бездною*».

Мы сегодня исследуем мир, находясь внутри него. Он уже сформировал Пространство и Время и уже формирует Трансцендента. Наше трёхмерное мышление не позволяет нам сказать, что что-то может быть без пространства и времени. Мы себе этого не представляем. На самом деле, если мы выйдем сегодня за пределы мира, то окажемся в другом

338

состоянии и увидим мир со стороны, находясь в точке без пространства и без времени.

Конечно, такое состояние нам недоступно, ибо мы сами порождение этого мира, но внутри нас уже есть структура Абсолюта, которая не принадлежит этому миру. Она стоит, как бы, над миром и не подвластна ему. Её мы называем Душою. Мир не может её изменить, а Она может изменить себя и даже мир под неё измениться сам.

Все элементарные структуры, найденные нами, – сознательные и самодостаточные. Они могут существовать независимо от нашего мира. Чем более структур в материальной форме, тем более она сознательна. Нашего разум уже не хватает, чтобы понять, как они складываются в многоструктурные образования, из которых затем возникают сложные материальные формы. Тем не менее, мы уже получили трансцендентную структуру Абсолюта, которая содержит в себе всю структуру миров и форм в них. Получается, что всё заранее предопределено этой структурой Абсолюта?

Давайте возьмём кусок глины. Он символически тождественен МАТЕРИИ. Если его не трогать, то он «не пошевелиться». Естественно, перед лепкой мы уже имеем у себя в голове некоторую форму, которую хотим перенести в глину. Как пойдёт процесс лепки, мы не знаем и что у нас получиться из этого мы не ведаем. Точно так же обстоит и с нашим миром, который сегодня совершенствуется, и в нём структура Абсолюта, в зависимости от целей, может изменяться. Она сама себя перестраивает под свои цели.

Представляете себе Высшее Сознание Трансцендентного Абсолюта? Это полное сознание, какое только может быть! А теперь сравните с Ним обычное частичное микроскопическое человеческое сознание, которое является маленькой «песчинкой» где-то внутри Него. Если мы уже наворотили в своём мире то, что сегодня имеем, так что разгрести не можем, то Абсолют явно знает, что делает. Мы своим «мелким» сознание никогда не сможем Его понять и даже не будем этого делать.

В нашем исследовании мы пришли к пониманию *нескольких основных круговоротов: между пространством и*

339

*временем; между Материей и Антиматерией и т.п.* Мы не стали до конца разбирать динамику этих круговоротов, ибо она увела бы нас от построения «Единой Теории Мироздания». Мы можем здесь сказать, что эти круговороты предназначены для наполнения Структур Абсолюта МАТЕРИЕЙ.

Итог можно подвести следующий: *нам всё же удалось, в общем виде и структурно, описать «Единую Теорию Мироздания».* Насколько она верна, нас рассудит обычное человеческое время. Мы сумели описали пока только её «поверхность», но *в ней заложены практически бесконечные внутренние знания.*

Истина – бесконечна, как и эта «Единая Теория Мироздания», которая приоткрыла нам часть своих скрытых знаний о Структуре Абсолюта.

# Литература

1. «Единая теория мироздания. Книга 1. Элементарная структура Нави», издание второе, автор Кривецков Г.И., 2017 год;
2. «Интегральный взгляд на эволюцию человека», третье издание, доработанное», автор Геннадий Кривецков, 2017 г.;
3. «Механизмы разума. Книга 1. К супраментальному человеку», автор Кривецков Г.И., 2014 год;
4. «Мать», автор Шри Ауробиндо, 2005 год;
5. «Тайная доктрина», автор Е. Блавацкая, 3 тома, 2001 год;
6. «Биография. Глоссарий», автор Шри Ауробиндо, том 1, 1998г.;
7. «Доктрина перехода к новому виду», автор Геннадий Кривецков, 2017 г.;
8. «Ядерная физика в интернете», http://nuclphys.sinp.msu.ru/index.html, проект кафедры общей ядерной физики физического факультета МГУ при поддержке НИИЯФ МГУ;
9. «Мысли и афоризмы. Мысли и озарения», автор Шри Ауробиндо, 2011г